职业教育教学改革系列教材
楼宇智能化工程技术专业系列教材

安全防范系统工程施工

第2版

主　编　马福军　胡力勤
副主编　沈　霖　祝小红
参　编　孙全江　张智靓
　　　　杨　斌　周巧仪
主　审　陈家龙

机械工业出版社

近年来，安全防范系统工程技术发展十分迅速，为了满足相关技术人员的迫切需求和职业院校的教学要求，以安全防范系统国家标准为依据编写本书。本书主要从职业教育的特点和学生的知识结构出发，运用先进的职教理念，以“理实一体”的教学思路组织内容，以任务驱动的方式进行编排。

本书共分6个学习情境，主要内容包括视频安防监控系统、入侵报警系统、出入口控制系统（含访客对讲系统）、电子巡查系统、停车场（库）管理系统和安全防范集成管理系统，学习情境中的任务主要包括系统工程识图、系统设备配置、安装与调试、检测与验收等相关内容。根据安全防范系统的实际实施过程，每个任务分别按任务描述、任务信息、任务实施、任务总结和效果测评5个部分展开，通过学习具体任务涉及的理论知识和实践技能来掌握安全防范系统工程实施过程，充分体现学生为主体、教师为主导的教学理念，实现“做中学、做中教”。

本书可作为职业教育楼宇智能化工程技术专业教材，也可作为建筑电气工程技术、建筑设备、物业管理等专业的教学用书和安全防范系统工程技术培训教材，也可供相关工程技术人员参考使用。

为方便教学，本书配有电子教案、课件，凡选用本书作为教材的学校、单位，均可登录 www.cmpedu.com，免费注册下载，或来电 010-88379195 索取。

图书在版编目（CIP）数据

安全防范系统工程施工/马福军，胡力勤主编．—2版．—北京：机械工业出版社，2018.8（2023.1重印）

职业教育教学改革系列教材．楼宇智能化工程技术专业系列教材

ISBN 978-7-111-60880-6

Ⅰ．①安…　Ⅱ．①马…②胡…　Ⅲ．①智能化建筑－安全设备－自动控制系统－工程施工－职业教育－教材　Ⅳ．①TU899

中国版本图书馆CIP数据核字（2018）第210682号

机械工业出版社（北京市百万庄大街22号　邮政编码100037）
策划编辑：赵红梅　责任编辑：赵红梅　柳　瑛
责任校对：佟瑞鑫　封面设计：陈　沛
责任印制：常天培
天津翔远印刷有限公司印刷
2023年1月第2版第5次印刷
184mm×260mm·13.25印张·321千字
标准书号：ISBN 978-7-111-60880-6
定价：42.00元

电话服务	网络服务
客服电话：010-88361066	机　工　官　网：www.cmpbook.com
010-88379833	机　工　官　博：weibo.com/cmp1952
010-68326294	金　书　网：www.golden-book.com
封底无防伪标均为盗版	机工教育服务网：www.cmpedu.com

第2版前言

近几年，建筑智能化安全防范技术得到了迅猛发展。云计算、云存储等IT技术在安防行业的应用，改变了安防产品的技术现状。本书就是为了适应行业技术发展，在第1版的基础上修订而成的。本书是楼宇智能化工程技术专业系列教材之一，可供高等职业技术学院楼宇智能化工程技术、建筑电气工程技术、建筑设备、物业管理等多个专业教学使用，同时也可作为中等职业学校相关专业的教材，或相关工程技术人员的参考书。

本书包括视频安防监控系统、入侵报警系统、出入口控制系统（含访客对讲系统)、电子巡查系统、停车场（库）管理系统、安全防范集成管理系统6个学习情境，从安全防范工程各子系统的工程识图、系统设备配置、安装与调试、工程检测与验收几个方面展开编写。

本书修订内容如下：在学习情境1中增加了高清网络视频监控系统；在学习情境2中修订了入侵报警系统组建模式；在学习情境3中修订了出入口控制系统的验收方法和标准，增加了门禁系统与防报警系统的联动形式；在学习情境5中增加了停车场车位引导系统；在学习情境6中增加了视频综合平台的设备安装与调试。本书还对相关标准和规范做了更新。

本书贯彻职业教育“做中学、做中教”、工学结合的教学理念，以学习情境为项目，以任务作为引领，以工作过程为主线进行编写，突出“教、学、做”的结合，注重教学内容与工作过程的融合。学生在学习理论的同时配合相应的案例训练或引导，可提升学习效果。

本书由浙江建设职业技术学院马福军、胡力勤主编。马福军负责全书统稿并修订编写学习情境1、学习情境2部分内容和学习情境5；浙江广厦建设职业技术学院祝小红修订编写学习情境2部分内容；杭州第一技师学院的沈霖修订编写学习情境3部分内容；胡力勤修订编写学习情境3部分内容、学习情境4和学习情境6。参加本书编写的还有浙江建设职业技术学院张智靓、周巧仪、孙全江和杨斌。特别感谢对本书编写给予支持的杭州鸿雁智能科技有限公司张焕荣总经理。浙江中安电子科技有限公司陈家龙总工程师对全书进行审稿，并对本书的修订提出许多宝贵建议，在此一并表示感谢。

鉴于编者水平有限、资料收集困难，书中难免有不妥和疏漏，恳请读者批评指正。

编　者

第1版前言

近几年，全国建筑业迅速发展，带动建筑智能化产业快速发展，特别是安全防范技术产业得到了迅猛发展，由此带来相关行业人才需求特别旺盛，尤其是高素质技能型人才的需求更是十分紧缺。为了适应行业人才需求的现状，特地编写本教材。

本书内容主要针对建筑智能化安全防范技术工程编写，内容包括视频安防监控系统、入侵报警系统、出入口控制系统（含访客对讲系统）、电子巡查系统、停车场（库）管理系统、安全防范集成管理系统6个学习情境。从安全防范工程各子系统的工程识图、系统配置、安装与调试及工程检测与验收几个方面展开编写。

为了能更好地贯彻职业教育“做中学、做中教”、工学结合的教学理念，适应职业院校学生的学习特点，本书的编写体例突破了传统的教材编写思路，以学习情境为学习项目单位，以学习任务为模块，以行动导向的工作过程为主线编写任务模块，全书编写突出“教、学、做”结合，突出教学与工作过程的融合，使学生在学习理论的同时有相应的案例训练或引导，使学习浅显易懂。本书的编写，重视学生知识技能的系统性，学生完成一个学习情境，即可以完整地掌握该情境整个工作过程的知识与技能，知识以够用为目的。

本书由浙江建设职业技术学院马福军和胡力勤主编并统稿，马福军编写学习情境2、4和5，胡力勤编写学习情境4和6；浙江广厦建设职业技术学院祝小红、马福军共同编写学习情境1；杭州第一技师学院沈霖、胡力勤共同编写学习情境3。参加本书的编写还有浙江建设职业技术学院孙全江、周巧仪、杨斌和张智靓。本书的编写得到了杭州鸿雁智能科技有限公司张焕荣总经理的大力支持；浙江中安电子科技有限公司陈家龙总工程师审阅了全书，并对本书的编写提出许多宝贵的建议，在此一并表示感谢。

鉴于编者的水平有限和资料收集的困难，书中不妥和错漏难免，恳请读者批评指正。

编　者

目　　录

绪　论

一、智能建筑安全防范系统概述

随着人们生活水平的提高和居住环境的改善，人们对住宅小区和商业大厦安全性的要求也日益迫切。安全性已成为现代建筑质量标准中一个非常重要的方面。加强建筑安全防范设施的建设和管理，增强住宅安全防范功能，是当前城市建设和管理工作中的重要内容。因此，为了有效保证人民的生命和财产安全，在住宅小区和商业大厦中引入了智能化的安全防范系统进行安全防范管理。安全防范系统，严格来说应该称为安全技术防范系统，它是指为了维护社会公共安全和预防灾害事故，将现代电子、通信、信息处理、计算机控制原理和多媒体应用等高新技术及其产品，应用于防劫、防盗、防暴、防破坏、网络报警、电视监控、出入口控制、楼宇保安对讲、周界防范、安全检查以及其他相关的以安全技术防范为目的的系统。

安全防范系统一般由三部分组成，即物理防范、技术防范、人力防范。物理防范（简称物防），或称实体防范，它由能保护防护目标的物理设施（如防盗门、窗，铁柜）构成，主要作用是阻挡和推迟罪犯作案，其功能以推迟作案的时间来衡量。技术防范（简称技防），它由探测、识别、报警、信息传输、控制、显示等技术设施所组成，其功能是发现罪犯并迅速将信息传送到指定地点。人力防范（简称人防），是指能迅速到达现场处理警情的保安人员。一个安全防范系统是否有效由物防、技防、人防的有机结合决定，而三者能否有机结合的关键在于“管理”。对一个安全防范系统进行精心设计和施工还不够，还必须在建成后进行严格的管理和维护，才能保证安全防范系统的有效性。以下如不特殊说明，文中所述的安全防范系统即指安全技术防范系统。

现阶段安全防范系统的常用子系统有：视频安防监控系统、入侵报警系统、出入口控制系统、电子巡查系统、停车库（场）管理系统、访客对讲系统等。

视频安防监控系统指系统在重要的场所安装摄像机，提供直接监视建筑内外情况的手段，使保安人员在控制中心可以监视整个大楼的内外情况，从而大大加强了安保效果。监视系统除了起到正常的监视作用外，在接到报警系统和出入口控制系统的示警信号后，可进行实时录像，记录下报警时的现场情况，以供事后重放分析。

入侵报警系统是用探测装置对建筑内外重要地点和区域进行布防，在探测到有非法入侵时，及时向有关人员示警。探测器是系统的重要组成部分，此外，电梯内的报警按钮、人员受到威胁时使用的紧急按钮、脚挑开关等也属于此系统。振动探测器、玻璃破碎报警器及门磁开关等可有效探测罪犯的外部侵入；安装在楼内的运动探测器和红外探测器可感知人员在楼内的活动；接近探测器可以用来保护财物、文物等珍贵物品。另外，该系统可报警，会记录入侵的时间、地点，同时能向监视系统发出信号，并录下现场情况。

出入口控制系统就是对建筑物内外正常的出入通道进行控制管理，并指导人员在楼内及其相关区域的行动。智能大厦采用的是电子出入口控制系统，在大楼的入口处、金库门、档案室门、电梯处可以安装出入口控制装置，如磁卡识别器或者密码键盘等。想要进入必须拿出自己的磁卡或输入正确的密码，或两者兼备。只有持有有效卡片或密码的人才允许通过。

电子巡查系统是采用设定程序路径上的巡查开关或读卡器，使保安人员能够按照预定的顺序在安全防范区域内的巡视站进行巡逻，保障保安人员以及大楼的安全。

停车场（库）管理系统的主要功能包括：汽车出入口通道管理，停车计费，车库内外行车信号指示，库内车位空额显示等。

访客对讲系统也是安全防范系统中的一种专门系统，它可以分为可视与非可视对讲系统。它的相关产品是最能体现人性化的，此系统主要应用于生活小区中，实现来访者与住户之间的可视或非可视对讲，有效防止非法人员进入住宅楼或住户家内。它所应用的技术可以说覆盖了目前自动化领域中的大部分常用技术，具体来说主要有音视频技术、网络通信技术、DSP 数字处理技术、总线技术、微处理器技术、图像处理及存储技术、触摸屏控制技术、文字视频叠加技术、无线接收技术、TFT-LCD 显示技术等。

二、智能建筑安全防范行业技术现状及发展趋势

安全防范产品及技术系统工程在我国起步较晚，是一个新兴的行业，同时又是一门综合性的技术。随着科学技术的发展和人民生活水平的提高，人们的安全防范意识不断增强。加强安全技术防范系统工程建设显得越来越重要。

1997 年公安部下发文件要求各地公安机关建立专门机构主抓技术防范工作，中国安全技术防范事业正式拉开序幕。进入 21 世纪后，高质量商用住宅楼的建造，使得高科技安防的需求不断增加，尤其是美国“9·11”事件之后，各国对安防产品和技术的需求进一步增加，为安防产业创造了良好的国际发展环境。安防产业在国际市场上的繁荣也极大地鼓励了我国国内安防公司和安防从业者源源不断地加入到这个新兴的行业中。

目前，每个安全防范系统都单独建有自己的专用网络，由于现在的安全防范技术中个别技术没有得到很好的应用，安全防范系统的网络化没有真正的实现。安全防范系统实现网络化后，人们可以利用 Internet 随时随地了解自己的安全状况，当有警情发生时，可以随时知道并第一时间自动通知到相关部门进行及时处理，减少损失。目前，安防系统正在向 IP（Internet Protocol）的智能安防系统发展。基于 IP 的智能安防系统与传统的安防系统最主要的区别在于，IP 智能安防系统构建在网络技术基础之上，从图像的采集、图像的传输、图像的存储，到图像的处理和识别，全部采用数字化技术和网络化技术。IP 智能安防系统可以实现随时随地对对象进行监控和管理。例如，用户可以通过网络摄像机或无线终端随时随地监控大厦，也可以通过电话随时进行视频监控。

随着各种相关技术的不断发展，人们对安防系统提出了更高的要求，安防系统将进入注重智能化阶段。在安防系统智能化后，可以实现自动数据处理、信息共享、系统联动、自动诊断，并利用网络化的优势进行远程控制、维护。先进的语音识别技术、图像模糊处理技术也将是安防系统智能化的具体表现。

在大安防时代，系统工程越来越多，由系统项目引发集成需求，由集成系统带来智能化的功能与管理需求。市场调研发现，产业中无论用户还是工程商都发出了这一强烈要求，相关厂家与集成商也正全力构建各类集成化产品或系统，并通过技术开发与横向、纵向的企业整合来实现市场的智能化需求。

目前，在安防系统中，各国都有自己的规范文件，但是对使用的技术却没有像电信一样全世界统一的技术规范，因此可能会造成相互信息在通信、共享、管理方面的混乱，还需要对标准进行一定的统一和规范。

安全防范技术发展趋势是十分明显的，随着科学技术的发展不断地向数字化、网络化、信息化、智能化、集成化、规范化方向发展。

三、安全防范系统工程一般程序与管理要求

安全防范系统工程的设计、施工，关系到国家、集体财产和人民生命、财产的安全，属于特种行业，由中华人民共和国和各省、市、自治区公安厅（局）技防办实行严格的归口管理，并制定了一套安全技术防范系统工程程序和管理办法。根据中华人民共和国公共安全行业标准《安全防范工程程序与要求》（GA/T 75—1994）和公安部的有关规定，安全技术防范系统工程应由建设单位提出委托书和设计任务书，由持有省、市级公安厅（局）安全技术防范管理办公室审批、颁发的设计、施工资质证书的专业设计、施工单位进行设计和施工。工程的立项、招标、委托、设计、施工和验收必须严格按照公安部的有关规定和当地公安部门的具体规定进行。

（1）安全技术防范系统工程的分级　安全技术防范系统工程按风险等级和工程的投资额来划分工程级别，共分为三级：

一级工程。一级风险或投资额在 100 万元以上的工程。

二级工程。二级风险或投资额超过 30 万元，不足 100 万元的工程。

三级工程。三级风险或投资额在 30 万元以下的工程。

（2）安全技术防范系统工程的立项　一级安全技术防范系统工程在申请立项之前，必须先进行可行性分析，并由建设单位或设计单位编制《安全技术防范系统工程可行性分析报告》。二、三级安全技术防范系统工程在申请立项之前，可由建设单位或设计单位编写《安全技术防范系统工程设计任务书》。

《安全技术防范系统工程可行性分析报告》或《安全技术防范系统工程设计任务书》须经相应的主管部门审批后，工程方能正式立项。

（3）资质审查与工程的招标、委托

1）资质审查：承接安全技术防范系统工程设计、施工的单位，必须持有住房和城乡建设部审批、颁发的工程设计、施工资质证书，并经建设单位所在地公安局安全技术防范管理办公室的资格验证，方可承接安全技术防范系统工程的设计和施工。国（境）外来华的安全技术防范工程设计、施工单位，不得直接承接我国重要单位和要害部门的安全技术防范工程的设计和施工。

2）工程的招标与委托：建设单位根据设计任务书的要求编制招标文件，发出招标广告或通知书。建设单位组织投标单位进行现场勘察，解答标书文件中的有关问题。投标单位将标书密封报送有关部门。建设单位当众开标、议标、审查标书、确定中标单位，然后发出中标通知书。

建设单位根据设计任务书的要求，向中标单位提出委托，工程设计、施工单位根据委托和设计任务书，提出项目建议书和工程设计、实施方案，经建设单位审查、批准后，委托生效并签订合同。

(4) 工程设计程序　只有在工程委托生效后，方可进行工程设计。

1) 初步设计和方案论证：一、二级安全技术防范系统工程必须首先进行初步设计，然后由建设单位主持，业务主管部门、公安主管部门和设计、施工单位参加，并邀请一定数量的技术专家参加，对初步设计进行方案论证，再由建设单位报送相应的业务主管部门审批，批准后方可进行正式设计。

2) 正式设计及审查批准：一、二级安全技术防范系统工程的正式设计包括技术设计、施工图设计及工程费用的概预算。正式设计除有特殊规定的设计文件需经公安主管部门审查批准外，均由建设单位进行审查批准。

(5) 工程实施、试运行和培训　设计文件及工程费用的概预算被审查批准后，方可进行工程的实施，它包括：设备、器材的订货、采购，土建施工、管线敷设，设备器材安装，系统性能、指标、功能等的调试与测试等。

系统经调试与测试开通后，应至少试运行一个月。

设计单位应根据经建设单位确认的培训大纲，对有关人员进行技术培训，使他们具有独立操作、管理和维护系统的能力。

(6) 工程的竣工、初验和验收　安全技术防范系统工程项目按设计任务书的要求全部建成，经运行达到设计要求并被建设单位认可后，视为竣工。应由建设单位组织设计、施工单位进行初验并写出初验报告，然后申请工程验收。

一、二级安全技术防范工程在正式验收之前，必须由检测部门进行系统检测，并出具检测报告。然后由建设单位组织，由建设单位的上级业务主管部门、建设单位的主要负责人、公安主管部门及技术专家组成的工程验收委员会（或小组），对工程进行技术验收、设备器材验收、施工验收和资料审查，并写出工程验收结论。

三级安全技术防范工程可视具体情况适当简化。

四、本课程的性质与任务

本课程是智能建筑弱电系统的重要组成部分，主要学习安全防范系统的几个常用子系统，如视频安防监控系统、入侵报警系统、出入口控制系统、电子巡查系统、停车场（库）管理系统、访客对讲系统等。本课程是楼宇智能化工程技术专业的专业核心课程。

本课程的主要任务是通过学习和实践，掌握安全防范系统各子系统的工程识图方法，提高工程识图能力；熟悉安全防范各子系统的组成及设备配置；熟悉安全防范各子系统的设备安装与调试的步骤及方法；熟悉安全防范系统的检测与验收相关知识。

本课程应强调基本技能和动手能力的培养，因此，在学习中应特别注意理论联系实践，与参观、实验、实训、课程设计等实践环节相结合；在教学中，应尽量做到“教、学、做”一体化，增强学生的学习兴趣，提高教学效果。

学习情境1　视频安防监控系统

情境描述

视频安防监控系统是安防领域中的重要组成部分，系统通过摄像机及其辅助设备（镜头、云台等），直接观察被监视场所的情况，如图1-1所示。视频安防监控系统能在人无法直接观察的场合，实时、图像化、真实地反映被监视控制对象的画面；视频安防监控系统可以把被监视场所的情况进行同步录像，以备回放、查询用。另外，视频安防监控系统还可以与防盗报警系统等其他安全技术防范系统联动运行，使用户的安全防范能力得到整体提高。随着数字化技术的发展，数字技术在视频安防监控系统中的应用也越来越多，如图像的编解码技术，方便了图像的传输、存储和检索；如为适应视频监控网络化的需要，出现了IP摄像机等。

图1-1　安防监控系统监控中心

任务分析

根据视频安防监控系统的工程实践，视频安防监控系统学习情境配置了4个学习任务，分别是：

1）视频安防监控系统工程识图。

2）视频安防监控系统设备配置。

3）视频安防监控系统安装与调试。

4）视频安防监控系统检测与验收。

任务1　视频安防监控系统工程识图

一、任务描述

视频安防监控系统施工图是将现代房屋建筑中安装的许多视频监控设施经过专门设计，表达在图纸上。视频安防监控系统施工图中所有图形和符号都应符合公安部颁布的GA/T 74—2017《安全防范系统通用图形符号》行业标准的规定。视频安防监控系统施工图具有图样齐全、表达准确和要求具体的特点，是进行工程施工、编制施工预算和施工组织设计的依据，也是进行技术管理的重要技术文件。因此，掌握视频安防监控系统施工图的识读是十分重要的。

除了施工图，认识视频安防监控系统还需要能看懂其他图形文件，如系统组成框图、原理图和安装图等，它们在本任务中不做特别介绍。

本任务的主要目的，就是要掌握视频监控系统识图的基本知识，具体目标为：

1）掌握视频安防监控系统识图图例。

2）掌握视频安防监控系统施工图设计说明、材料表的阅读方法。

3）掌握视频安防监控系统系统图的阅读方法。

4）掌握视频安防监控系统施工平面图的阅读方法。

二、任务信息

1. 视频安防监控系统识图图例

依据中华人民共和国公共安全行业标准《安全防范系统通用图形符号》GA/T 74—2017，列出视频监控系统识图图例，见表1-1。

表1-1 视频监控系统识图图例

序号	设备名称	英语名称	图形符号	说明
4301	室内防护罩	indoor housing		
4302	室外防护罩	outdoor housing		
4303	云台	pan/tilt		
4304	黑白摄像机	camera		
4305	网络（数字）摄像机	network (digital) camera	IP	见GB/T 50786—2012中的表4.1.3-5
4306	彩色摄像机	color camera		见GB/T 28424—2012中的4102
4307	彩色转黑白摄像机	color to black and white camera		
4308	半球黑白摄像机	hemispherical camera		
4309	半球彩色摄像机	hemispherical color camera		

（续）

序　号	设备名称	英语名称	图形符号	说　　明
4310	云台黑白摄像机	PTZ camera		见 GB/T 28424—2012 中的 4103
4311	云台彩色摄像机	PTZ color camera		见 GB/T 28424—2012 中的 4104
4312	一体化球形黑白摄像机	integrated dome camera		见 GB/T 28424—2012 中的 4106
4313	一体化球形彩色摄像机	integrared color dome camera		见 GB/T 28424—2012 中的 4107
4314	180°全景摄像机	panoramic camera covering 180 degree visual angle	180	
4315	360°全景摄像机	panoramic camera covering 360 degree visual angle	360	
4316	云台解码器	receiver/driver	R/D	见 GB/T 28424—2012 中的 4109
4317	视频编码器	video encoder	VENC	
4318	辅助照明灯	ancillary lamp		见 GB/T 4728.11—2008 中的 S00483 如果需要指示照明灯的类型，则要在符号旁标出下列代码： IR——红外线的 LED——发光二极管 IN——白炽灯 FL——荧光灯 Na——钠气 Ne——氖 Hg——汞 Xe——氙

（续）

序号	设备名称	英语名称	图形符号	说明
4319	视频切换矩阵	video switching matrix	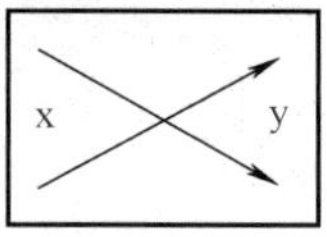 x y	x代表视频输入路数 y代表视频输出路数
4320	视频分配放大器	video amplifier distributor	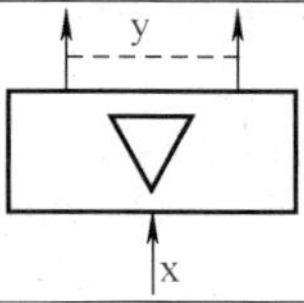 y x	见 GB/T 28424—2012 中的4202
4321	字符叠加器	VDM	 VDM	见 GB/T 28424—2012 中的4203
4322	画面分割器	screen division fixture	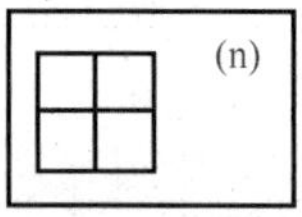 (n)	见 GB/T 28424—2012 中的4204 n代表画面数
4323	视频操作键盘	video operation keyboard	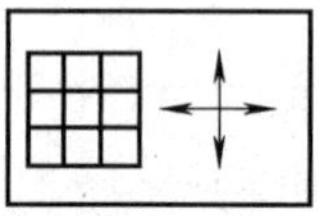	见 GB/T 28424—2012 中的4205
4324	视频控制计算机	video control computer	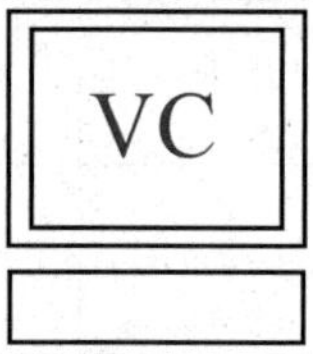 VC	见 GB/T 28424—2012 中的4206
4325	视频解码器	video decoder	 VDEC	
4326	CRT 监视器	cathode ray tube TV display	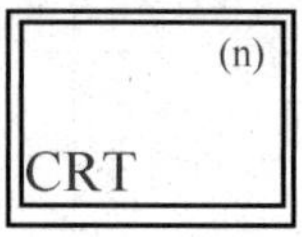 (n) CRT	n代表监视器规格
4327	液晶显示器	liquid crystal display	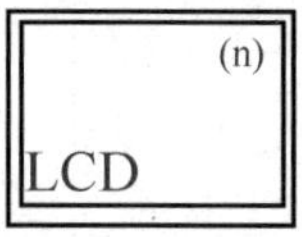 (n) LCD	n代表显示器规格
4328	背投显示器	digital light processor	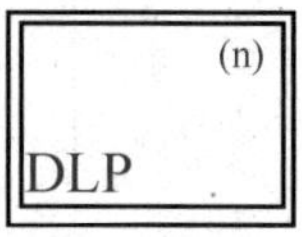 (n) DLP	n代表显示器规格
4329	等离子显示器	plasma display panel	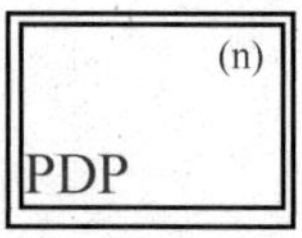 (n) PDP	n代表显示器规格

（续）

序 号	设备名称	英语名称	图形符号	说 明
4330	LED 显示器	LED monitor	(n) LED	n 代表显示器规格
4331	拼接显示屏	splicing display screen（digital information display）	m×n	m 代表拼接显示屏行数 n 代表拼接显示屏列数
4332	多屏幕拼接控制器	multi-screen splicing controller	MCC (x/y)	x 代表视频输入路数 y 代表拼接输出路数
4333	投影仪	video projection		见 GB/T 28424—2012 中的 4305
4334	投影屏幕	projection screen		见 GB/T 28424—2012 中的 4308
4335	数字硬盘录像机	digital hard disk video recorder	DVR	见 GB/T 28424—2012 中的 4401
4336	网络硬盘录像机	network hard disk video recorder	NVR	
4337	磁盘阵列	disk array		见 GB/T 28424—2012 中的 4403
4338	光盘刻录机	CD writer		见 GB/T 28424—2012 中的 4404

2. 视频安防监控系统识图常识

（1）视频安防监控系统施工图　视频安防监控系统施工图包括图样目录与设计说明、主要设备材料表、系统图、平面图等资料。

图样目录与设计说明包括施工图图样目录、图样内容、数量、工程概况、设计依据、图中未能表达清楚的各有关事项以及必须重点强调的注意事项等。

主要设备材料表包括工程中所使用的各种设备和材料的名称、型号、规格、数量等，是编制购置设备、材料计划的重要依据之一。

系统图确定视频安防监控系统的设备和器材的相互联系，了解摄像机、视频分配器、视频切换器、视频矩阵和中心控制设备等的性能、数量，以及安装的位置。通过阅读系统图，了解系统基本组成之后，就可以依据平面图编制工程预算和施工方案，然后组织施工。

视频监控系统的总平面图能够标出系统在总建筑图中的位置，监控范围，控制室的位置，传输线的走向，系统的接地等。

每层、每部分的平面图用来表示设备的编号、名称、型号及安装位置，确立传输线的走向，线路的起始点、敷设部位、敷设方式及所用导线型号、规格、根数、管径大小等。有可能的话还可绘出摄像机的拍摄区域或范围。

（2）视频安防监控系统组成框图 如图1-2所示，视频安防监控系统组成框图用于表示整个系统的大致组成情况。通过图1-2可看出系统由哪些部分构成，每一部分用一个方框表示出来，并用文字或符号加以说明，各部分之间用信号线连接起来，以表示它们之间的联系。

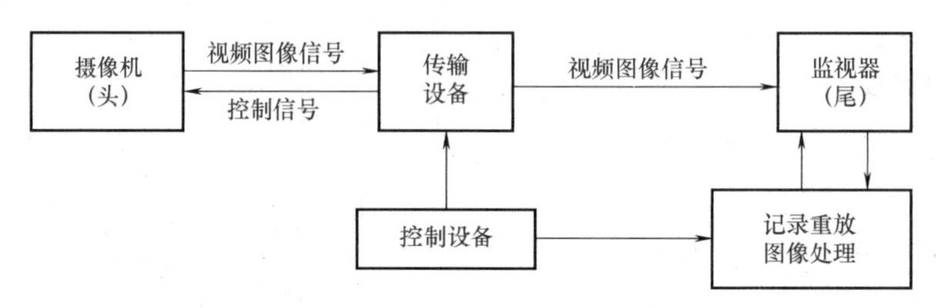

图1-2 视频安防监控系统组成框图

（3）视频安防监控系统安装图 视频安防监控系统安装图详细表示出了设备的安装方法，对安装部件的各部位均有具体图形和详细尺寸的标注。

（4）视频安防监控系统原理图 视频安防监控系统原理图是按照一定规律连接起来的，可研究整个系统的来龙去脉，了解信号在整个系统内的处理过程，进而分析出整个系统的工作原理，如图1-3所示。

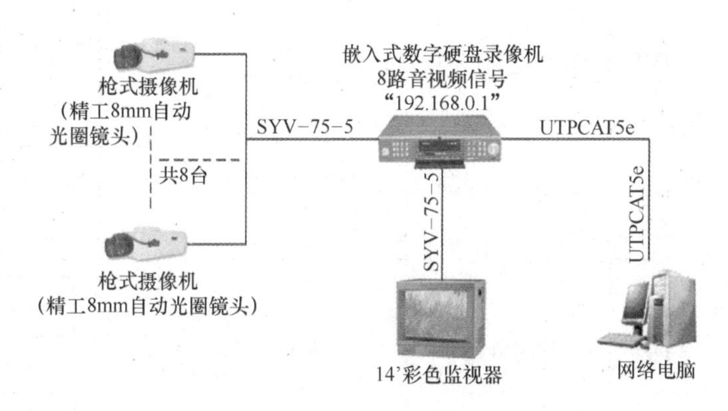

图1-3 视频安防监控系统原理图

三、任务实施

1. 某科研办公楼视频安防监控系统设计说明

视频安防监控系统识图重点在于系统图和平面图的识读，在阅读系统图和平面图之前，首先要阅读视频安防监控系统的设计说明。

图1-4所示是某科研办公楼的安防监控系统设计说明。从图中可以看出，设计说明中“建筑概况”介绍了科研办公楼的面积、楼层数、层高和大楼的功能用途等；科研办公楼的“安全防范系统设计范围”和“监控中心”介绍了科研办公楼的几个安防子系统，监控中心位置以及面积。有些说明是无法在系统图和平面图上表达清楚的（如视频安防监控系统5中的5.4、5.6、5.8、5.10、5.11等），必须在设计说明中加以说明。

1. 建筑概况

本工程为科研办公楼，建筑面积约为14400m²，地上5层，主要为办公室、实验室、资料室、报告厅、会议室、信息中心、财务室等，层高4.50m，建筑主体高度25.50m。

2. 安全防范系统设计范围

安全防范系统设计包括视频安防监控系统，入侵报警系统，出入口控制系统、电子巡查系统。

3. 监控中心

监控中心设在本建筑的一层，面积约79m²。

4. 入侵报警系统

4.1 本系统报警控制主机设置在监控中心。

4.2 在所长室、财务室、信息中心、实验室、资料室、书库、大厅、空调机房安装吸顶式微波和被动红外复合入侵探测器。

4.3 在实验室、总工程师室、副所长室安装幕帘式被动红外入侵探测器。

4.4 在各层电梯厅、主要通道安装被动红外入侵探测器。

4.5 在所长室、财务室、消防控制室安装有紧急按钮开关，财务室安装紧急脚挑开关。

4.6 在一层有外窗的房间安装玻璃破碎探测器。

4.7 入侵报警系统可以与视频安防监控系统进行联动控制。

5. 控制安防监控系统

5.1 本建筑一层各出入口、大厅、电梯轿厢内、各层电梯厅、重要通道（楼梯间），财务室、阅览室、开放型办公室等场所设监视摄像机。

5.2 所有摄像机的电源、均由监控中心集中供给，监控中心设有UPS电源。

5.3 系统控制方式为编码控制。

5.4 摄像机采用CCD摄像机、带自动增益控制、逆光补偿、电子高度控制等。

5.5 系统主机采用视频切换/控制器，所有视频信号可手动/自动切换。

5.6 录像选用3台数字录像机，内置高速硬盘，容量不低于动态录像储存15天的空间，并可随时提供快速检索和图像调阅，图像中应包含摄像机位置提示、日期、时间等，配光盘刻录机。

5.7 系统配置8台彩色专用监控器。

5.8 监视器的图像质量按5级损伤制评定。图像质量不应低于4级。

5.9 监视器图像水平清晰度，彩色监视器不应低于480线。

5.10 监视器图像画面的灰度不应低于8级。

5.11 系统各部分信噪比指标分配应符合，摄像部分：40dB；传输部分：50dB；显示部分：45dB。

6. 出入口控制系统

6.1 在所长室、总工程师室、副所长室、实验室、资料室、信息中心、财务室等房间安装出入口控制设备，二至五层安装出入口控制设备。

6.2 出入口控制系统采用单向读卡控制方式。

6.3 当火灾发生时，出入口控制系统必须与火灾报警系统联动；当发生火灾时，疏散人员不使用钥匙应能迅速安全通过。

6.4 出入口控制系统可以与视频安防监控系统进行联动控制。

7. 电子巡查系统

7.1 本系统采用离线式电子巡查系统。

7.2 在本建筑物内的主要通道处，重要场所设置巡更点，在巡更点设置信息钮。

图1-4　某科研办公楼安防监控系统设计说明

该科研办公楼设计说明中，未将设计依据、未尽事宜的处理等问题加以说明，应增加相应的说明。设计图例有的放在设计说明中，有的放在系统图、平面图中。

2. 某科研办公楼视频安防监控系统材料表

表1-2是某科研办公楼视频安防监控系统材料表。表中清楚地列出了某科研办公楼视频安防监控系统的各种设备材料名称、型号规格、数量、符号等信息。

表1-2　某科研办公楼视频安防监控系统材料表

序号	名　　称	规　　格	符号	单位	数量
入侵报警系统					
1	报警控制主机	LD0512M	—	台	1
2	报警控制分机	LD0512S	—	台	6
3	通信驱动接口	—	—	个	1
4	报警管理主机	—	—	台	1
5	声、光报警器	—	—	个	1
6	微波和被动红外复合入侵探测器	吸顶式	T	个	23
7	被动红外入侵探测器	幕帘式	D	个	25
8	玻璃破碎探测器	—	G	个	19

（续）

序号	名　称	规　格	符号	单位	数量
入侵报警系统					
9	紧急按钮开关	—	Y	个	4
10	门磁开关	—	M	个	15
11	紧急脚挑开关	—	J	个	1
视频安防监控系统					
1	视频切换/控制器	64路入/8路出	—	台	1
2	操作键盘	—	—	台	1
3	半球形彩色摄像机	定焦	C1	台	43
4	带云台球形彩色摄像机	—	C2	台	8
5	电梯专用彩色摄像机	—	C3	台	2
6	数字录像机	16路	—	台	4
7	彩色电视监视器	21in	—	台	8
8	工作站	—	—	台	1

3. 某科研办公楼视频安防监控系统图

图1-5所示是某科研办公楼视频安防监控系统图。从图中可以看出该视频安防监控系统的设备类型、数量、设备间的连接关系、设备的安装楼层、系统信号传输、系统联动、配电等情况。一层有14台一体化球形黑白摄像机（C111～C1114），5台云台彩色摄像机（C211～C215）；二层有10台一体化球形黑白摄像机（C121～C1210），2台云台彩色摄像机（C221、C222）；三层有5台一体化球形黑白摄像机（C131～C135）；四层有5台一体化球形黑白摄像机（C141～C145）；五层有9台一体化球形黑白摄像机（C151～C159），1台云

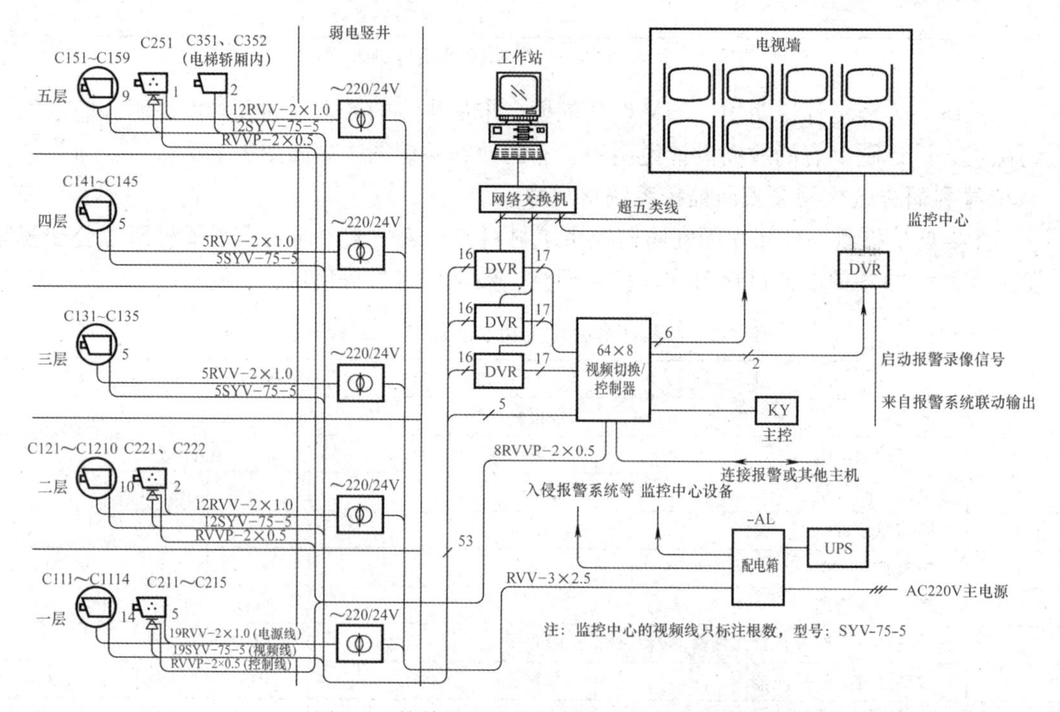

图1-5　某科研办公楼视频安防监控系统图

台彩色摄像机（C251），2 台电梯轿厢内黑白摄像机（C351、C352）。摄像机电源线采用 RVV 型线径 $1mm^2$ 的导线，视频信号采用 SYV－75－5 视频同轴电缆，彩色摄像机控制线缆采用 $0.5mm^2$ 屏蔽电缆。摄像机电源由弱电竖井内单相变压器提供，变压器电源由配电箱-AL 提供，电压等级为 AC220V。系统正常运行时，由市电为系统供电，当市电断电时，由 UPS 不间断电源供电。监控中心设备和入侵报警系统等设备的电源也由配电箱-AL 提供。本系统有 48 路视频信号由摄像机直接输入 DVR 硬盘录像机，再传输到视频切换/控制器（64 路输入，8 路输出），由视频切换/控制器提供信号给电视墙进行监视，还有 5 路视频信号直接进入视频切换/控制器。该系统通过超五类线将 4 个 DVR 硬盘录像机与交换机联网，可以在工作站实现监控。该系统还实现了与入侵报警联动。

4. 某科研办公楼视频安防监控系统平面图

图 1-6 所示是某科研办公楼视频安防监控系统五层平面图。平面图中摄像机的布置以公共场所和公共出入口为主要监控区域；该图为设备和管线布置合一的图，故出线盒未明示；主干金属线槽为 200mm×100mm，沿东西走廊引至弱电竖井内；所有线缆均自摄像机沿左右主干金属线槽以最短路由方式引至弱电竖井；经弱电竖井，SYV－75－5 电缆直接引至监控中心，摄像机电源线连接到弱电竖井的电源变压器箱。

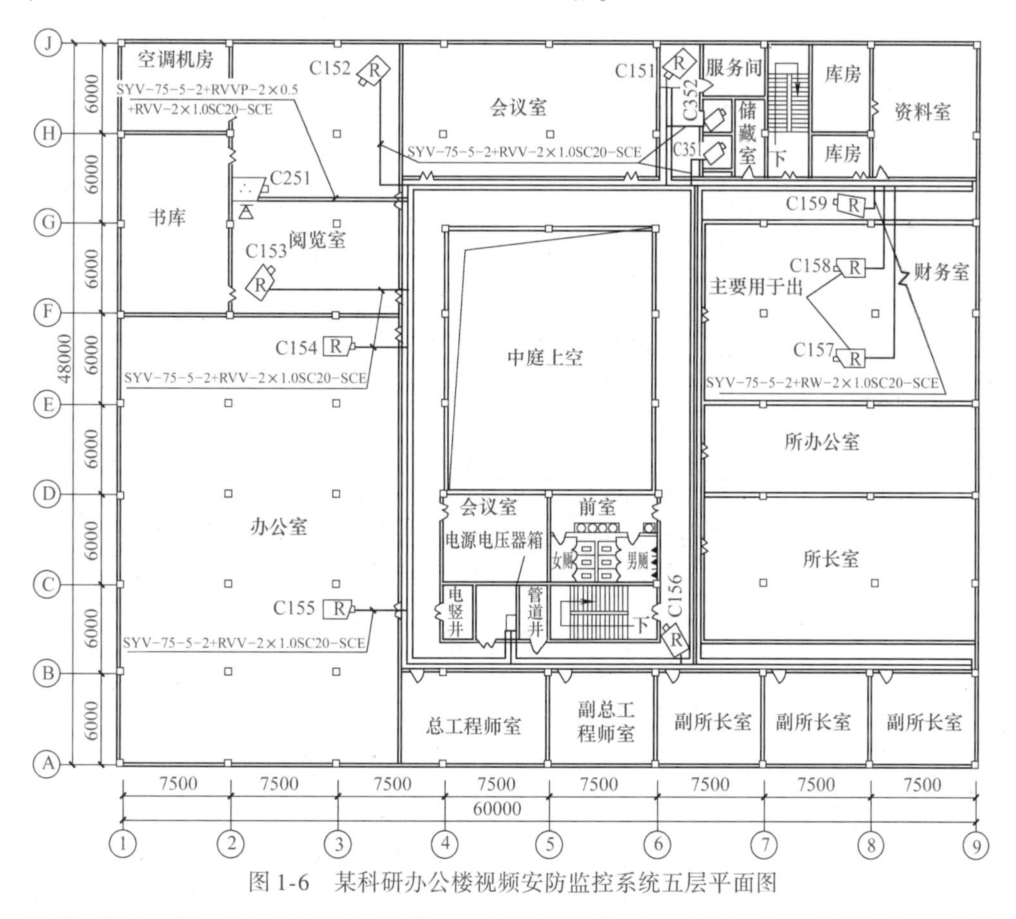

图 1-6　某科研办公楼视频安防监控系统五层平面图

从平面图上可以看出各摄像机的类型、具体安装位置、监控区域、线缆规格、线缆的路由、线缆敷设方式等。在施工过程中，若图中有错误或未标注清晰，必须与相关部门联系确定，以获得正确信息。如科研楼阅览室内装有固定球形摄像机和云台彩色摄像机，主要监控阅览室内人员情况和阅览室人员的进出情况。固定球形摄像机采用SYV－75－5视频电缆，传输视频信号；云台彩色摄像机控制线缆采用0.5mm^{2}屏蔽电缆；采用RVV型电源线，线径为1.0mm^2；敷设方式为穿焊接钢管吊顶内敷设。

四、任务总结

视频监控系统识图是一项非常重要的任务，必须认真对待。在识图时，必须掌握视频监控系统所涉及的各种图的类型及其作用；必须掌握视频监控系统的各种图例，掌握图例是正确识图的必备基础；识图时，必须注意设计说明、系统图、平面图之间的相互参阅、相互印证，这样才能做到有效识图，全面把握图中的所有细节。

五、效果测评

图1-7～图1-9是某执法中队办公楼闭路电视监控施工图，请按照上述识图方法进行识图，写出识图报告，并思考以下问题：

执法中队办公楼闭路电视监控系统设计说明

1.设计依据：

1）公安部行业标准GA/T 75—1994《安全防范工程管理程序与要求》；
2）广东省公安厅《安全技术防范工程标准》；
3）广东省公安厅《安全技术防范产品标准》；
4）国内各项安防法规、文件；
5）根据甲方有关建议及要求；
6）主要设备的性能和参数。

2.系统设计：

首层室外停车场设置　1#、2#彩色摄像机；　二层办证室设置　6#、7#、8#半球形彩色摄像机；
二层办证窗口设置　3#半球形彩色摄像机；　二层走廊设置　4#室内全方位云台摄像机及5#半球形彩色摄像机；
三层走廊设置　9#半球形彩色摄像机。

3.设备选型：

序号	名称	型号	产地	数量	备注
1	1/3in半球形彩色摄像机	NK-503	日本	6	
2	一体化球形彩色摄像机	MTV-64G1HN-K	中国	1	
3	1/3in彩色摄像机	NK-803	日本	2	
4	25mm镜头	SSG2512NB	日本	2	
5	固定光圈镜头	SSE0812N1	日本	7	
6	室外铝合金防护罩	EM-7004	中国	2	
7	铝合金摄像机支架	EM-204	中国	2	
8	室内解码器	KOM-301		1	
9	内置云台室内全球罩	NK-3003	中国	1	
10	16路硬盘录像机(5×80G硬盘)	KOM-3016		1	
11	DC12V电源盒			2	
12	17in纯平显示器			1	
13	视频线	RG-58			
14	电源线	ZR-BVV-3×1.5			
15	配电箱			1	

图1-7　某执法中队办公楼闭路电视监控系统设计说明

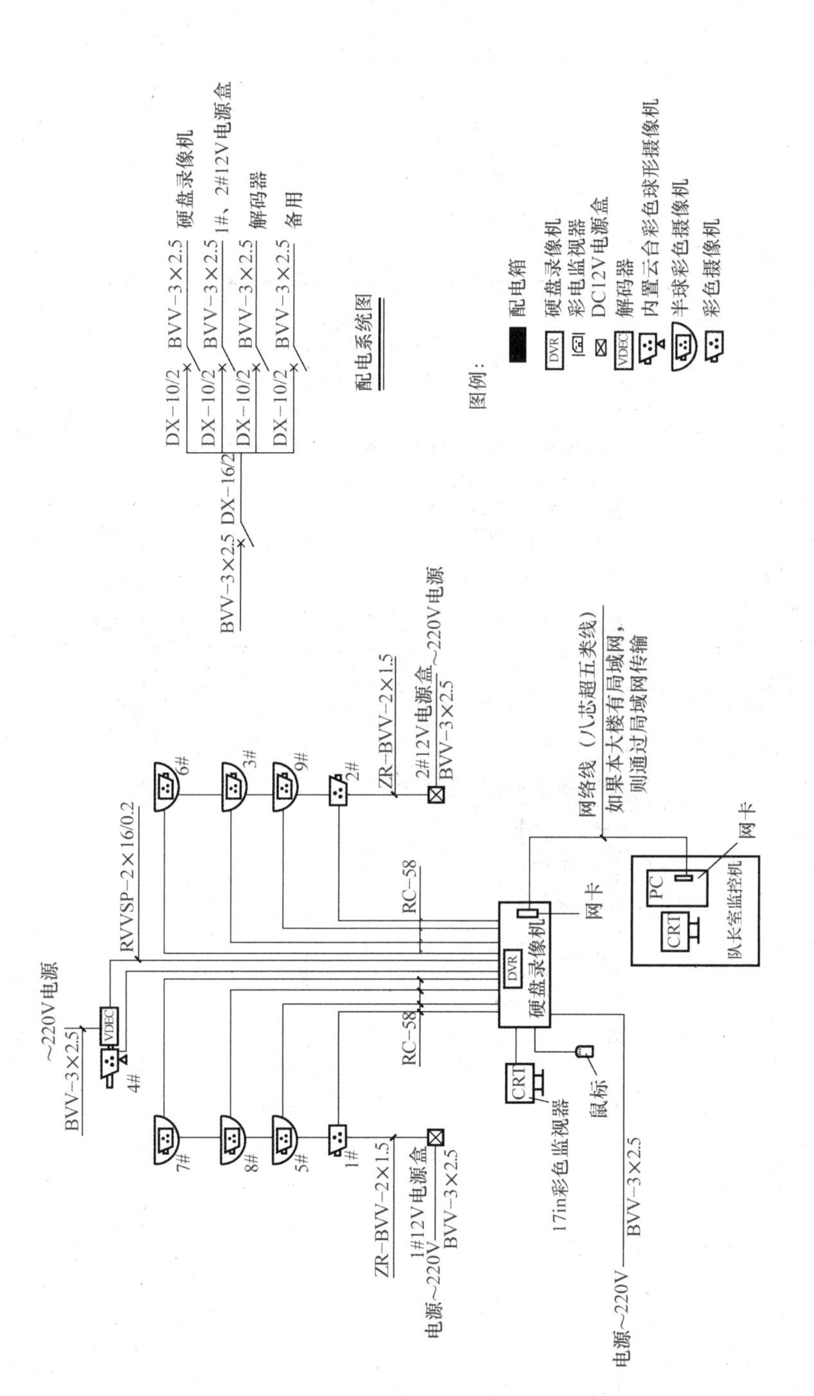

图1-8　某执法中队办公楼闭路电视监控系统图

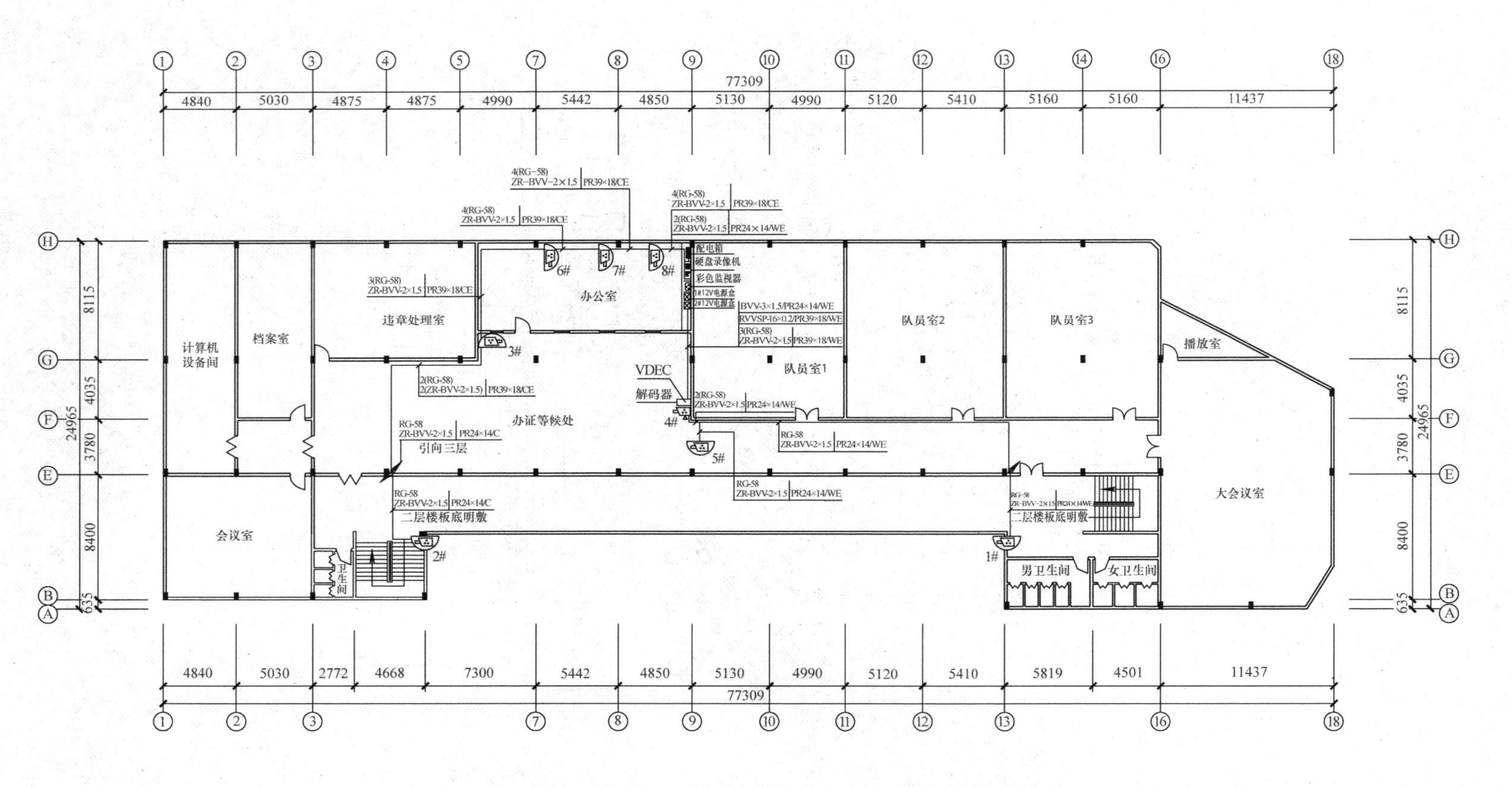

图1-9 某执法中队办公楼闭路电视监控系统二层监控平面图

1）该施工图设计说明还可以增加哪些内容，使它更具指导性。

2）该施工图中材料表有哪些内容？与表1-2有什么不同？

3）请说明监控系统图中各设备的连接关系及所用电缆，系统的电源供给情况。

4）请说明监控平面图中各设备的安装位置，线路的敷设路由和敷设方法，摄像机的监视方向。

任务2　视频安防监控系统设备配置

一、任务描述

学习视频安防监控系统设备配置的目的在于掌握构成系统的设备及其作用、功能、特点，并能正确选用视频安防监控系统的设备以组成符合用户需求的系统。本任务的目标具体为：

1）掌握视频安防监控系统前端设备的配置。

2）掌握视频安防监控系统传输分配设备的配置。

3）掌握视频安防监控系统控制设备的配置。

4）掌握视频安防监控系统图像处理与显示设备的配置。

二、任务信息

（一）模拟/数字视频安防监控系统

视频安防监控系统根据其使用环境、使用部门和系统功能的不同而具有不同的组成方式，无论系统规模有多大、功能有多少，一般的视频安防监控系统都由摄像、传输分配、控制、图像处理与显示等4个部分组成，如图1-10所示。

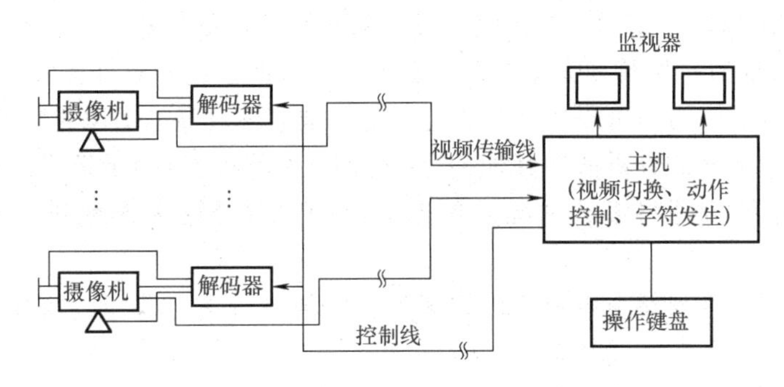

图1-10　视频安防监控系统的组成

1. 视频安防监控系统组成

（1）摄像部分　对被摄体进行摄像，并将所摄的图像转换为电信号。摄像机是视频安防监控系统的眼睛。摄像机的种类很多，不同的系统可以根据不同的使用目的选择不同的摄像机以及镜头、滤色片等。

（2）传输分配部分　传输分配部分的作用是将摄像机输出的视频信号传送到中心机房或其他监视点。视频安防监控系统的传输分配一般采用基带传输，有时也采用载波传送或脉冲编码调制传送，以光缆为传输介质的系统都采用光通信方式传送。传输分配部分主要有：

1）传输线：传输线有同轴电缆、平衡式电缆（双绞线传输）、光缆、网络线。

2）视频分配器：将一路视频信号分为多路输出信号，供多台监视器监视同一目标，或用于将一路图像信号向多个系统接力传送。包括音频信号的视频分配器又称视频音频分配器或称视音频分配器。

3）视频放大器：用于系统的干线上，当传输距离较远时，对视频信号进行放大，以补偿传输过程中的信号衰减。具有双向传输功能的系统，必须采用双向放大器，这种双向放大器可以同时对下行和上行信号给予补偿放大。视频放大器一般可以把放大后的视频信号分成两路或多路。

（3）控制部分　控制部分作用是在中心机房通过有关设备对系统的摄像和传输分配部分的设备进行远距离遥控。控制部分的主要设备有：

1）集中控制器：一般装在中心机房、调度室或某些监视点上。使用控制器再配合一些辅助设备，可以对摄像机工作状态，如电源的接通、关断，摄像机的水平旋转、垂直俯仰、远距离广角变焦等进行遥控。

2）电动云台：它用于安装摄像机，云台在控制电压（云台控制器输出的电压）的作用下，做水平和垂直转动，使摄像机能在大范围内对准并摄取所需要的观察目标。

3）云台控制器：它与云台配合使用，其作用是在集中控制器输出交流电压至云台时，以此驱动云台内电动机转动，从而完成云台的旋转动作等。

（4）图像处理与显示部分　图像处理是指对系统传输的图像信号进行切换、记录、重放、加工和复制等。显示部分则是用监视器进行图像重现，有时还采用投影电视来显示其图像信号。图像处理和显示部分的主要设备有：

1）视频切换器：它能对多路视频信号进行自动/手动切换，使一个监视器能监视多个摄像机信号。

2）监视器和录像机：监视器的作用是将送来的摄像机信号重现。在视频安防监控系统中，一般需配备录像机，尤其在大型的保安系统中，录像系统还应具备如下功能：

① 在进行监视的同时，可以根据需要定时记录被监视目标的图像或数据，以便存档。

② 根据对视频信号的分析或在其他指令控制下，能自动启动录像机，若设有伴音系统应能同时启动。系统应能将事故情况或预先选定的情况准确无误地录制下来，以备分析处理。

③ 系统应能手动选择某个指定的摄像区间，以便进行重点监视或在某个范围内几个摄像区间做自动巡回显示。

④ 录像系统既可快录慢放或慢录快放，也可使一帧画面长期静止显示，以便分析研究。

2. 视频安防监控系统组成形式

视频安防监控系统的组成形式一般有以下几种，如图1-11所示。

（1）单头单尾方式　这是最简单的组成方式，如图1-11a所示。头指摄像机，尾指监视器。这种由一台摄像机和一台监视器组成的方式多用在一处连续监视同一个目标的场合。图1-11b中增加了一些功能，例如摄像镜头焦距的长短、光圈的大小、远近聚焦都可以通过遥控调整，还可以遥控电动云台的左右上下运动和接通摄像机的电源。这些功能的调节都是靠控制器完成的。

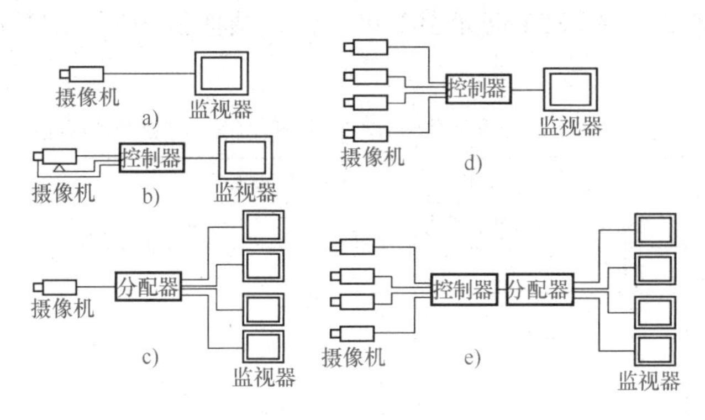

图 1-11 视频安防监控系统组成形式

（2）单头多尾方式 如图 1-11c 所示，它是由一台摄像机向许多监视点输送图像信号，由各个点上的监视器同时看图像。这种方式用在多处监视同一个目标的场合。

（3）多头单尾方式 如图 1-11d 所示，它是多头单尾系统，用在一处集中监视多个目标的场合。它除了控制功能以外，还具有切换信号的功能。

（4）多头多尾方式 如图 1-11e 所示，它是多头多尾任意切换方式，用于多处监视多个目标的场合。此时宜结合摄像机的遥控功能，设置多个视频分配切换装置或矩阵网络。每个监视器都可以选切各自需要的图像。

3. 摄像机配置

在视频安防监控系统中，摄像机处于系统的最前端，为系统提供信号源，因此，它是视频安防监控系统中最重要的设备之一。摄像机可以从不同的角度进行分类，如从成像色彩划分有彩色摄像机和黑白摄像机；从分辨率、灵敏度划分有一般型和高分辨率型；从摄像机外形划分有枪式摄像机、针孔摄像机、球形摄像机等；从 CCD 靶面尺寸（摄像机图像传感器感光部分的大小）划分有 1in（1in = 0.0254m）、2/3in、1/2in、1/3in、1/4in 摄像机；从摄像机使用电源划分有 AC220V、AC24V、DC12V 摄像机。下面介绍摄像机的配置知识。

（1）常见的摄像机

1）枪式摄像机：枪式摄像机适用于光线不充足地区及夜间无法安装照明设备的地区。在仅监视景物的位置或移动时，可选用枪式摄像机，如图 1-12 所示。

2）内置镜头的一体化摄像机：一体化摄像机现在专指可自动聚焦、镜头内置的摄像机，如图 1-13 所示。一体化摄像机体积小巧、美观，安装、使用方便、监控范围广、性价比高。内置镜头的一体化摄像机大多采用了数字处理技术，增加了内置的高倍变焦镜头。有的还带有自动光圈功能，或提供红外线光源，使得在夜间也能有清晰影像。

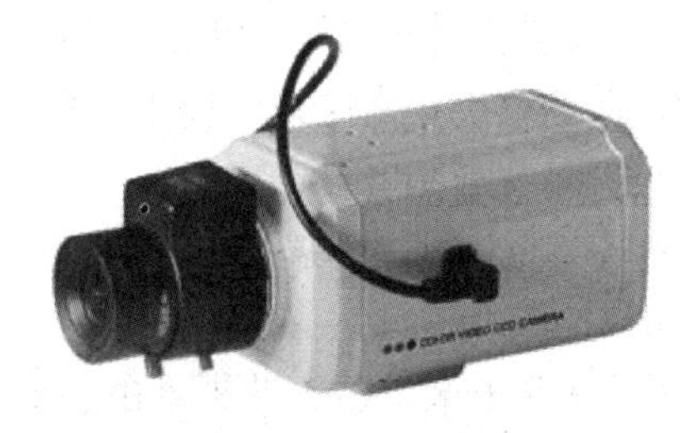

图 1-12 枪式摄像机

图 1-13 一体化摄像机

一体化摄像机典型产品如32倍光学变焦一体化摄像机SCC—C4207P，其产品规格见表1-3。

表1-3　32倍光学变焦一体化摄像机SCC—C4207P规格

成像器件	1/4in宽动态彩色转黑白型Ex-View HAD CCD
有效像素	752×582（水平×垂直）
水平分辨率	480线
扫描方法	625行，2∶1隔行扫描
镜　头	32倍光学变焦
光　圈	F1.6（广角），F3.8（望远），自动聚集
信噪比	50dB（自动增益关）
最低被摄体照度	彩色0.2lx（Sense Up×4），0.005lx（Sense Up×160）；黑白0.07lx（Sense Up×4），0.002lx（Sense Up×160）
动态范围	128倍
遥　控	变焦（望远/广角），聚焦（近/远），光圈（开/关）
信号输出	合成视频输出：1.0V（峰-峰值）（75Ω/BNC）
报　警	报警输入：1输入（5mA反向）
电源要求	DC 12V×（1±10%）
工作温度	-10~50℃
工作湿度	90%以下

3）快速球形摄像机：快速球形摄像机（Dome Camera），俗称快球，它是一种一体化摄像机，包括CCD摄像机、伸缩变焦光学镜头、全方位云台和解码驱动器在内的全套摄像系统以及附属的底座和外罩。

快速球形摄像机的基本功能包括镜头调整、云台控制、预置点、自动巡航、自动扫描、自动运行、改变模式路径、区域遮盖、屏幕菜单等，如图1-14所示。

图1-14　快速球形摄像机

快速球形摄像机中的云台实现了水平旋转和垂直俯仰运动，其传动采用的电动机有直流电动机和步进电动机，直流电动机能实现连贯性的旋转，耗能少，寿命长达10年；而步进电动机的旋转过程呈跳动性，旋转过程中，图像在连续性方面会有一些缺陷，并且步进电动机耗能大，寿命也只有3~5年。传动部分主要有传送带传动和蜗轮蜗杆传动机构。采用微型步进电动机，可平稳实现如100°/s的高速直至0.5°/s的低速运行，它的转轴设计与中心点不会卡线。采用高速电动机时，有定速运动和变速提升两种工作状态。水平旋转和垂直俯仰速度一般为360°/s和120°/s。

快速球形摄像机的控制方式有两类，一类是影像传输线与控制线相分离的RS-485传统型；另一类是影像与控制信号共用同一条同轴电缆的同轴视控单线传输型。

快速球形摄像机结构设计精巧，可以选择嵌入天花板、吸顶安装、从天花板悬吊、支架固定等不同的安装方式，尺寸也有不同的规格，加之其有镀铬、镀金、烟色玻璃、黑色不透明等各种新颖的球形外罩，因而具有很好的观察隐蔽性。有的快速球形摄像机中还有多个报警输入及继电器驱动输出端，以方便构成所需要的报警及联动应用装置，一般可与预置点搭配使用。

球形摄像机代表性产品如 Pelco 公司的 Spectra Ⅲ SE。

4）宽动态范围摄像机：如图 1-15 所示，宽动态技术（Wide Dynamic Range）是在非常强烈的对比下让摄像机看到影像的特色而运用的一种技术。宽动态范围摄像机最大的优势在于它优良的背光补偿功能，而背光补偿是用户对摄像机产品的主要功能要求之一。当日光很强，安装在建筑物内的摄像机在向外拍摄入口处景物时，会出现背景过于明亮的情况，图像明亮的部分会泛白，暗的部分会发黑，也看不清站在那里的人。而宽动态范围摄像机通过处理，使得明亮的和暗的被摄物体都可以看得很清楚。

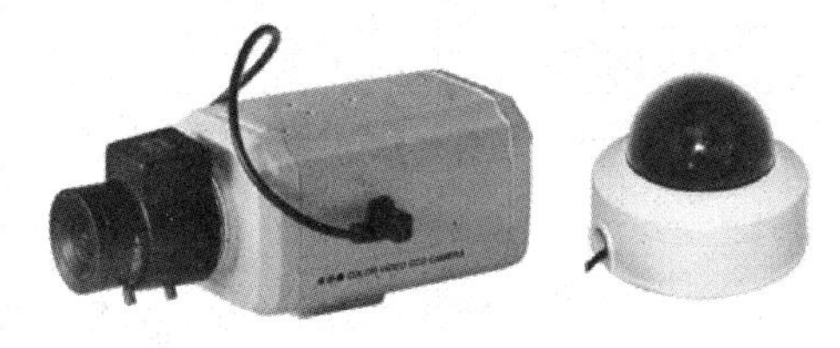

图 1-15　宽动态范围摄像机

摄像机的动态范围越宽，明亮物体与暗的物体之间的照度比对数越大，说明背光补偿越好。此外，宽动态范围摄像机的背光补偿功能不但适用于强逆光的环境，而且对西晒和反射条件下的景物拍摄也同样有良好的表现。

宽动态范围摄像机代表性产品如 SHC—730P，其动态范围高达 72dB，其规格见表 1-4。

表 1-4　SHC—730P 规格

总像素	795（水平）×596（垂直）	宽动态范围	72dB
有效像素	752（水平）×582（垂直）	日/夜	GOLOR/BW/AUTO/EXT
CCD	1/3in CCD 彩色隔行扫描	增益控制	Low，Middle，High，OFF 可选
扫描系统	2∶1 隔行	白平衡	ATW/AWC/Manual
同步系统	内同步/外同步	O. S. D	内置
扫描	625 行/50 场/25 帧，水平：15.625kHz，垂直：50Hz	SSNR 功能	Low，Middle，High，OFF 可选
水平分辨率	彩色 540 线，黑白 570 线	隐私功能	ON/OFF 可选（最多可设置 4 个区域）
视频输出	1.0V（峰-峰值）PAL 复合视频信号 75Ω/BNC 插头	镜头安装	CS 型
		电源和功率	双电压 DC12V/AC24V 兼容，4.5W
信噪比	52dB	工作温度	-10～50℃
最低照度	彩色：0.05lx @ F1.2（50IRE，0.13lx EIAJ Standard） 0.004lx@ F1.2 Sens-Up Mode 黑白：0.01lx@ F1.2（50IRE）	工作湿度	小于 90%
		外观尺寸	70mm（W）×56mm（H）×130mm（D）
		质量	480g

5）高分辨率摄像机：分辨率是摄像器件最重要的一个参数。高分辨率摄像机也被称为高清晰度摄像机，一般彩色图像像素 752×582 或图像水平分辨率 480 线以上为高分辨率。

典型产品如 SSC—E473P/478P 高清晰度彩色摄像机，其规格见表 1-5。

表1-5 SSC—E473P/478P摄像机规格

1/3in Super Exwave IT CCD，540线	
最低照度	彩色0.3lx（F1.2，30IRE，ACC ONA，Turbo mode） 黑白0.04lx（F1.2，30IRE，ACC ONA，Turbo mode）
日/夜转换功能	自动/手动可选
背光补偿	ON/OFF可选
信噪比	大于50dB（ACC OFF，Weight ON）
自动光圈镜头	直流伺服
电源	E478P AC 220～240V×（1±10%） E473P AC 24V或DC 12V×（1±10%）

6）低照度摄像机：低照度摄像机没有明确的定义，但一般认为彩色摄像机照度为0.0004～1lx，黑白摄像机照度为0.0003～0.1lx。低照度彩色摄像机主要有日夜两用型摄像机、Ex-view HAD高感度CCD摄像机、帧累积或称慢速快门型摄像机三种。

① 双CCD日夜型彩色摄像机具有全光谱适应能力，日夜两用，白天以彩色图像成像，夜间则以黑白图像成像，彩色/黑白随照度变化自动转换。这样即使在黑暗环境下，仍能拍摄到有一定清晰度的图像，若与红外线灯配合使用，可实现零照度正常工作，从而实现24h全天候监控。

② 单CCD日夜型摄像机是另一种能实现24h连续摄像的摄像器件，不论是在太阳下还是在夜间，均可摄得鲜明影像。有超过400线的高分辨率和优良的信噪比，并可拍摄高速移动物体影像。

③ 帧累积型摄像机利用计算机存储技术，可连续将几个因光线不足而较显模糊的画面累积起来，成为一个影像清晰的画面。因使用数字电子控制方式，所以可达到在0.0002lx的极低照度下画面仍维持彩色，但不具实时性，会存在画面动画和拖尾现象。典型产品如WV—CL920A。

7）夜视摄像机：即高光敏度红外线影像摄像机，是当今热门的摄像机机种。红外摄像机的最低照度为0lx，即在完全无光线环境下仍然能成像，而普通摄像机一定要在有光线的环境下才能成像。一般来说，红外线摄像机需要搭配红外线光源，主要有发光二极管LED和卤素灯两类红外线光源。图1-16所示为红外夜视球形摄像机。

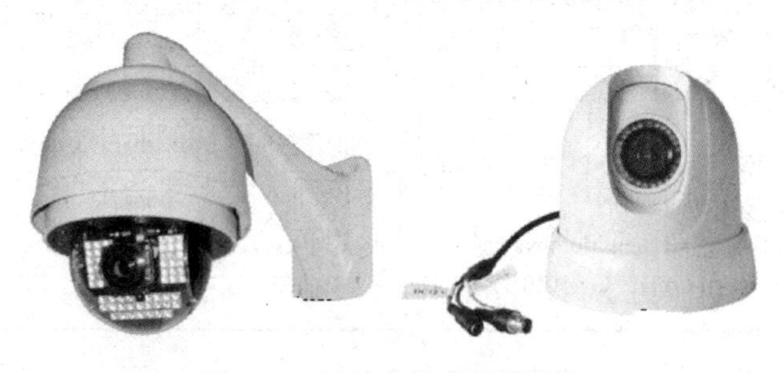

图1-16 红外夜视球形摄像机

8）半球摄像机（有定焦、变焦、防爆型之分）：半球摄像机由一个半球式的护罩、内置的单板式摄像机和红外灯（可选）组成，它的摄像机完全隐藏在一个半球式的外壳中，是我们常见的安装于大厅、走廊、过道等地方的吸顶式摄像机，如图 1-17 所示。

（2）摄像机的选择 视频安防监控系统根据下面几个要求来选择摄像机。

1）环境工作条件：视频安防监控系统的工作环境条件随着不同的用户要求而异。对摄像机而言，主要是防高温、防低温、防雨、防尘，特殊场合还要求有防辐射、防爆、防水、防强振等功能。一般都是通过采用防护外罩的办法来达到上述的功能要求。在室外使用时（即温差大、露天工作），防护罩内应加有自动调温控制系统和控制雨刷等。

图 1-17 半球摄像机

2）环境照度条件：从使用照度条件来看，有超低照度、低照度、一般照度、高照度之分。在选择摄像机时，一般要求监视目标的环境最低照度应高于摄像机要求最低照度的 10 倍。目前，有些摄像机要求的照度很低，如日本松下公司的 Wv—1850 摄像机要求最低照度仅为 0. 1lx。

3）被监视目标的要求：视频安防监控系统的最终目的之一是要将被监测的目标图像在监视器上显示出来。一般来说，对于具有一定范围的空间，兼有宏观和微观监控要求，需要经常反复监控但没有同时监控要求的场合，宜采用变焦镜头和遥控云台，否则尽可能采用定焦距镜头。

摄像机的选型主要是根据工作环境条件要求来确定。首先要确定用彩色摄像机还是黑白摄像机。在价格方面，彩色摄像机要比黑白摄像机贵，日常维修费也高；在图像分辨率方面，彩色摄像机在 300 线左右而黑白摄像机可达 600 线以上。如果被观察目标本身没有明显的色彩标志和差异，也就是说接近黑白反差对比的图像，同时又希望能比较清晰地反映出被观察物的细节情况，那么最好采用黑白摄像机。若进行宏观监视，被监视场景色彩又比较丰富，那么可采用彩色摄像机以获得层次对比更为生动且富有立体感的图像。摄像机一经选定，即可选择监视器与之配合。当然彩色摄像机应当配用彩色监视器，黑白摄像机则配用黑白监视器。

（3）摄像机镜头及其选择 摄像机光学镜头的作用是把被观察目标的光像聚焦于摄像管的靶面或 CCD 传感器件上，在传感器件上产生的图像将是物体的倒像。图 1-18 所示是摄像机镜头外观。

1）镜头的种类：摄像机镜头按照其功能和操作方法可分为常用镜头和特殊镜头两大类。

图 1-18 摄像机镜头外观

① 常用镜头又分为定焦距镜头和变焦距镜头两种。定焦距镜头采用手动聚焦操作，光圈调节有手动和自动两种。变焦距镜头既可以电动聚焦，也可以手动聚焦，电动聚焦操作的镜头光圈分电控和自动两种。

② 特殊镜头是根据特殊的工作环境或特殊的用途专门设计的镜头。特殊镜头又可分为以下几种：

广角镜头又称大视角镜头，安装这种镜头的摄像机可以摄取广阔的视野。

针孔镜头有细长的圆管形镜筒，镜头的端部是直径只有几毫米的小孔，多用在隐蔽监视的环境中。

2）镜头特性参数：镜头的特性参数有很多，主要有焦距、光圈、视场角、镜头安装接口、景深等。所有的镜头都是按照焦距和光圈来确定的，这两项参数不仅决定了镜头的聚光能力和放大倍数，而且决定了它的外形尺寸。

焦距一般用毫米（mm）表示，它是指从镜头中心到主焦点的距离。光圈（即光圈指数）F 被定义为镜头的焦距和镜头有效直径 D 的比值，在使用时可以通过调整光圈口径的大小来改变相对孔径。F 值为1，1.4，2，2.8，4，5.6，8，11，16，22，…。光圈 F 值越大，相对孔径越小。选择镜头时要结合工程的实际需要，一般不应选用相对孔径过大的镜头，因为相对孔径越大由边缘光量造成的像差就大，如要去校正像差，就得加大镜头的重量和体积，成本也相应增加。

光圈有自动光圈和手动光圈之分。当进入镜头的光通量变化时，自动光圈镜头能接受摄像机控制信号，自动改变光圈大小；而手动光圈镜头只能依靠人工调整光圈大小。

视场是指被摄物体的大小。视场的大小应根据镜头至被摄物体的距离、镜头焦距及所要求的成像大小来确定，如图1-19所示。

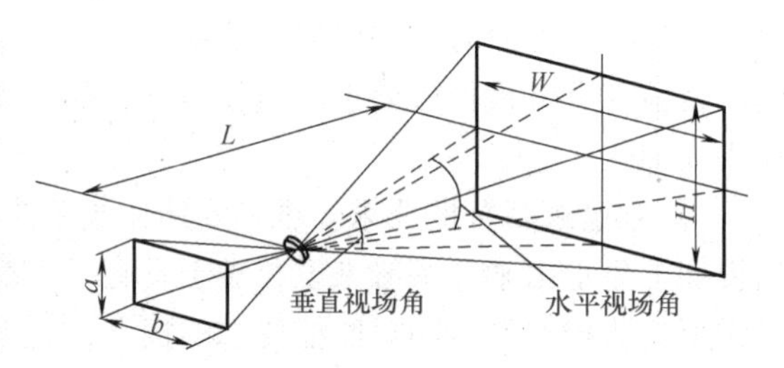

图1-19　视场确定

其关系可按下式计算：

焦距：$f=aL/H$；

视场：$H=aL/f$；

$W=bL/f$。

式中　H——视场高度，单位为m；

W——视场宽度，单位为m，通常 $W=4H/3$；

L——镜头至被摄物体的距离（视距），单位为m；

f——焦距，单位为mm；

a——像场高度，单位为mm；

b——像场宽度，单位为mm。

不同管径的摄像管，其靶面像场的 a、b 值见表1-6。

表1-6　不同管径的摄像管，其靶面像场的 a、b 值

摄像机管径/in 像场尺寸	1 (25.4mm)	$\frac{2}{3}$ (17mm)	$\frac{1}{2}$ (13mm)	$\frac{1}{3}$ (8.5mm)
像场高度 a/mm	9.6	6.6	4.6	3.6
像场宽度 b/mm	12.8	8.8	6.4	4.8

由以上公式可见，焦距越长，视场角越小，监视的目标也小。由以上公式还可计算出不同尺寸的摄像管，在不同镜头焦距下的视场高度和宽度值；相反，当镜头和物体之间的距离 L 和物体水平宽度 W 或高度 H 已知时，便可计算出焦距长。

摄像机镜头的安装应严格按国际标准或国家标准。镜头与摄像机大部分采用“C”“CS”型安装座连接，采用英制螺纹连接。C 型座镜头通过接圈可以安装在 CS 型座的摄像机上，反之则不行。

景深是指焦距范围内的景物最近和最远点之间的距离。改变景深的三种方法：使用长焦距镜头；增大摄像机与被摄物体之间的距离；改变镜头焦距。其中改变镜头焦距的方法是最常用的。

3）镜头的选择：在选择摄像机镜头时应考虑图像尺寸、视场、光圈、变焦方式和遥控内容等方面的要求。下面着重谈两方面的内容。

① 成像尺寸的选择。摄像机最终拍摄的图像尺寸不仅取决于镜头的成像尺寸，同时还取决于摄像管扫描光栅的尺寸，所以镜头的成像尺寸必须与摄像管靶面尺寸一致，摄像管靶面越大，则图像清晰度、图像特性等指标越高。在实际使用中，大镜头可以替换小镜头，反之则不行。例如 1in 的镜头有效光束直径为 16mm，而 2/3in 的镜头有效光束直径为 11mm，可以用 1in 的镜头安装在 2/3in 的摄像管摄像机上，虽然有些大材小用，但不影响摄像质量；而如果把 2/3in 的镜头安装在 1in 的摄像管摄像机中，则被摄体的一部分光束由于成像尺寸不足而被遮挡，会影响成像全貌，所以实际上不能使用，因此，在选择镜头时要注意。

② 镜头焦距的选择。成像尺寸确定之后，对于固定焦距的镜头则相对具有一个固定的视野。视野的大小常用视场角表征，在视场角内的物体可以全部落在成像尺寸以内，而在视场角之外的物体则因超越成像尺寸而不能被摄像机镜头摄取。

对于相同的成像尺寸，不同焦距镜头的视场角也不同。焦距越短，视场角越大，所以短焦距镜头又称广角镜头。根据视场角的大小可以划分为以下 5 种焦距的镜头：长角镜头，视场角小于 45°；标准镜头，视场角为 45° ~ 50°；广角镜头视场角在 50°以上；超广角镜头，视场角可接近 180°；大于 180°的镜头，称为鱼眼镜头。在视频安防系统中常用的是广角镜头、标准镜头、长角镜头。

下面举例说明镜头焦距的选择。

银行柜员机所使用的监控摄像机，对其覆盖景物范围有着严格的要求，因此景物视场的高度（或垂直尺寸）H 和宽度（或水平尺寸）W 是能确定的。例如，摄取长办公桌及部分周边范围，假定 H—1500mm，W—2000mm，并设定摄像机的安装位置至景物的距离 L—4000mm。现选用 1/3inCCD 摄像机，则由表 1-6 查得，$a=3.6$mm，$b=4.8$mm。将其代入式 $H=aL/f$；$W=bL/f$。通过计算，可知焦距 $f=9.6$mm。因此，选用焦距为 9.6mm 的镜头，便可在摄像机上摄取质量最佳的、范围一定的景物图像。

由定焦距镜头的选择方法可知，长焦距镜头可以得到较大的目标图像，适合展现近景和特点画面，而短焦距镜头适合展现全景和远景画面。在视频安防系统中，有时需要先找寻被摄目标，此时需要短焦距镜头，而当找寻到被摄目标后又需看清目标的一部分细节时，则要用长焦距镜头。例如防盗监视系统，首先要监视防盗现场，此时要用短焦距镜头把视野放大；一旦发现窃贼后，则需要把行窃者的某一部分放大，此时则要用长焦距镜头。变焦镜头的特点是在成像清楚的情况下通过镜头焦距的变化，来改变图像的大小和视场角的大小。因此上述防盗监视系统适合选择变焦距镜头。不过变焦距镜头的价格远高于定焦距镜头。对视频安防系统，如果被摄体相对于摄像机一直处于相对静止位置，或是沿该被摄体成像的水平方向具有轻微的移动，应该以选择定焦距镜头为主。而在景深和视场角范围较大，且被摄体移动的情况下，则应选择变焦距镜头。但是应该注意的是，有时一个被监视目标既要求有一定空间范围又要求对局部目标能清晰监测，则应考虑采用变焦距镜头和遥控旋转云台配合使用。

4. 云台和防护罩的选择

（1）云台　放在防护罩内的摄像机组，可以固定安装在支架（托架）上，对空间某一方向的视场内目标摄取图像。这种固定在支架上的安装方式受到镜头视场角的限制，有其局限性。为了扩大观察范围，将摄像机有限视场角的指向改变，可以对空间扫描，是最便于实现的解决办法。这种将摄像机（护罩）安装在它的平台上，而平台带着摄像机可以做水平旋转、垂直俯仰运动的装置，就是电视监控系统中所说的云台。下面对云台的基本构成、云台的产品分类做简单介绍。

1）云台的原理和构成：根据云台的基本功能，很明显它是一种机械电气产品。云台靠电动机驱动，而它在水平与垂直方向两个轴向的转动需要有传动和减速机构，一般采用齿轮或涡轮减速结构。

2）云台的主要技术参数。

① 输入电压。输入电压大多为交流24V，在欧美有交流115V的，在我国则有交流220V的云台可供选用。准确识别输入电压至关重要，它关系到云台控制器或解码器的选择。云台输入电压要求交流24V时，必须使用输出电压为交流24V的云台控制器，如通过解码器控制云台，则必须保证解码器输出控制云台的电压为24V，若误用220V电压，会将云台电动机烧毁。反之，云台输入电压要求交流220V时，用24V交流电源也不能正常工作。

② 输入功率（电流）。此项涉及电源的供电能力。交流220V电源供电一般不成问题，交流24V电源供电则一定要确认是否可以输出供给所要求的功率（电流）。

③ 负重能力。必须使加到云台上的摄像机整体（含镜头、防护罩等）的重量不超过规定值，否则水平旋转可能达不到额定速度，而垂直方向可能根本就无法扫描或是不能保持镜头处于水平而处于下垂状态。

④ 转角限制。因结构限制，有的云台不能全方位360°转动。在俯仰转动时，由于防护罩的长度限制，也远小于±90°。在选择云台及架设位置时，了解所用云台的水平和俯仰转角的范围是很必要的。

⑤ 水平转速。在视频监控系统中，跟踪快速运动目标时，必须考虑云台的水平转速，特别是在近距离范围内摄取做横向快速运动的目标时，云台必须以高速转动才能保持对目标的连续跟踪。在这种情况下，就需要选择所谓“高速云台”。这种云台的水平预置转速可以达到250°/s左右，而一般云台是0°~60°/s。

⑥ 限位、定位功能。云台的限位切换、限位方式、位置预置等功能，关系到云台的扫描和控制方式以及与云台控制器或解码器的接口关系。

⑦ 外形及安装尺寸、重量。

⑧ 环境适应性能。

3）云台产品分类：按云台的主要技术性能组合分类，如图1-20所示。图1-21、图1-22分别是JSD-3933室内云台，V380PTX－S－VPP防爆云台。

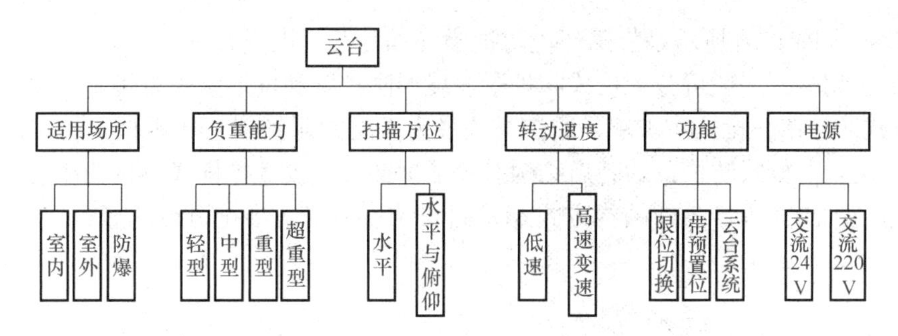

图1-20 云台按性能组合分类

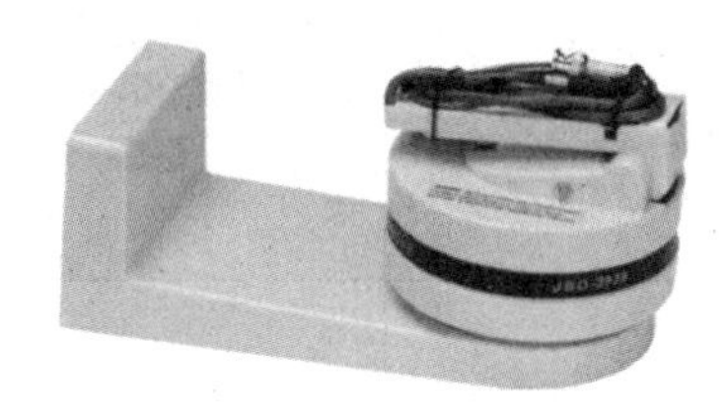

图1-21 JSD－3933室内云台

图1-22 V380PTX－S－VPP防爆云台

（2）防护罩 摄像机和镜头是精密的电子、光学产品。作为电视监控系统的前端设备，它的安装位置可能在室内或是室外，可能在一般的环境条件下或是在特殊的环境条件下。无论在何种情况下，将摄像机及镜头用防护罩保护起来是必要的。防护罩按性能组合的分类情况如图1-23所示。

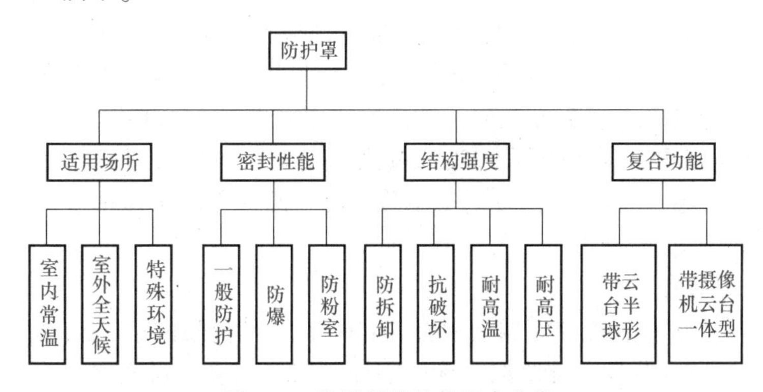

图1-23 防护罩按性能组合分类

按照安装环境可分为室内防护罩、室外防护罩及特殊环境防护罩。

1）一般室内防护罩：按其安装形式有悬挂或安装于天花板上的，上部为铝合金结构，符合一般防火条例，下部则用ABS塑料；安装于支架或云台上的，多用铝质挤压成型防护罩或黄铜质防护罩。

2）室外全天候防护罩：此类防护罩用于室外露天场所，要能经受风沙、霜雪、酷暑、严冬等极端天气情况，根据使用地域的气候条件，可选择配置加热器/抽风机、除霜器/去雾器、雨刷、遮阳罩、隔热体等配套部件。

3）特殊环境使用的防护罩：这一类特殊的防护罩，主要在某些有腐蚀性气体、易燃易爆气体，大量粉尘等环境下采用。在设计上着重考虑其密封性能，多用全铝结构或不锈钢结构，呈网筒形。图1-24所示是特殊环境防护罩（如瓦斯、煤尘）。

按照形状划分，一般可分为枪式防护罩、球形防护罩和坡形防护罩等。

1）枪式防护罩：枪式防护罩是监控系统最为常见的防护罩，成本低、结实耐用、尺寸多样、样式美观。枪式防护罩的开启结构有顶盖拆卸式、顶盖撑杆式、顶盖滑动式、前后盖拆开式、滑道抽出式等，各种结构方式都是以安装、检修、维护方便为目的。图1-25所示为枪式防护罩。

图1-24 特殊环境防护罩

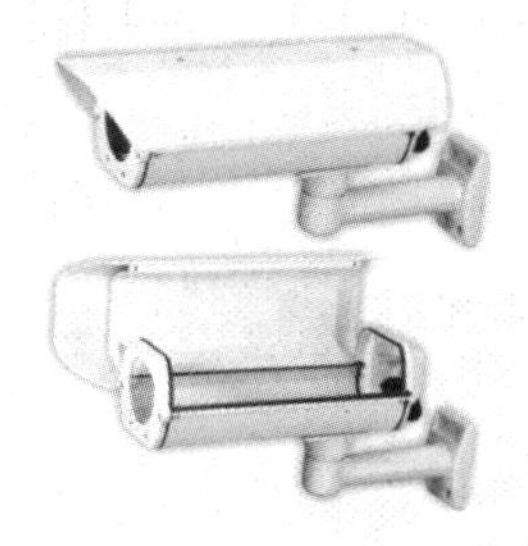

图1-25 枪式防护罩

2）球形防护罩：球形防护罩有半球形和全球形两种，一般室外大多采用全球形球罩，室内则会根据现场环境选择半球形或全球形防护罩。全球形防护罩一般使用支架悬吊式或吸顶式安装，半球形防护罩最常见的是吸顶式和天花板嵌入式安装。图1-26所示为球形防护罩。

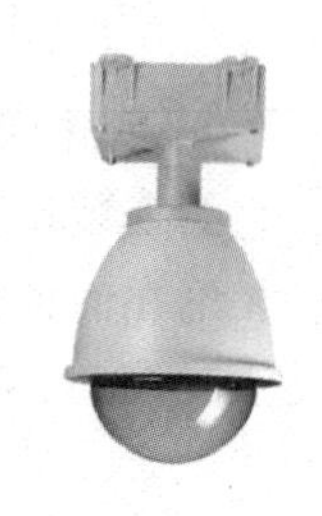

图1-26 球形防护罩

能够为球罩内镜头提供场景光线的塑料球罩有三种：透明、镀膜（镀有半透明的铝或铬）和茶色。在球罩只用来保护摄像机、镜头而不需要隐蔽摄像机的监视方向时，常采用透明球罩。如果希望隐藏摄像机的监视方向，以获得附加的安全效果，就需要选用镀膜或茶色球罩。

3）坡形防护罩：坡形防护罩采用吸顶嵌入式安装，防护罩的后半部分隐藏在天花板内，外面只暴露前面窗口部分，比较便于隐蔽，由于俯仰角度不能调整，因此使用环境有限，适合楼道走廊使用。

5. 显示与记录设备

显示与记录设备安装在控制室内，主要有监视器、录像机和画面分割器。

（1）监视器 监视器是安防监控系统中心控制室中的重要设备之一，系统前端中所有摄像机的图像信号以及记录后的回放图像信号都将通过监视器显示出来。视频监控系统的整体质量和技术指标，与监视器本身的质量和技术指标关系极大。也就是说，即使整个系统的前端、传输系统以及中心控制室的设备都很好，但如果监视器质量较差，那么整个系统的综合质量也不高。所以，选择质量好、技术指标能与整个系统设备的技术指标相匹配的监视器是非常重要的。图1-27所示为视频安防监控系统监视器实物图。

图1-27 视频安防监控系统监视器

1）监视器的分类：监视器总的分类有黑白监视器与彩色监视器两类。这两类又有各种尺寸与型号之分，如显像管式监视器有9in、14in、17in、18in、20in、21in、25in、29in、

34in 等，投影式监视器有 34in、72in 等。此外，还有便携式微型监视器及超大屏幕投影式、电视墙式组合监视器等。

2）监视器的主要技术指标。

① 清晰度（分辨率）。这是衡量监视器性能的一个非常重要的技术指标。按我国及国际上规定的标准及目前电视制式的标准，最高清晰度以 800 电视线为上限。在电视监控系统中，根据《民用闭路监视电视系统工程技术规范》（GB 50198—2011）的标准，对清晰度（分辨率）的最低要求是：黑白监视器水平清晰度应≥400 线，彩色监视器应≥270 线。

② 灰度等级。这是衡量监视器能分辨亮暗层次的一个技术指标，最高为 9 级。一般要求≥8 级。

③ 通频带（通带宽度）。这是衡量监视器信号通道频率特性的技术指标。因为视频信号的频带范围是 6MHz，所以要求监视器的通频带应≥6MHz。

除上述几个主要的技术指标之外，还有亮度、对比度、信噪比、色调及色饱和度等方面的技术指标与要求。

3）监视器的选用原则。

① 一定要选用已通过国家法定质量监督检验部门及有关管理部门认证并允许生产和销售的产品（即有准产、准销证的产品），其产品质量与技术指标应符合国家有关规范和标准的要求。

② 要有良好的售后服务内容和售后服务体系。

③ 用于显示黑白摄像机图像的监视器，一般应选用黑白监视器；用于彩色摄像机的监视器，应选用彩色监视器，使摄像机与监视器相对应。

④ 所选监视器的技术指标，通常应高于整个系统的技术指标。例如，假设整个系统清晰度指标要求为≥300 线，则监视器的该项指标应该在 320 ~ 350 线。

⑤ 监视器屏幕尺寸的选择原则，一般情况是，只用于监视一个画面（包括一个个画面的轮流切换显示）的监视器，其屏幕尺寸可以小些（如 14in 监视器）；用于同时显示多个画面（如 16 个画面）的监视器，其屏幕尺寸则应选择大一些的（如 29in 监视器）。

⑥ 最好选用金属外壳的监视器。这样的监视器具有较好的屏蔽性能，不易遭受空间电磁场的干扰，其内部某些可能辐射电磁场的电路，也不会对系统中的其他设备造成干扰。

当然，随着技术的发展，视频安防监控系统中的显示器采用液晶显示器或等离子显示器也已经很普遍了，它们的技术指标与显像管式显示器技术指标有所区别。

（2）记录设备及其选择　录像机是监控系统的记录和重放装置，也是视频安防监控系统中的重要设备。目前，数字硬盘录像机是图像记录和重放的主要设备。硬盘录像机是将视频图像以数字方式记录保存在计算机的硬盘中，故也称为数字视频录像机 DVR（Digital Video Recorder，DVR）或数码录像机。除了 DVR 以外，同类的数字存储设备还有 NVR、NAS、IP－SAN等设备。现时 DVR 产品的结构主要有两大类，一类是采用工业计算机和 WINDOWS 操作系统作平台，在计算机中插入图像采集压缩处理卡，再配上专门开发的操作控制软件，以此构成基本的硬盘录像系统，此即基于计算机的 DVR 系统；另一类是非计算机类的嵌入式数码录像机。

DVR 除了能记录视频图像外，还能在一个屏幕上以多画面形式实时显示多个视频输入图像，集图像的记录、分割、云台控制、VGA 显示功能于一身。在记录视频图像的同时，还能对已记录的图像做回放显示或者备份。图1-28所示为DVR硬盘录像机。

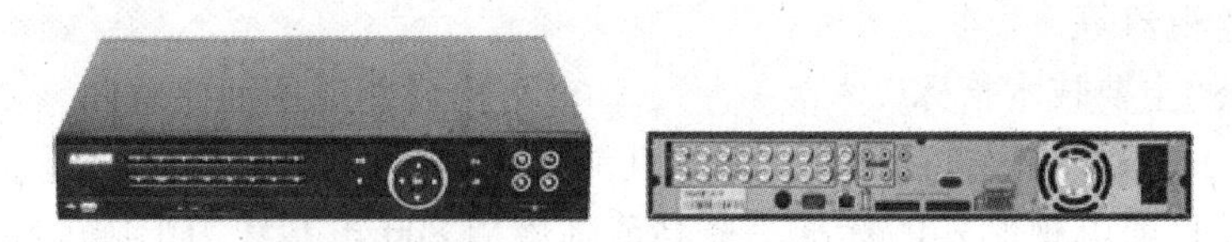

图1-28 DVR硬盘录像机

硬盘录像机由于是以数字方式记录视频图像，为此对图像需要采用Motion JPEG、MPEG4、H.264等各种有效的压缩方式进行数字化，而在回放时则需解压缩。这种数字化图像既是实现数字化监控系统的一大进步，又因能通过网络进行图像的远程传输而带来众多的优越性。

1）对录像机的基本要求。

① 记录时间。监视系统中，录像机的记录时间较长，一般从几十到几百小时不等。

② 重放功能。长时间记录的画面，可以以快速的静止画面方式进行重放。

③ 遥控功能。当需要对录像机进行远距离操作以及要求在视频安防监控系统中用控制信号自动操作录像机时，就需要遥控功能。

2）硬盘录像机的技术指标。

① 可同时输入摄像机的路数。一般多为1路、4路、8路、16路，但也有32路及更多路数的产品问世。

② 所采用的图像压缩格式及标志图像质量的图像分辨率，图像的录像和回放的分辨率有：DCIF、CIF、4CIF、D1等。

③ 硬盘容量的大小及所采用的压缩/解压缩方法。该指标直接影响到能够存储图像的个数，或记录图像时间的长短。对DVR系统而言，目前每帧图像的容量多在1.5～12KB，标配硬盘容量为500GB、1TB、2TB等。

④ 记录图像回放时的显示速度。该指标直接影响到DVR可否被广泛应用。倘若回放显示速度过慢，则可能捕获不到需要监控的图像。

硬盘录像机的其他技术指标有：

① 图像的检索和查找智能化程度。以硬盘记录的图像，可以方便地按日期、时间、图像号码、摄像机号、报警事件序号等进行快速索引，也能通过屏幕菜单操作进行索引。

② 有多少路常规的报警输入。在所接传感器发生报警时，有的系统可自动记录发生报警前几秒至发生报警后十几秒总共约30s的视频图像，从而能捕获并完整地记录下每一个报警事件；有的系统在发生报警时，不仅可显示对应报警发生处摄像机的图像，还能使该摄像机的云台运动到指定的预置位处。

③ 对录制的报警事件，能否在回放时根据事件、时间或摄像机号快速检索到指定的文件。有的系统还允许图像回放时，作2倍的放大观察和平滑图像等处理功能，并可以调整图像的色彩、对比度、亮度、饱和度，从而有助于识别人物、车牌等细节。

④ 可否对选定的一路云台进行控制。包括云台的上下左右移动、云台的旋转、变焦镜头的伸缩、云台和变焦镜头的预置位等，有时还要考虑可否远程遥控云台和镜头。

（3）画面分割器 画面分割器有四分割、九分割、十六分割几种，可以在一台监视器上同时显示4、9、16个摄像机的图像，也可以送到录像机上记录。四分割画面分割器是最常用的设备之一，其性能价格比也较好，图像的质量和连续性可以满足大部分要求。九分割和十六分割画面分割器价格较贵，而且分割后每路图像的分辨率和连续性都会下降，录像效果不好。大部分分割器除了可以同时显示图像外，也可以显示单幅画面，可以叠加时间和字符，设置自动切换，连接防盗报警设备。图1-29所示为BN－C204/01S4画面分割器，表1-7为其技术参数。

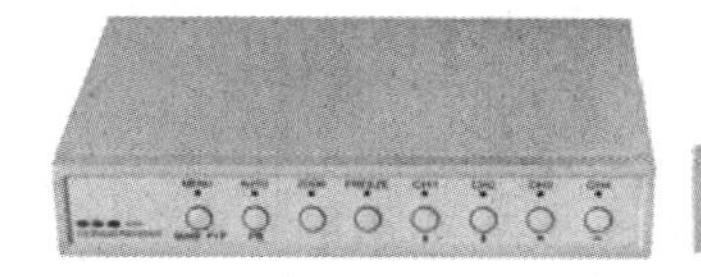

图1-29　BN－C204/01S4画面分割器

表1-7　BN－C204/01S4画面分割器技术参数

型　号	BN－C204/01S4
信号系统	NTSC/PAL
像素	PAL：720×576，NTSC：720×480
视频输入	4路，BNC（1.0Vp－p，75Ω）
视频输出	1路，BNC（1.0Vp－p，75Ω）
辅助视频输出	无
录像输入	BNC（1.0Vp－p，75Ω）/S－VHS
报警输入	4路TTL高低电平输入，每一路摄像机配一个输入端子
报警输出	1路，常开或常闭
报警持续时间	0～30s可编程
报警方式	视频丢失报警，视频移动报警，外部报警
画面显示方式	顺序切换，单画面，画中画，四画面，画面冻结，电子放大
电源	DC12V，6W
重量	1kg
工作温度	－10～50℃（相对湿度：95% max.）
外形尺寸	210mm×142mm×37mm（W×D×H）

6. 视频安防监控系统控制设备

（1）矩阵切换器　矩阵切换器是视频安防监控系统中管理视频信号的核心设备之一，图1-30所示为IDRS音视频一体化矩阵主机。

图1-30　IDRS音视频一体化矩阵主机

1）矩阵切换器的分类：根据不同场所、不同系统的不同需求，有视频矩阵切换器、音频矩阵切换器、视（音）频同步切换矩阵切换器、视频（报警联动）矩阵切换器、视（音）频（报警联动）矩阵切换器等之分。

2）矩阵切换器的功能：作为视频矩阵，最重要的一个功能就是实现对输入视频图像的切换输出，即将从任意一个输入通道输入的视频图像切换到任意一个视频输出通道。一般来讲，一个$M \times N$矩阵，表示它可以同时支持M路图像输入和N路图像输出。

另外，一个矩阵系统通常还应该包括以下基本功能：字符信号叠加，解码器可以控制云台、可变镜头和摄像机，报警器接口，可选的音频同步切换矩阵，控制键盘等。

3）矩阵切换器的选择步骤。

① 确认是信号分配还是切换信号，一般来讲，一路输入信号转换为多路输出信号的应用是分配信号，需要的是分配器。多路输入信号选择一路输出或者多路输出，应选择切换器或者矩阵切换器。

② 确认要切换的信号是什么格式。如果是音频信号（A），就选择音频矩阵切换器；如果是视频信号（V），就选择视频矩阵切换器；如果是音视频信号（AV），就选择音视频矩阵切换器。

③ 确认输入信号和输出信号的路数。

④ 确定设备的接口形式。如果需要切换音频信号，则选择RCA接口，视频切换器多数采用BNC接口。

（2）操作键盘　操作键盘是视频监控系统中的专用控制键盘，一般用它来控制系统中的其他设备，如图1-31所示，键盘与视频矩阵切换器之间的接口连接大多随产品而不同，有RS485、RS232、RS422等不同方式，而且键盘可能不止一个，并且依其控制与相应级别的不同而分为主控键盘和副控键盘，但主控键盘只能有一个。

操作键盘主要功能有：可控制视频矩阵切换器进行选路、扫描、锁定、解除锁定、置区域扫描始路值、置区域扫描末路值等功能处理；通过解码器控制云台做上、下、左、右、上左、上右、下左及下右等组合动作的运动；通过解码器控制摄像机镜头的光圈大小、焦距长短、聚焦远近；通过解码器控制每个摄像机电源的开启与关闭；通过解码器控制除尘、除霜、聚光灯等设备的动作。

（3）解码器　国外称其为接收器/驱动器（Receiver/Driver）或遥控设备（Telemetry），是为带有云台、变焦镜头等可控设备提供驱动电源并与控制设备如矩阵切换器进行通信的前端设备。通常，解码器可以控制云台的上、下、左、右旋转，变焦镜头的变焦、聚焦、光圈以及对防护罩雨刷器、摄像机电源、灯光等设备的控制，还可以提供若干个辅助功能开关，以能够满足不同用户的实际需要。高档次的解码器还带有预置位和巡游功能。图1-32所示BN－800B室外解码器。

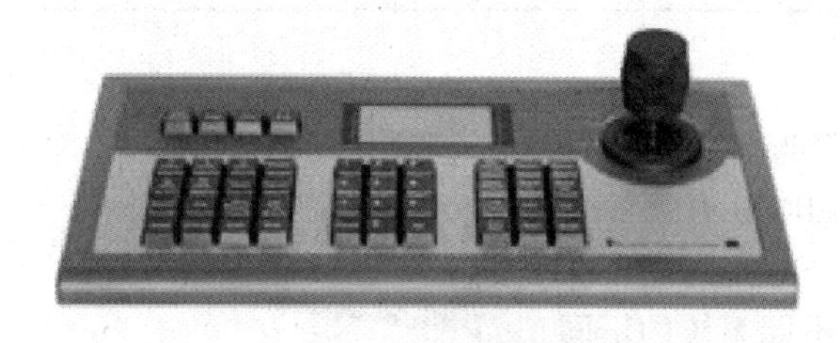

图1-31　操作键盘

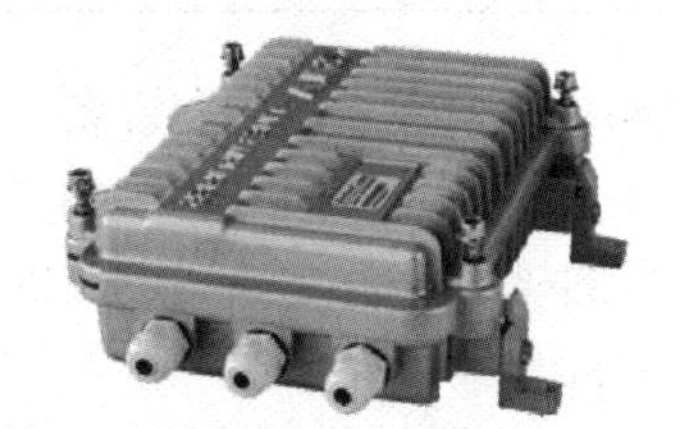

图1-32　BN－800B室外解码器

解码器按照云台供电电压分为交流解码器和直流解码器。交流解码器为交流云台提供交流220V或24V电压，直流解码器为直流云台提供直流12V或24V电压，如果云台是变速控制的还要求直流解码器为云台提供0～33V或36V的直流电压信号，来控制直流云台的变速转动。

解码器按照通信方式分为单向通信解码器和双向通信解码器。单向通信解码器只接收来自控制器的通信信号并将其翻译为对应动作的电压/电流信号驱动前端设备；双向通信解码器除了具有单向通信解码器的性能外还向控制器发送通信信号，因此可以实时将解码器的工作状态传送给控制器进行分析，另外可以将报警探测器等前端设备信号直接输入到解码器中由双向通信来传递现场的报警探测信号，减少线缆的使用。

解码器按照通信信号的传输方式可分为同轴传输和双绞线传输。一般的解码器都支持双绞线传输的通信信号，而有些解码器还支持或者同时支持同轴电缆传输方式，也就是将通信信号经过调制与视频信号以不同的频率共同传输在同一条视频电缆上。表 1-8 所列为 BN－800系列室外解码器主要技术参数。

表 1-8 BN－800 系列室外解码器主要技术参数

型 号	BN－800 系列
电源	AC220V×(1±10%)50Hz×(1±10%) 45W（transformer 变压器）
驱动云台功率	30W
镜头动作电压	DC12V
直流电源输出	DC12V，800mA
交流电源输出	AC24V，1.25A
通信方式	RS-485，2400/4800/9600bit/s
通信协议	Pelco-D，Pelco-P
云台控制	上/下/左/右/自动
镜头控制	光圈/变倍/调焦
辅助控制	灯光/雨刷
预置位	32
使用环境	室外
外形尺寸	220mm×165mm×80mm（L×W×H）
环境温度	－30～50℃
重量	2.9kg

（4）视频分配器　一路视频信号对应一台监视器或录像机，若想将一台摄像机的图像送给多个管理者看，最好选择视频分配器。因为并联视频信号衰减较大，送给多个输出设备后由于阻抗不匹配等原因，图像会严重失真，线路也不稳定。视频分配器除了阻抗匹配，还有视频增益，使视频信号可以同时送给多个输出设备而不受影响。图 1-33 所示为 1 进 4 出视频分配器。表 1-9 为 BN－1×4V 视频分配器主要技术参数。

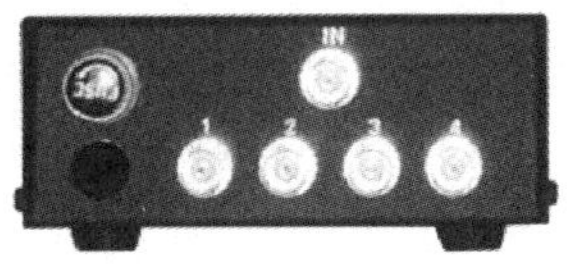

图 1-33 1 进 4 出视频分配器

表 1-9 BN－1×4V 视频分配器主要技术参数

型 号	BN－1×4V
视频输入	1 路
路视频输出	4 路
视频规格	1.0Vp－p，75Ω

（续）

型　　号	BN - 1 ×4V
视频接口	BNC
视频带宽	20MHz（±3dB10Hz～10MHz）
信噪比	>65dB
表面颜色	黑色
电源	AC220V/50Hz
功耗	2W
安装方式	台式安装
外形尺寸	114mm×45mm×169mm（W×H×L）不含脚垫高度
工作温度	-10～55℃
重量	0.725kg

7. 传输系统

（1）视频信号的传输　监视现场和控制中心需要有信号传输，一方面摄像机得到的图像要传到控制中心，另一方面控制中心的控制信号要传送到现场，所以传输系统包括视频信号和控制信号的传输。我国视频安防监控系统视频信号的传输一般都采用有线方式，传输材料可分为同轴电缆、平衡对电缆和光纤三种类型。视频安防监控系统中大多数局域性系统采用同轴电缆作为传输手段，而大型监控系统以光纤传输为基本方式。

1）通过同轴电缆传输视频基带信号：通过同轴电缆传输视频信号，信号会衰减，信号频率越高，衰减越大，一般设计时只需考虑保证高频信号的幅度就能满足系统的要求。一般来讲，SYV75-3电缆可以传输150m、SYV75-5可以传输300m、SYV75-7可以传输500m。对于传输更远距离，可以采用视频放大器等设备，对信号进行放大和补偿，可以传输2～3km。图1-34所示为同轴电缆结构。

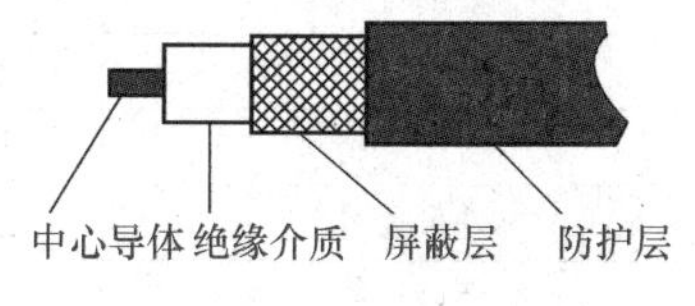

图1-34　同轴电缆结构

2）双绞线传输：利用双绞线传输视频信号是近几年才兴起的技术，所谓的双绞线一般是指超五类网线，采用该技术与传统的同轴电缆传输相比，其优势越来越明显。

布线方便，线缆利用率高，一根普通超五类网线，内有4对双绞线，可以同时传输4路视频信号，或3路视频信号、1路控制信号，而且网线比同轴电缆更好敷设。传输距离远，传输距离可以达到1500m。抗干扰能力强，双绞线传输采用差分传输方法，其抗干扰能力大于同轴电缆。

图1-35所示为超5类双绞线和双绞线传输器。

图1-35　超5类双绞线和双绞线传输器

3）视频监控系统光纤传输：用光纤代替同轴电缆进行视频信号的传输，给视频监控系统增加了高质量、远距离传输的有利条件。

光纤传输的优点在于传输距离长，现在单模光纤每公里衰减可做到0.2～0.4dB以下，是同轴电缆每公里损耗的1%；传输容量大，通过一根光纤可传输几十路以上的信号。如果采用多芯光纤，则容量成倍增长。这样，用几根光纤就完全可以满足相当长时间内对传输容量的要求。光纤传输的主要缺点在于成本比较高。图1-36所示为不同规格的光纤。

（2）控制信号传输　视频安防监控系统中所需控制的内容，如图1-37所示，包括云台控制、镜头控制、防护罩控制、电源控制、视频切换控制和录像控制。

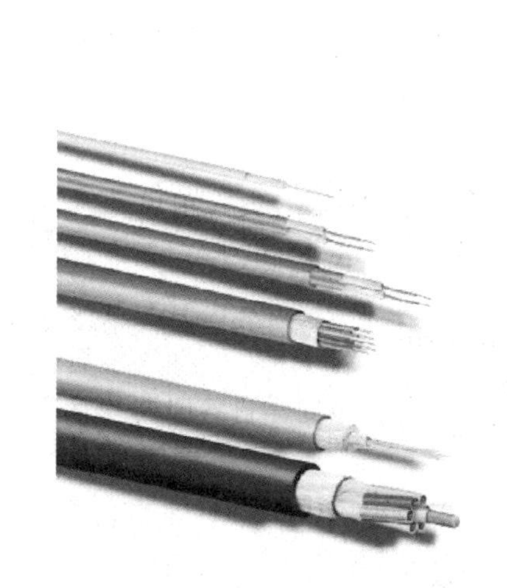

图1-36　不同规格的光纤

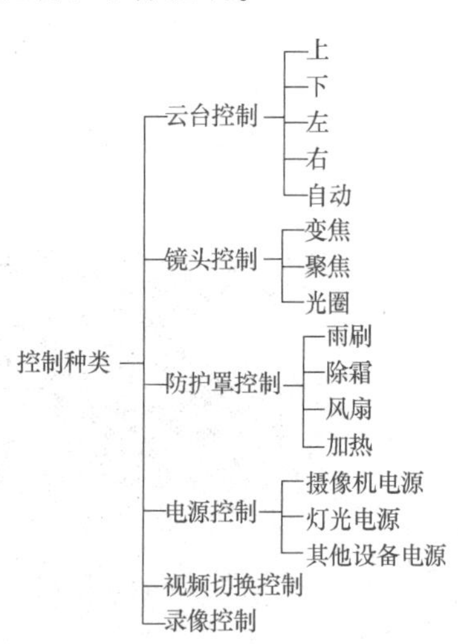

图1-37　视频安防监控系统所需控制的内容

云台控制包括云台的上、下、左、右控制，云台的自动巡视功能。

镜头控制包括焦距长短、聚焦远近和光圈大小等，通过镜头控制和云台控制可实现更大范围的监控。

防护罩控制包括雨刷、除霜、风扇、加热控制，以适应不同应用环境。

电源控制是指摄像端各设备的电源开关的控制，包括摄像机电源开关、照明设备及其他有关设备电源的开关。

以上四项控制都是控制室至摄像端的远程控制，视频切换控制和录像控制一般在控制室内进行。

控制中心要对现场的设备进行控制，就需要把控制信号传输至现场。不同的控制方式，信号的种类也不同，传输的方式就有区别。

1）直接控制方式：是将电压、电流等控制信号直接输入被控设备。

2）间接控制方式：当摄像端与监视端相距很远，控制电缆太长，无法进行直接控制时，可以用继电器作间接控制。间接控制是在摄像机附近处设置一个继电器控制箱，由监视端控制继电器动作。这种间接控制方式，在控制线制方面与直接控制方式一样是多线制。还有一种间接控制方式是以多频率调制解调信号作为驱动信号，实现控制操作。

3）总线控制方式：监视端的微处理机将控制指令编码后变成串行数字信号送入传输总线，在摄像端的解码电路对其进行解码识别，然后通过驱动电路执行相应指令，这样，只需

2 条线就可实现对整个系统的控制，使控制线大大减少。

4）同轴视控传输：同轴视控传输技术是利用一根视频电缆同时传输来自摄像机的视频信号以及对云台、镜头的控制信号。

（二）网络型视频安防监控系统

1. 高清网络视频监控系统概述

摄像机的发展经历了从模拟到数字的发展，同时也经历了从低清到标清再到高清的不同的发展时期，使得视频清晰度也相应地得到了很大程度的提高。模拟摄像机的水平分辨率从380 线发展到 540 线以上，数字摄像机从 25 万像素发展到百万像素以上。

高清网络摄像机直接输出数字图像，使内容分析、特征分析、取证、识别和搜索等图像分析技术的广泛实际应用成为可能。在应用上，高清网络摄像机的覆盖面远远大于传统的模拟摄像机，使监控者既能观察全景、掌控全局，同时又能清晰观察局部细节，两者的图片对比如图 1-38 所示。

图 1-38　高清摄像机与普通摄像机图片对比

2. 高清网络视频监控系统的典型应用

（1）车牌识别　通过服务软件能检测、识别、跟踪车牌，记录车辆的行驶轨迹并将车牌号码与重点监控车牌号码数据库进行比对，若此车牌在重点监控车牌号码数据库中则立即报警，并将车辆位置反馈给监控管理中心。

（2）电子警戒线、警戒区域报警侦测　在监视图像上，虚拟地画上一些警戒线或者警戒区域，一旦有人、车、动物经过警戒线或进入警戒区域的时候，通过智能分析算法可以判断出有物体触发了警戒条件，从而触发后续的操作，如报警、录像、联动输出等。可以广泛应用于周界区域警戒。

（3）（人、车、物）数量统计　统计穿越指定路径或指定区域的人或物体的数量，形成的数字可以结合录像进行一个定量的统计，也可以提供一个定性的信息管理平台，供管理平台进行下一步处理。

（4）人脸识别　人脸识别指的是自动识别人物的脸部特征，并通过与数据库内档案进行比较来识别或验证人物的身份。系统软件通过分析视频或者照片，首先将人脸的图片从所有图像背景中分离出来，然后分析算法扫描人脸的影像，从中提取出几十到几百个关键点，关键点主要由脸部各个器官的边界组成。最后得到关键点信息并进行信息记录、对比识别等。

3. 高清网络视频监控系统的组成及原理

(1) 高清监控系统组成　高清监控系统主要由前端图像采集、高清传输、高清存储、高清解码显示、扩展应用、管理中心等组成。

1) 前端图像采集。

① 网络摄像机。网络摄像机一般由镜头，图像、声音传感器，A-D 转换器，图像、声音控制器，网络服务器，外部报警，控制接口等部分组成。

镜头作为网络摄像机的前端部件，有固定光圈、自动光圈、自动变焦、自动变倍等种类，与模拟摄像机相同。

图像传感器有 CMOS (Complementary Metal-Oxide-Semiconductor，互补金属氧化物半导体图像传感器) 和 CCD (Charge Coupled Device，电荷耦合器件图像传感器) 两种模式。

图像和声音等模拟信号经 A-D 转换后成为一定格式的数字信号并进行编码压缩，便于在计算机系统、网络以及万维网上不失真地传输。

控制器肩负着网络摄像机的管理和控制工作。如果是硬件压缩编码，控制器是一个独立部件；如果是软件压缩编码，控制器是运行编码压缩软件的 DSP (Digital Signal Processor，数字信号处理器)，即编码压缩软件和 DSP 处理器二者合而为一。

网络服务器提供网络摄像机的网络功能，它采用 RTP/ RTCP、UDP、HTTP、TCP/IP 等相关网络协议，允许用户用自己的计算机使用标准的浏览器根据网络摄像机的 IP 地址对其进行访问，观看实时图像以及控制摄像机的镜头和云台等。

网络摄像机为工程应用提供了实用的外部接口，如控制云台的 485 接口，用于报警信号输入输出的 I/O 口。又如红外探头发现有目标出现时发报警信号给网络摄像机，网络摄像机自动调整镜头方向并实时录像；另一方面，当网络摄像机侦测到有移动目标出现时，亦可向外发出报警信号。

网络摄像机的特点：

实现远程监控。网络摄像机利用网络优势，经过数字化并压缩后的图像数据可以传送至网络能到达的任何地方；

即插即用。网络摄像机随时随地，无须像模拟摄像机一样安装同轴电缆，只要利用现有的网络就可以使用。甚至可以使用无线宽带网络完成远端监控及录影。

网络供电。网络摄像机使得通过网线对摄像机供电成为可能，人们不再需要为摄像机单独添加电源。802.3 标准的 POE (Power Over Ethernet，基于以太网的供电) 方式已经得到验证并成功应用。POE 方式的另外一个好处是，由于电源集中采自机房的交换机，这种集中的供电方式可以保证电源的稳定性。

高清画质、覆盖面大。网络摄像机可以达到百万像素级，百万像素给人们带来的好处是，更多的细节、更大的角度。例如分清车牌号码、人脸；无须安装更多的普通模拟摄像机便可以覆盖很大的范围。

影音同步。对于网络摄像机，人们可以进行音频录制，并自动合成同步的音视频文件，可以实现双向语音对讲。

轻松扩容。对于模拟监控系统，刚刚建设完成的系统需要扩容升级，需要考虑的问题很多，如核心矩阵的位置，线缆的铺设，电源、分控的位置，前端摄像机的位置及距离，传输及供电方式等。对于网络摄像机，只要网络是通的，不管摄像机位置如何，系统都没有限制，另外，由于信号基于IP网络协议，因此视频不会因为位置或路由而质量下降。但是传统的矩阵级联可能碰到明显的问题。

② 大华IPC-F715系列130万高清摄像机。大华IPC-F715系列130万高清摄像机如图1-39所示。其参数见表1-10。

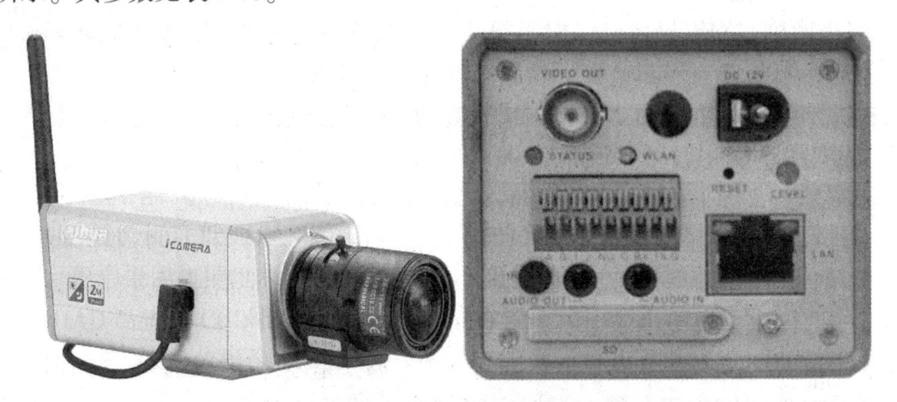

图1-39　大华IPC-F715系列130万高清摄像机

表1-10　大华IPC-F715系列130万高清摄像机参数表

型号 参数	DH-IPC-F715P（-W/-T/-E/-C） DH-IPC-F715N（-W/-T/-E/-C）
主处理器	TI达芬奇系列高性能DSP
操作系统	嵌入式LINUX
系统资源	同时支持：实时网络监视，本地录像和远程操作
用户接口	WEB、DSS、PSS等远程操作界面
系统状态	硬盘信息，码流统计，日志记录，软件版本，在线用户
图像传感器	1/3in CCD
视频制式	支持PAL，NTSC可选
像素	1280（H）×960（V）
日夜功能	支持
自动光圈	DC驱动
镜头特性	可选
镜头接口	CS，镜头可选
照度	0.1lx/F1.2
信噪比	大于50dB
增益控制	自动
白平衡	自动
电子快门	自动/手动，1/50～1/100000
视频压缩标准	MPEG4
视频分辨率	1.3M（1280×960）/720P（1280×720）/D1/HD1/CIF/QCIF/VGA/QVGA
视频帧率	25fps（1280×720），12.5fps（1280×960）
视频码率	32kbit/s～8Mbit/s码率可调，也可自定义
视频接口	1路BNC模拟视频输出

（续）

型号 参数	DH-IPC-F715P（-W/-T/-E/-C） DH-IPC-F715N（-W/-T/-E/-C）
音频压缩标准	G. 711/PCM/AMR
音频码率	64kbit/s/32kbit/s/10. 2kbit/s
音频输入	1 路，3. 5mm JACK 接口
音频输出	1 路，3. 5mm JACK 接口
报警接口	1 路输入，1 路输出（开关量）
有线网络	1 路 10/100M 以太网，RJ45 接口
无线网络	1 路 802. 11b/802. 11g 无线局域网接口（仅-W 型号）
移动 3G 网络	支持 TD-SCDMA/EVDO（CDMA1X）/WCDMA 等 3G 网络（仅-T/-E/-C 支持）
网络协议	标准 HTTP，TCP/IP，ICMP. RTSP，RTP，UDP，RTCP，SMTP，FTP，DHCP，DNS，DDNS，PPPOE
心跳机制	支持
本地存储	SD 卡，支持热插拔
RS485 接口	1 路，支持透明通道连接，支持多种云台协议
红外接收	支持
POE 供电	支持
供电	电源适配器供电模式 DC12V；默认支持 POE 供电
功耗	<5W
工作环境	工作温度 -10 ~ 50℃，工作湿度 10% ~ 90%
外形尺寸	139. 1mm × 69mm × 58mm
整机质量	650g
安装方式	支持多种安装方式（护罩、支架选配）

2）高清传输。必须满足高清码流的传输带宽。

网络传输子系统主要实现前端网络摄像机及前端存储设备 NVR 和管理中心子系统之间数据和图像信息的传输，包括管理中心子系统对前端设备的控制、设置和维护等信息。该传输网络可以采用光纤通信、数据专线、宽带网络、光纤网络、无线 GPRS/CDMA/3G 等方式。

3）高清存储。支持提供高清图像、视频数据的存储，可采用 NVR、IPSAN、SVR 等设备实现。

NVR 网络硬盘录像机依托于 IP 网络，连接网络摄像机或视频服务器，可实现集监控图像本地和远程浏览、录像存储与备份、录像回放、PTZ（Pan/Tilt/Zoom，代表云台全方位移动及镜头变倍、变焦控制）控制、报警联动与管理等功能于一体的全网络化监控解决方案。

IPSAN 存储设备是针对目前网络化监控、集中式存储的需求而开发的产品。完全采用标准 IP 存储协议，兼容各类软件平台；具有存储时间长，性能稳定可靠，方案完整，性价比高等特点。

SVR 全称为网络存储录像机，是集视频控制、视频管理和视频存储为一体的整体解决方案设备，可以接入 IPC、NVS、DVR 等各种标清和高清编码设备，支持 48 ~ 128 个录像通道；2Gbit/s 的网络带宽保证了录像传输的流畅性；而多达 16 块的硬盘提供了足够的视频存储空间；单机可以作为小型网络化监控方案的核心；多机分布式部署则可以构建大型网络监控平台。

4）高清解码显示。可选择嵌入式高清解码器、软解码服务器。前端网络摄像机的图像通过网络上传到中心，通过解码设备将数字图像信号转换成模拟图像信号，输出到电视墙上的显示设备，进行图像显示。显示设备可以是监视器、液晶显示器、等离子显示屏、DLP屏、投影仪等。

大华高清嵌入式解码器NVS0104DH参数见表1-11。

表1-11 大华高清嵌入式解码器NVS0104DH参数表

系统参数	设备型号	NVS0104DH
	主处理器	高性能工业级嵌入式微控制器
	操作系统	嵌入式LINUX
	输入设备	前面板按键，键盘控制
	快捷功能	无
硬件接口参数	视频标准	MPEG4/H.264
	音频标准	PCM/G711/ADPCM
	解码显示分辨率	QCIF/CIF/2CIF/ DCIF/4CIF/ VGA/QVGA/QQVGA 720P/1280×960/UXGA
	视频帧率	PAL：1~25帧/s；NTSC：1~30帧/s
	码流类型	复合流、视频流
	视频输出路数	1路
	视频输出接口	VGA、HDMI和TV辅助输出
	音频输出路数	只有HDMI接口有音频
	音频输出接口	HDMI
	通信接口	1个RJ45 10/100/1000M自适应以太网口；1个RS232口；1个RS485口
	语音对讲路数	1路
	语音对讲接口	BNC（电平2V/ms，输出阻抗10kΩ）
	报警输入	4路
	报警输出	4路继电器输出（DC30V/2A，AC125V/1A联动输出）
工作环境及其他物理参数	电源	DC12V，3.3A
	功耗	≤10W
	工作温度	0~55℃
	工作湿度	10%~90% 86~106kPa
	尺寸	440mm×300mm×42.1 mm
	质量	2.65~2.75kg

SNVD软解码服务器是大华的一种数字矩阵类产品，采用软解码工作方式，实现高清、标清图像的解码，通过web完成SNVD工作参数的修改，如IP/端口、设备ID/名称等配置。支持标清、高清图像混合输出，支持VGA、DVI等主流数字接口，满足用户电视墙/大屏硬件接口的多样化需求。

5）扩展应用。高清的扩展应用，例如智能分析、车牌识别等，能够带来更高的分辨率。

6）管理中心。通过网络TCP/IP协议进行联网监控。管理中心可对所辖的各前端设备进行联网监控，可以进行图像显示、语音对讲、远程电气设备的开关控制、远程控制报警系统布撤防区，以及远程录像数据下载、打印。

在管理中心都能够对所有监控点图像进行集中存储和检索，同时支持统一的管理。

在管理中心电视屏幕墙上能实时监控所辖网点的现场图像监控情况。通过操作实时监控到前端的任一路图像，电视屏幕墙按各功能区域等方式进行分类显示，对各分类画面进行实时分割监控，并可随时进行视角切换。对各个监控环节尤其是一些重点部位等进行定点监视，其他画面可进行分割显示或轮巡显示。

管理中心可通过网络实时监控到所有前端的突发事件报警信息。当某处发生报警警情时，报警信息自动上传到管理中心，与报警信号联动的现场图像同时传送到管理中心并在屏幕上自动弹出显示，进行中心录像，在电子地图上高亮显示报警的位置，并伴有声音、图像或灯光报警。

另外，还可以用TCP/IP网络实现远程双向语音对讲功能和语音广播功能，即管理中心可主动向任意区域进行广播，同时在管理中心显示与前端对讲监控点的图像。

在满足现有需求的同时，系统还应具备灵活的接口，可在未来根据需求方便地进行扩展。

（2）系统工作原理　全数字监控系统是基于计算机技术、多媒体技术、数字压缩技术及计算机网络技术，将现场的影像通过前端数字采集设备（IP摄像机）采集并进行数字压缩，生成数字信号包，再通过网络将这些图像数据包传送至后端的存储设备（NVR或者SVR），在硬盘中生成按一定规则约定的图像文件。系统工作原理示意图如图1-40所示。

通过网络上传的图像数据包也可以直接通过数字解码设备还原成模拟图像，输出至屏幕进行图像显示，其原理示意图如图1-41所示。

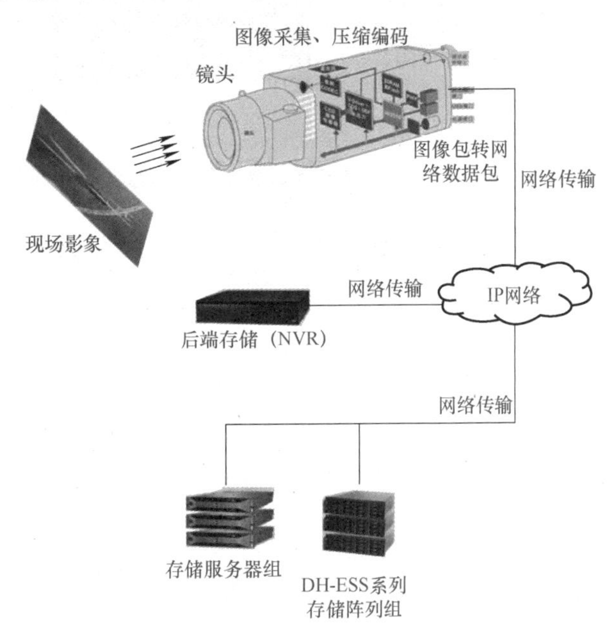

图1-40　IP摄像机系统工作原理示意图

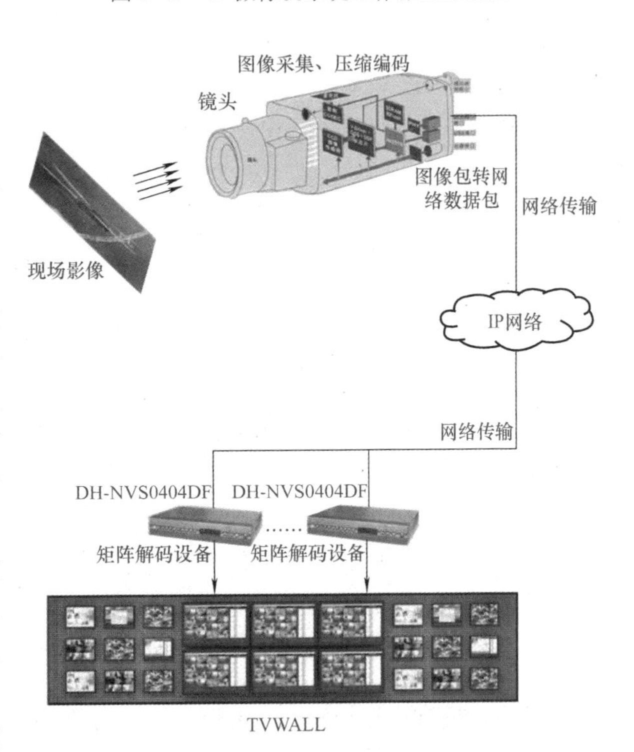

图1-41　图像解码显示原理示意图

4. 高清网络视频监控系统模式

（1）高清摄像机 + NVR 存储模式 + DH 解码器　该模式原理如图 1-42 所示。

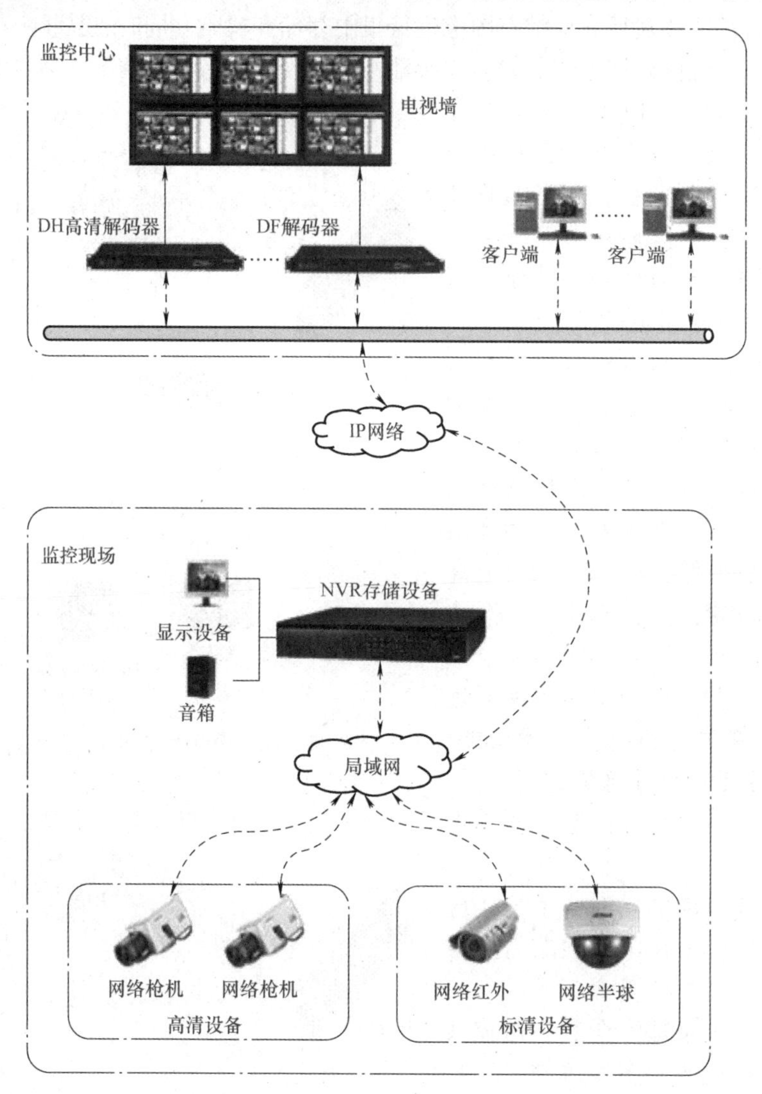

图 1-42　高清摄像机 + NVR 存储模式 + DH 解码器监控模式原理

特点：适合小规模、高清路数不多的应用场合，性价比高。

应用场景：商铺、小型营业网点、企业等。

（2）高清摄像机 + SVR 存储模式 + DH 解码器　该模式原理如图 1-43 所示。

特点：适合中型规模、高清路数较多、较分散的应用场合，性价比高。

应用场景：同城银行网点、同城连锁商店、工厂、治安监控等。

（3）高清摄像机 + NVR/SVR 存储模式 + EH/DH 编/解码器　该模式原理如图 1-44 所示。

特点：适合大型规模、高清路数多、分散的应用场合，性价比高。

应用场景：全国性银行、全国性的连锁商店、大型企业、治安监控等。

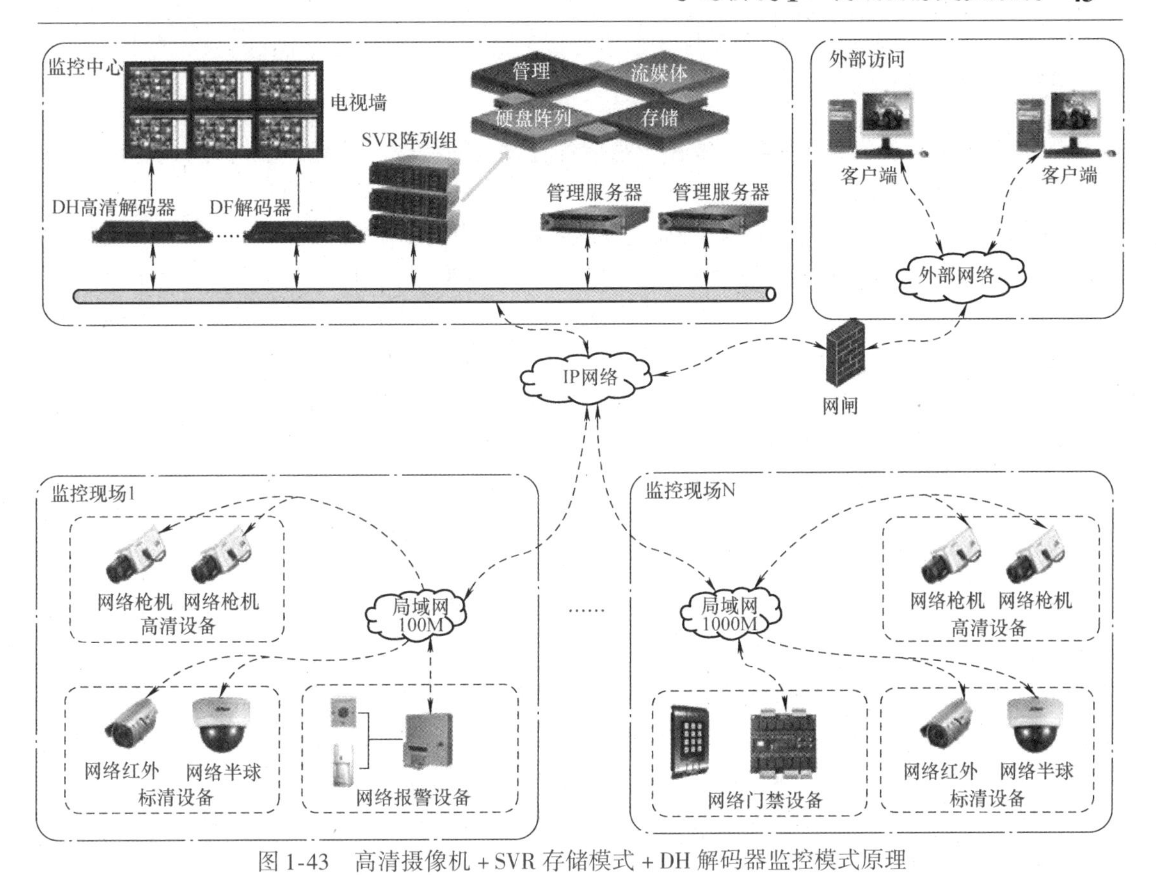

图1-43　高清摄像机 + SVR 存储模式 + DH 解码器监控模式原理

图1-44　高清摄像机 + NVR/SVR 存储模式 + EH/DH 编/解码器监控模式原理

三、任务实施

视频安防监控系统设备配置关键在于掌握各种设备的特点、性能、结构与功用。下面介绍某四层酒店视频监控系统设备配置。

酒店的监控相对其他项目要求更高，基本要保证无死角，在酒店主要出入口需有正面高清录像。系统在设备配置上遵循“硬件联动为主，软件联动为辅”的原则，在运行上采用“集中管理，分散控制”的原则，以增加系统的可靠性。根据系统的技术要求，系统在酒店首层大厅、主要出入口、门店、电梯厅、通道、重要场所、楼梯厅等设置摄像机，以便直接掌握现场情况和记录事件事实，及时发现并避免可能发生的突发性事件，为区域安全管理提供事实依据，共计35台彩色半球摄像机，1台电梯专用摄像机，2台彩色高清晰度、低照度摄像机。本系统针对重点防范区域进行24h录像，其余部分则进行移动侦测录像及报警录像，录像保存15天。为保证系统稳定性，整个系统采用集中UPS供电。

1. 前端摄像部分

摄像机作为电视监控系统的前端部分，是整个系统的“眼睛”，它把监视的内容变为图像信号，传送给控制中心的监视器。它主要由前端摄像机及其辅助部件（如镜头、云台、防护罩、支架等）组成。在图像质量的各项性能指标中，分辨率是摄像机的一项关键技术指标，一般摄像机的中心分辨率均在480线（彩色）、540线（黑色）左右，有些高档次的摄像机的分辨率较高，可达600线（彩色）、700线（黑色）。

本系统根据工程的定位及系统的实际使用需求，选用中高档安防产品构架一个可靠、稳定的安全防范系统。

（1）摄像机的选择　在一层大厅出入口处的摄像机要求能看清人员进出大门的情况并辨别出入人员的面部特征，但此处光线明暗对比度较大，普通摄像机不能满足此环境，人员图像很黑，故选择宽动态彩色半球摄像机，其特有的宽动态技术能很好地适应同一场景中不同部分光线强弱差别较大的情况，并能够在最终的视频中淡化这种光线亮度差异，使整个画面每一个部分都能清晰可辨。

通道的摄像机监控范围覆盖主要通道的道口，监视角度较小，监视目标较远，选择具有自动白平衡、分辨率高、自动电子快门、背光补偿、自动电子增益等功能的摄像机，选择变焦镜头，其可变的焦距，可以从广角变到长焦，焦距越长则成像越大，从而最大限度地兼顾视场角度及照射距离的问题。

电梯轿厢内选用电梯专用摄像机，内含广角镜头，有半球形外壳保护，体积小、隐蔽性强、监视角大，其高分辨率、低照度的特点，可适应各类光线的强弱变化，清晰记录电梯内出入人员的面部特征以及电梯内所发生的事件。

（2）摄像机镜头的选择　摄像机镜头的种类：广角镜头——视角90°以上，观察范围较大，近处图像有变形；标准镜头——视角30°左右；长焦镜头——视角20°以内；变焦镜头——镜头焦距可变，焦距可以从广角变到长焦，焦距越长则成像越大；针孔镜头——用于隐蔽观察，经常安装在天花板、墙壁等地方。

镜头有定焦距和变焦距两种：定焦距的焦距固定不变，可分为有光圈和无光圈两种；变焦距的焦距可以根据需要进行调整，使被摄物体的图像放大或缩小。

除宽动态彩色半球摄像机、彩色半球摄像机（通道）选择变焦镜头外，其余均选择定焦镜头。

2. 系统传输部分

作为图像信号通路。传输部分主要传输的内容是图像信号，另外还包含控制信号。虽然从表面上看，传输部分好像只是一些电路，但实际上这部分的好坏也是影响整个系统质量的重要组成部分。

本系统控制中心设置在弱电设备间兼监控室。用预埋的管路、桥架将大楼内部监控线缆直接预埋入墙体，摄像机线缆统一采用弱电桥架、穿管走线，整套设备采用联网控制，信号通过总线系统进行传输及控制。

施工时，视频线引入楼层子配线间之后盘留长度预留1m，电源线缆进入安防接线箱后预留1m。各线缆到达摄像机，安装后盘留长度预留1m；各楼层内摄像机供电采用集中供电方式，在监控中心设立专用监控电源，大楼的所有摄像机视频线缆和报警信号线缆统一接入消控中心。由于半球摄像机、彩色高清晰超低照度摄像机、电梯专用摄像机的电源均为直流12V，所有摄像机电源的供电均为220V（UPS）交流转换而成。

为减少视频线缆长距离传输的信号衰减，对接点处采用焊锡处理。

室内监控点到消控中心采用SYV－75－5型同轴电缆，水平电源线采用RVV2×1.0型电缆。

电源接地系统采用联合接地方式，接地点设在保安监控中心。

3. 系统中心控制部分

系统中心控制部分有矩阵切换控制和显示记录。

切换控制：该部分是整个系统的“心脏”和“大脑”，是实现整个系统功能的指挥中心。本系统采用数字硬盘录像机（环通输出）和模拟矩阵相结合的方式，矩阵选用一台48路输入4路输出的模块式矩阵主机。

显示与记录部分：为配合保安工作人员的现场监管，在消控中心设立一套组合式电视墙，设立4台42in等平面显示器。显示器主要用于正常时刻的图像显示和非正常时期对特殊画面的控制调用显示。

整个系统安装、设置和操作简便。快速和直觉化的图像操作，全面广泛的时间表，可为视频监控系统有效使用。

4. 系统之间的联动与集成

（1）系统之间的联动　设计中考虑了安全防范系统是一个立体的、全方位的、综合的系统。系统能与大楼内的消防系统联动。如门禁系统发出非法闯入报警信号，则联动矩阵主机切换到指定的监视器上显示并联动数字硬盘录像机记录；又如火灾报警系统出现火警信号时，该区域摄像机信号可切换到控制室监视器上，观察是否误报或火情大小。

（2）高度集成性　集成管理系统能与保安监控系统主机间通过通信接口连接，可采用串口连接方式；或通过保安监控系统的多媒体控制软件提供相关指令，让集成管理系统对保安监控主机进行控制和管理，实现控制和报警的双向通信。

保安监控系统为集成管理系统提供视频输出，集成管理系统可接收保安监控系统传输来的视频图像并显示。

表1-12为某四层酒店视频监控系统的设备选型。图1-45所示为某四层酒店视频监控系统系统图。

表1-12 某四层酒店视频监控系统的设备选型

序 号	产品名称	型 号	品 牌	单 位	数 量
一、视频监控前端					
1	彩色半球摄像机（通道）	L5213 - BP	LG	台	21
2	彩色半球摄像机（窗口）	L5213 - BP	LG	台	8
3	彩色半球摄像机（广角）	L5213 - BP	LG	台	4
4	彩色半球摄像机（出入口）	L5223 - BP	LG	台	2
5	彩色高清晰低照度摄像机	L321 - BP	LG	台	2
6	镜头	TS3V212ED	宾得	台	2
7	铝合金支架	SP5006/7300W	ENMA	只	2
8	电梯摄像机	LD120P - C1	LG	台	1
9	电梯楼层信号叠加主机	LF-95380LX	普飞	台	1
10	监控专用电源	DC12V/10A	四岭	只	4
11	电源放置箱	配套定制	国产	只	1
二、机房设备					
12	42in 平板监视器	42L05HF	创维	台	4
13	矩阵主机	AB80 - 80VR48 - 4	AB	台	1
14	主控键盘	DS - 1003K	海康	台	1
15	16 路硬盘录像机（环通输出）	DS - 8116HF - S	海康威视	台	3
16	硬盘	WD20EARS 2TB DVR	西数	块	9
17	监听音箱		国产	套	1
18	计算机操作台	长度 1.2m	国产	张	3
19	五轮转椅	带升降	国产	把	3
20	19in 机柜	42U	国产	台	1
21	管理工作站	2010226	DELL	台	1
三、线缆部分					
22	视频信号线	SYV - 75 - 5	远昌	m	2200
23	主干电源	BV2.5	远昌	m	20
24	主干电源	BVR2.5	远昌	m	20
25	电源线及拾音器信号线	RVV2 × 1.0	远昌	m	2200

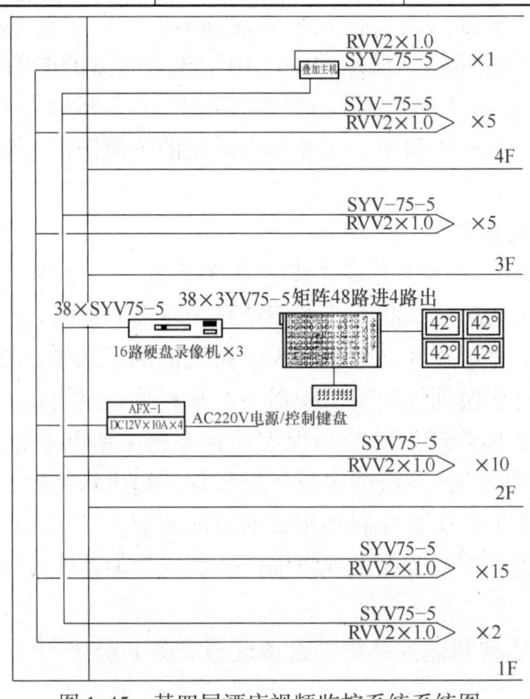

图1-45 某四层酒店视频监控系统系统图

四、任务总结

在进行视频安防监控系统配置时，主要包括摄像、传输分配、控制、图像处理与显示四个部分的设备配置。设备选型和配置时，应结合工程现场勘察情况、工程建设单位或其主管部门的有关管理规定、国家现行规范标准的要求等内容，特别是 GB 50395—2007《视频安防监控系统工程设计规范》中对设备选型与设置的要求。

五、效果测评

某小型银行金融部门的视频安防监控系统。

系统要求：能够实现对柜台来客情况、门口人员出入情况、现金出纳台和金库的监视和记录。除中心控制室进行监视和记录外，在经理室也可选择所需要的监视图像。

要求对该视频安防监控系统设备进行选择与配置：

1）摄像机数量的确定。

2）用于监视金库的摄像机，应该安装定焦距还是变焦距镜头摄像机？应该选择彩色摄像机还是黑白摄像机？

3）用于监视门口人员出入情况的摄像机应采用电动云台摄像机还是固定支架摄像机？摄像机防护罩应选用室内防护型还是室外防护型？

4）银行监视系统一般要求关键部位的视频信号被实时显示，那么如果要求上述 4 个部位被同时监控，要配置几台监视器？

5）为了能够记录与回放视频信号，应该选择什么设备？

6）如果摄像机视频信号传输距离比较近，那么选择什么样的传输介质比较合适？

7）银行柜台前有大量的现金交易，摄像机监视的重点是柜台前顾客的脸部及其行为和桌面现金、钞票色泽。要求图像色彩还原性好，应能清楚地显示在该现金柜台的客户正面面部特征，请问选择半球型 CCD 摄像机是否合适？

8）营业厅的出入口（大门口）是摄像监视的重点之一。出入口大多直对室外，考虑阳光直射，进入室内会产生强烈的逆光，那么在选择摄像机和镜头时应考虑哪些问题？

任务3 视频安防监控系统安装与调试

一、任务描述

图 1-46 所示为视频监控系统安装示意图。从图中可以看出，视频安防监控系统安装就是要把前期设计和选型中确定下来的视频安防监控系统设备进行装配、安装、连接，实现对重要场所和公共场所的监控。

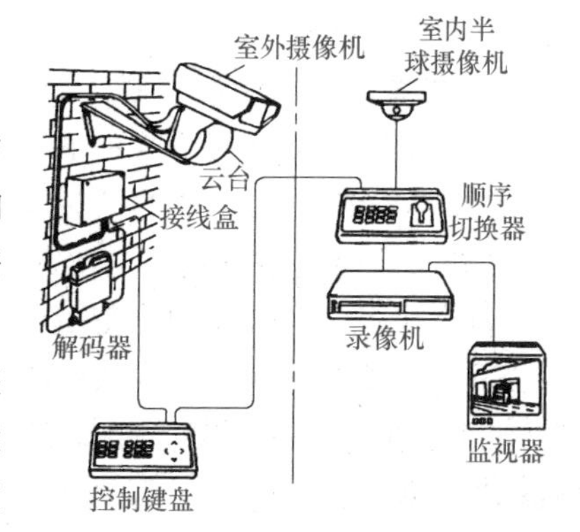

图 1-46 视频监控系统安装示意图

视频安防监控系统的调试目的在于使已经完成安装的视频安防监控系统真正实现监控功能，排除系统可能存在的各种不正常因素，如由于安装引起的信号传输故障、由于安装方法不当引起的设备损坏或安装错误等，为日后系统的使用和维护提供信息基础。

本任务的学习目标：

1）掌握视频安防监控系统主要设备的安装。

2）掌握视频安防监控系统调试的一般方法。

二、任务信息

1. 视频安防监控系统设备安装

视频安防监控系统的安装主要有摄像机的安装、云台和解码器的安装、监视室设备的安装几个方面，下面对它们逐一阐述。

（1）摄像机的安装

1）摄像机安装位置选择：摄像机安装位置的选择，要使它能够拍摄到所监控的整个范围。图1-47所示为摄像机布置实例。对要求监视区域范围内的景物，要尽可能都进入摄像画面，减小摄像区死角。要做到这点，当然摄像机数量越多越好，但这显然是不合理的。因此，就要对摄像机进行合理的布局设计。

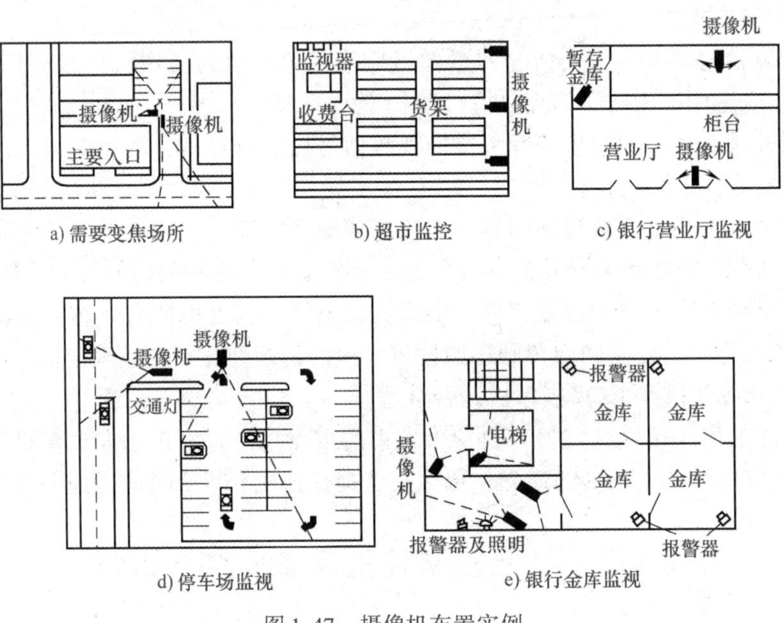

图1-47　摄像机布置实例

2）摄像机安装注意事项。

① 安装前，摄像机应逐一加电进行检测、调试，工作正常后才可安装。从摄像机引出的电缆应留有约1m的余量，外露部分用软管保护，并且不影响摄像机转动。摄像机安装完、通电前，要对现场输入电压进行测量，保证现场输入电压在正常范围内。

② 雷电高发区要采取防雷措施。

③ 为了避免干扰、减少故障，需要保证摄像机外壳、视频电缆全程对地绝缘。摄像机外壳可能通过金属防护罩、金属支架、墙壁内钢筋接地；视频电缆可能因为外皮绝缘层拉伤破损而接地。

④ 固定式摄像机一般安装在用螺栓固定的支架上，有一定的方向调节范围。摄像机镜

头应避免强光直射，从光源方向对准监视目标，并应顺光安装，如1-48所示。

⑤ 摄像机需要隐蔽时，可设置在顶棚或墙壁内，镜头可采用针孔或棱镜镜头。

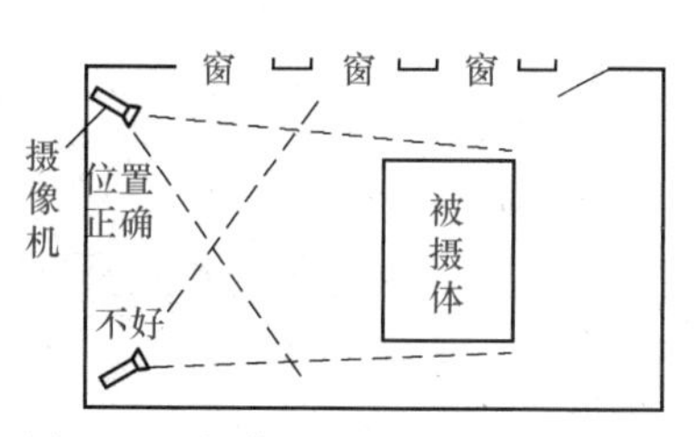

图1-48　摄像机应顺光线方向安装

⑥ 室内摄像机安装高度为2.5～5m，在吊顶上安装时，应使用专用吊杆固定，并应与相关专业人员配合进行吊顶板开孔。室外摄像机安装时，安装高度不低于3.5m，支架可用膨胀螺栓固定在墙上，防护罩和云台均应选用防雨型。

3）摄像机安装实例。

① 图1-49所示为室外摄像机安装示意图。

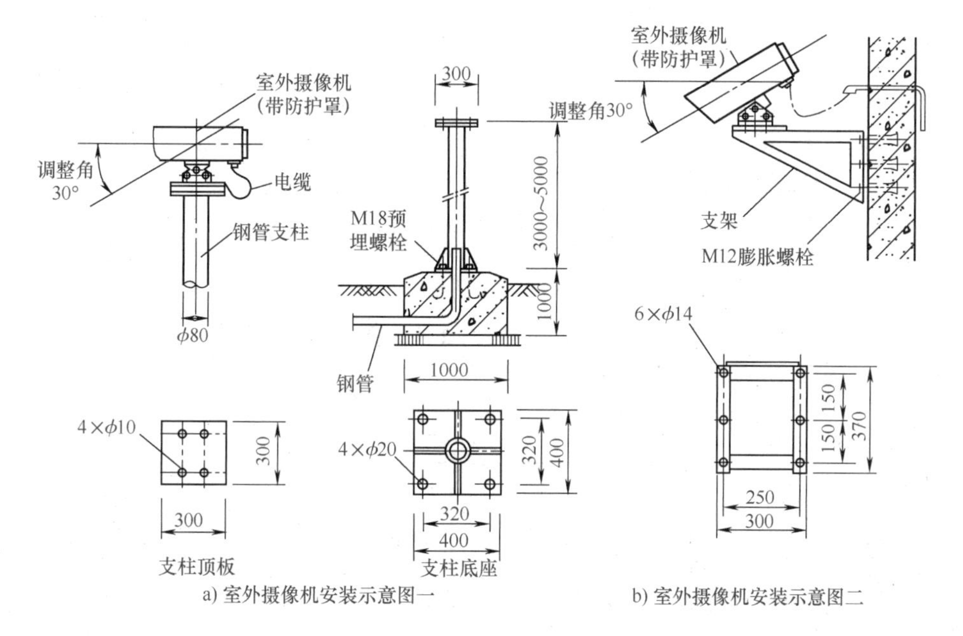

图1-49　室外摄像机安装示意图

② 图1-50所示为摄像机壁装示意图。

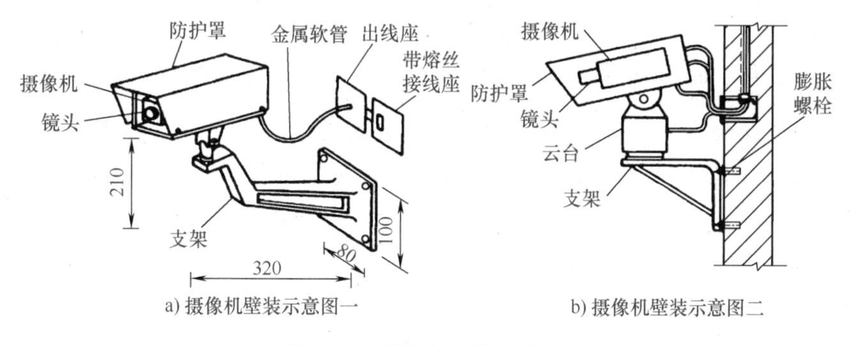

图1-50　摄像机壁装示意图

③ 图1-51所示为摄像机在吊顶上的嵌入安装示意图。

④ 图1-52所示为摄像机的吊装示意图，图1-53所示为球形摄像机的吊装示意图。

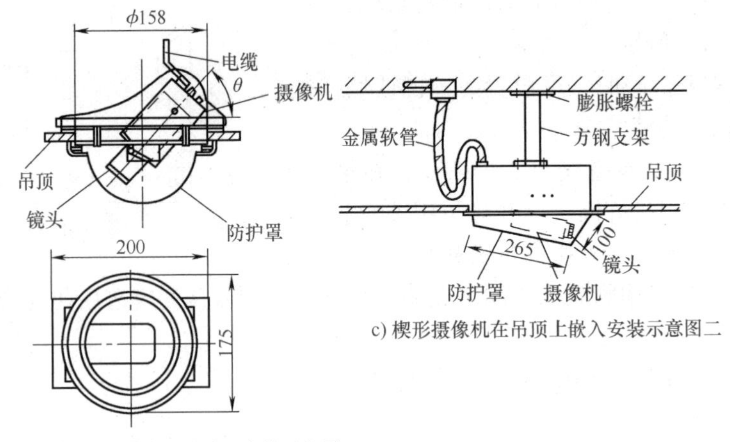

c) 楔形摄像机在吊顶上嵌入安装示意图二

a) 半球形摄像机在吊顶上嵌入安装示意图

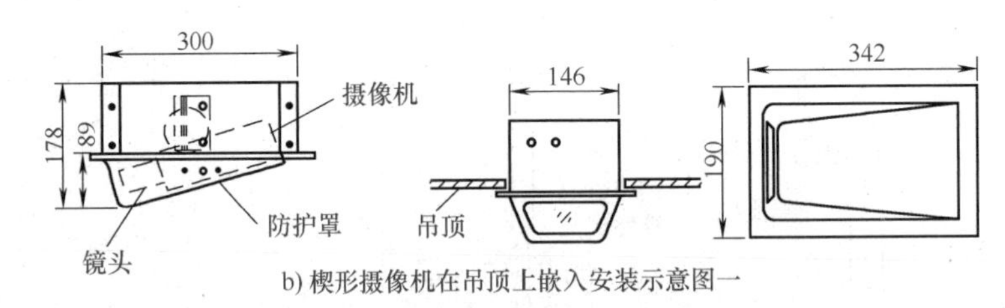

b) 楔形摄像机在吊顶上嵌入安装示意图一

图 1-51　摄像机在吊顶上嵌入安装示意图

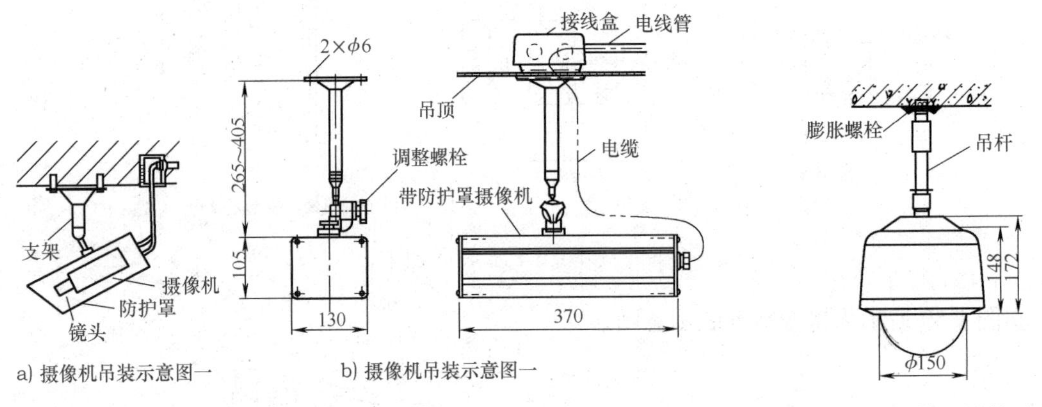

a) 摄像机吊装示意图一　　b) 摄像机吊装示意图一

图 1-52　摄像机吊装示意图　　图 1-53　球形摄像机吊装示意图

⑤ 图 1-54 所示为带电动云台摄像机的安装示意图。

(2) 云台、解码器安装　云台应稳固地安装在支吊架上，且位置应保持水平，转动时无晃动。根据产品技术条件和系统设计要求，检查云台的转动角度范围是否满足要求。解码器可安装在摄像机附近的墙上或吊顶内，并应预留检修孔。图 1-55 所示为解码器箱的安装。

(3) 监视室设备安装　视频安防监控机房通常敷设活动地板，地板敷设时完成控制台的安装，电缆通过地板下的金属线槽引入控制台。监控室内的电缆地槽位置应和机柜、控制台位置相适应。所有线缆应排列、捆扎整齐并编号，并应有永久性标志。机柜、控制台的底座应与地面固定，放置应当平直整齐、美观。

几个机架并排放置在一起时，面板应在同一平面上，并与基准线平行。一般将监视器、操作控制器集中安装在控制台上，若装在柜内时，应有通风散热孔。

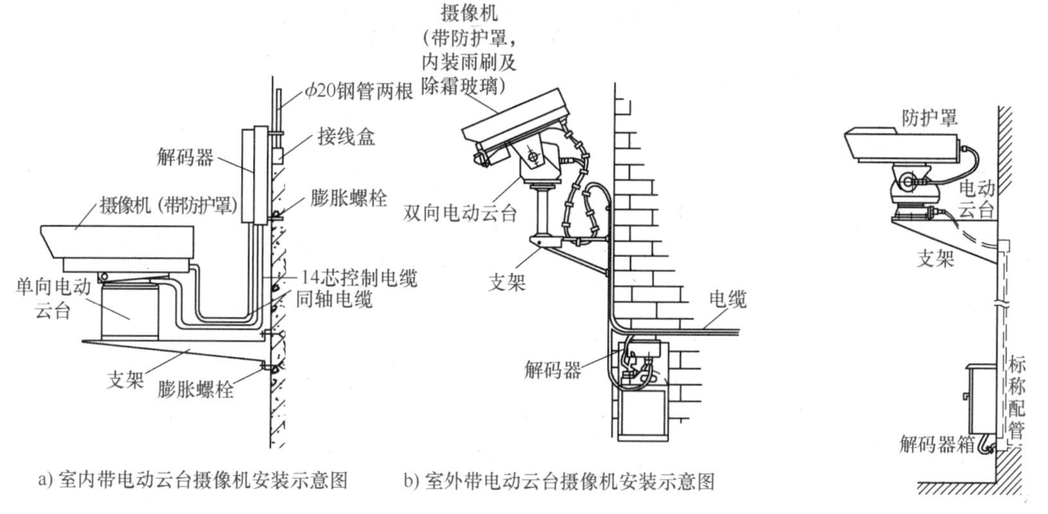

a) 室内带电动云台摄像机安装示意图　　b) 室外带电动云台摄像机安装示意图

图 1-54　带电动云台摄像机安装示意图　　　　图 1-55　解码器箱的安装

控制台位置应符合设计要求，且安放竖直，台面水平。控制台正面与墙的净距离不应小于 1.2m；侧面与墙或其他设备的净距离，在主要通道不应小于 1m，在次要通道不应小于 0.8m。机架背面和侧面与墙的净距离不小于 0.8m。控制台接线应整齐牢固，无交叉、脱落现象。控制台附件完整，无损伤，螺钉坚固，台面整洁无划痕。图 1-56 所示为控制台沿电缆沟安装示意图，图 1-57 所示为控制台在活动地板上安装示意图。

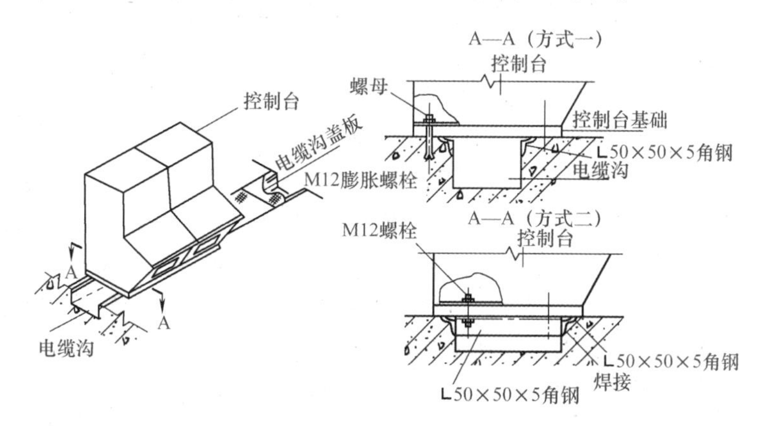

图 1-56　控制台沿电缆沟安装示意图

监视器的安装位置应使显示屏不受外来光直射，当有不可避免的光照时，应加遮光罩遮挡。监控中心内应设置接地汇集环或汇集排，汇集环或汇集排应采用裸铜线，其截面积应符合设计要求。

监视器吊装高度应在 2m 以上，图 1-58 所示为监视器吊装示意图。

2. 视频安防监控系统调试

（1）视频安防监控系统调试步骤

1）调试前的准备工作。

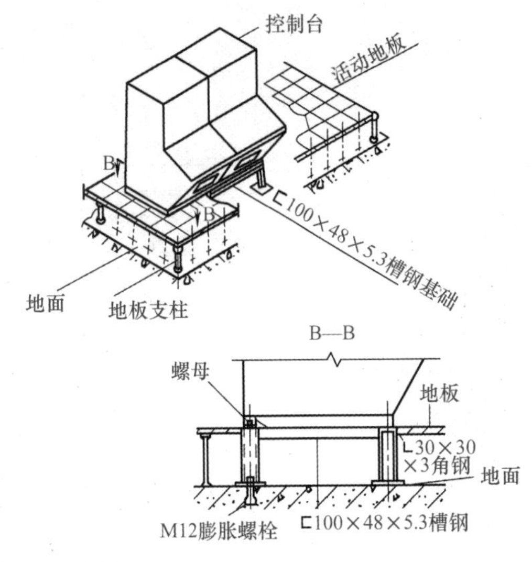

图1-57　控制台在活动地板上的安装示意图

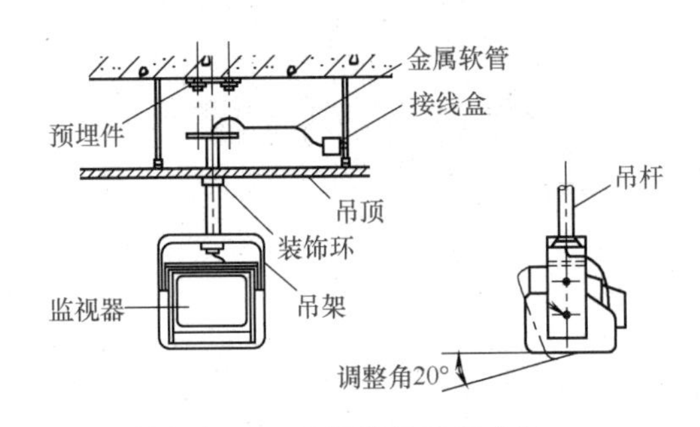

图1-58　监视器吊装示意图

① 查验已安装设备的规格、型号、数量等是否与正式设计文件的要求相符。

② 电源检查。合上监控台上的电源总开关，检查交流电源电压、稳压电源装置的电压表读数、线路排列等。合上各电源分路开关，测量各输出电压、直流输出端的极性，确认无误后，给每一回路送电，检查电源指示灯等是否正常。

③ 线路检查。对控制电缆进行校验，检查接线是否正确。采用250V兆欧表测量控制电缆绝缘，其线芯与线芯、线芯与地线绝缘电阻不应小于0.5MΩ。用500V兆欧表对电源电缆进行测量，其线芯与线芯、线芯与地线间的绝缘电阻不应小于0.5MΩ。

2）单体调试：接通视频电缆对摄像机进行调试。合上控制电源，若设备指示灯亮，则合上摄像机电源，监视器屏幕上便会显示图像。图像清晰时，可遥控变焦，遥控自动光圈，观察变焦过程中图像的清晰度。如果出现异常情况应做好记录，并将问题妥善处理。若各项指标都能达到产品说明书所列的数值，便可遥控电动云台带动摄像机旋转。若在静止和旋转过程中图像清晰度变化不大，则认为摄像机工作情况正常，可以使用。云台运转情况平稳、无噪声、电动机不发热、速度均匀，则说明设备运转正常。

3）系统调试：当各种设备单体调试完毕后，便可进行系统调试。此时，按照施工图对每台设备进行编号，合上总电源开关，监控室同监视现场之间利用对讲机进行联系，做好准备工作，再开通每一摄像回路，调整监视方位，使摄像机能够对准监视目标或监视范围。通过遥控方式，变焦、调整光圈、旋转云台，扫描监视范围。如图像出现阴暗斑块，则应调整监视区域灯具位置和亮度，提高图像质量。同时对矩阵主机的视频切换功能、系统的录像回放等进行试验。在调试过程中，每项试验均应做好记录，及时处理安装中出现的问题。当各项技术指标都达到设计要求，系统经过24h连续运行无故障时，绘制竣工图，向业主提供施工质量评定资料，并提出竣工验收请求。

4）系统联调：当系统具有报警联动功能时，应检查与调试自动开启摄像机电源、自动切换音频到监视器、自动实时录像等功能。系统应叠加摄像时间、摄像机位置的标识符，并显示稳定。当系统需要灯光联动时，应检查灯光打开后图像质量是否达到设计要求。

（2）视频安防监控系统安装调试的质量标准

1）主控项目。

① 系统功能检测。对云台转动，镜头、光圈的调节，调焦、变倍，图像切换，防护罩功能进行检测，其功能必须符合设计及产品技术要求。

② 图像质量检测。在摄像机的标准照度下进行图像的清晰度及抗干扰能力的检测。

检测方法：抗干扰能力按《安防视频监控系统技术要求》（GA/T 367—2001）进行检测；图像的清晰度主观评价分应不低于4级。

③ 系统整体功能检测。功能检测应包括视频安防监控系统的监控范围、现场设备的接入率及完好率；矩阵监控主机的切换、控制、编程、巡检、记录等功能。对数字视频录像式监控系统还应检查主机死机记录、图像显示和记录速度、检索和回放、图像质量、对前端设备的控制功能以及通信接口功能、远端联网功能等。

④ 系统联动功能检测。系统联动功能检测应包括与出入口管理系统、入侵报警系统、巡更管理系统、停车场（库）管理系统等的联动控制功能。

⑤ 视频安防监控系统的图像记录保存时间应满足管理要求。

⑥ 摄像机抽检的数量应不低于20%且不少于3台，摄像机数量少于3台时应全部检测，被检设备的合格率100%时为合格；系统功能和联动功能全部检测，功能符合设计要求时为合格，合格率100%时为系统功能检测合格。

2）一般项目。

① 同一区域内的摄像机安装高度应一致且安装牢固。摄像机防护罩不应有损伤且应平整。

② 各设备导线连接正确、可靠、牢固，箱内电缆（线）应排列整齐，线路编号正确清晰。线路较多时应绑扎成束，并在箱（盒）内留有适当余量。

③ 墙面或顶棚下安装摄像机、云台及解码器应牢靠固定，固定位置不能影响云台及摄像机的转动。

④ 摄像机应保持其镜头清洁，在其监视范围内不应有遮挡物。

⑤电视墙、控制台安装的垂直偏差不大于1.5‰；并且电视墙或控制台正面平面的前后偏差不大于1.5mm；两台电视墙或控制台的中间间隙不大于1.5mm。表1-13为闭路电视监视系统施工质量检查项目和内容。

表1-13　闭路电视监视系统施工质量检查项目和内容

项　目	内　容	抽查百分数（%）
摄像机	① 设置位置，视野范围 ② 安装质量 ③ 镜头、防护套、支承装置、云台安装质量与紧固情况	10~15台（10台以下摄像机至少验收1~2台）
	④ 通电试验	100
监视器	① 安装位置 ② 设置条件 ③ 通电试验	100

三、任务实施

1. 某学校工业中心摄像机安装

某学校工业中心是实验室聚集地，晚上没有人值班，需要安装固定黑白摄像机，方便门卫监控工业中心楼梯口情况。

（1）任务材料与工具

工具：胀塞、螺钉旋具、小锤、电钻。

材料：各类镜头若干、黑白低照度摄像机 1 台、视频线材若干、直流电源 1 个、监视器 1 台、支架 1 个。

（2）摄像机镜头、防护罩的安装

1）摄像机、镜头的选择：考虑到学校工业中心晚上没有灯光，光线不充足，考虑使用低照度黑白摄像机；摄像范围局限在楼梯口较小的范围内，选用定焦镜头。

2）摄像机、镜头、支架和防护罩的安装调试。

① 拿出支架，准备好工具和零件如图 1-59 所示。按事先确定的安装位置，检查好胀塞和自攻螺钉的大小型号，试一试支架螺钉和摄像机底座的螺口是否合适，预埋的管线接口是否处理好，测试电缆是否畅通，就绪后进入安装程序。

图 1-59 摄像机安装支架、工具

② 拿出摄像机和镜头，按照事先确定的摄像机镜头型号和规格，仔细装上镜头。安装镜头时，首先去掉摄像机及镜头的保护盖，然后将镜头轻轻旋入摄像机的镜头接口并使之到位。对于自动光圈镜头，还应将镜头的控制线连接到摄像机的自动光圈接口上。镜头安装过程为：卸下镜头接口盖，逆时针方向转动松开定位截距可调环上的一颗螺钉，然后将环按 C 方向（逆时针）转动到底。如不遵循此方向，安装镜头时，可能会对内部图像感应器或镜头造成损坏。镜头安装如图 1-60 所示。

选择摄像机驱动方式，如果安装的镜头是 DC 控制类型，则将选择开关置于“DC”，如果是视频控制类型，则切换到“VIDEO”，选择方法如图 1-61 所示。

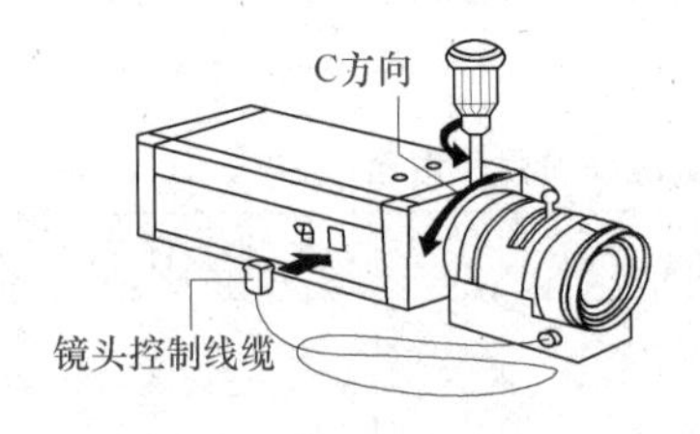

图 1-60 摄像机镜头安装

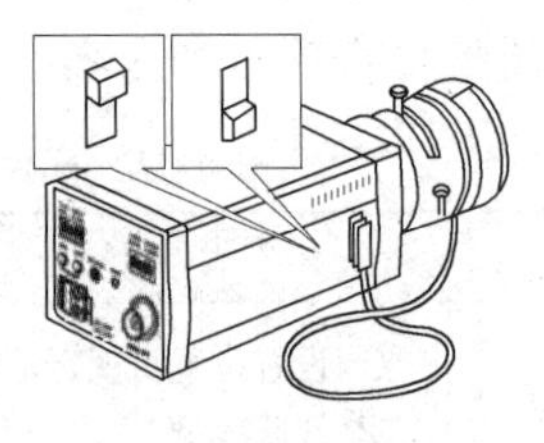

图 1-61 摄像机驱动

根据镜头类型，旋转焦距调节螺钉调整焦距。注意不要用手碰镜头和 CCD，确认固定牢固后，接通电源，连通主机或现场使用监视器、小型视频机等调整好光圈焦距。

③ 拿出支架、胀塞、螺钉、螺钉旋具、小锤、电钻等工具，按照事先确定的位置，装好支架。检查牢固后，将摄像机按照约定的方向装上，如图 1-62 所示。（确定安装支架前，先在安装的位置通电测试一下，以便得到更合理的监视效果。）

④ 如果在室外或室内灰尘较多的环境中，需要安装摄像机护罩，在第②步后，直接从这里开始安装护罩。摄像机防护罩安装如图 1-63 所示。

图 1-62　支架及摄像机固定

图 1-63　摄像机防护罩安装

⑤ 把焊接好的视频电缆 BNC 插头插入视频电缆的插座内（用插头的两个缺口对准摄像机视频插座的两个固定柱，插入后顺时针旋转即可），确认固定牢固、接触良好。图 1-64 所示为摄像机 BNC 视频接口。

⑥ 将直流电源适配器的电源输出接入监控摄像机的电源接口，并确认牢固。

⑦ 把视频电缆的另一头按同样的方法接入控制主机或监视器（视频机）的视频输入端口，确保牢固、接触良好。

⑧ 接通监控主机和摄像机电源，通过监视器调整摄像机角度到预定范围，并调整摄像机镜头的焦距和清晰度，进入录像设备和其他控制设备调整工序。

图 1-65 所示是已安装完成的摄像机。

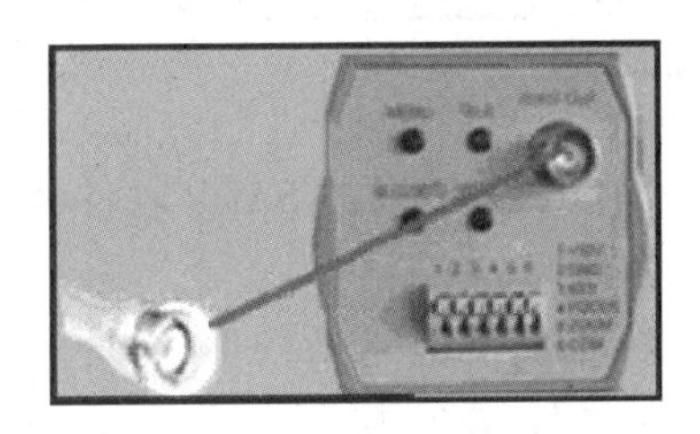

图 1-64　视频接口

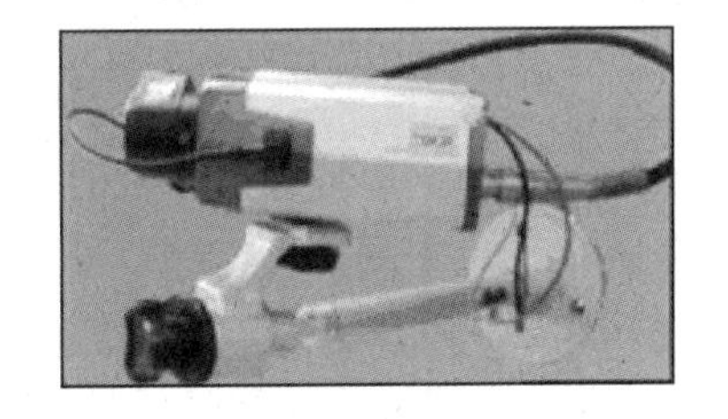

图 1-65　已安装完成的摄像机

2. 网络摄像机参数设置及访问

以海康威视产品为例，实施网络摄像机参数设置及访问。

（1）网络摄像机 IP 地址搜索　网络摄像机与计算机之间常用的连接方式主要有两种，通过网线直连和通过交换机或路由器连接，分别如图 1-66 和 1-67 所示：

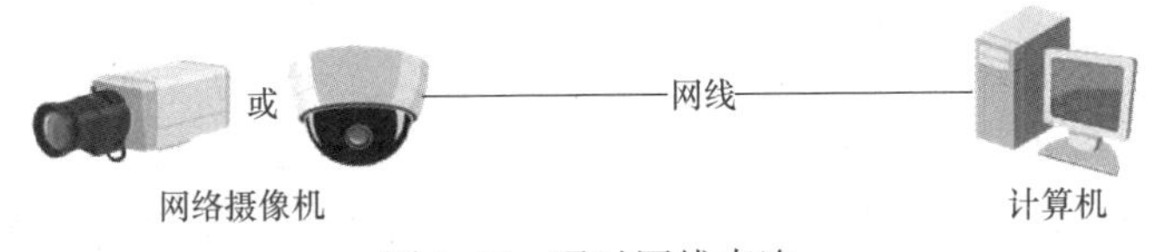

图 1-66　通过网线直连

在通过网络访问网络摄像机之前，首先需要获取它的 IP 地址，用户可以通过 SADP 软件（设备网络自动搜索软件）来搜索网络摄像机的 IP 地址。

运行随机光盘里面的 SADP 软件，单击【进入】。软件会自动显示出当前局域网中正在运行的网络摄像机的设备类型、IP 地址、端口号、设备序列号以及版本信息等，如图 1-68 所示。

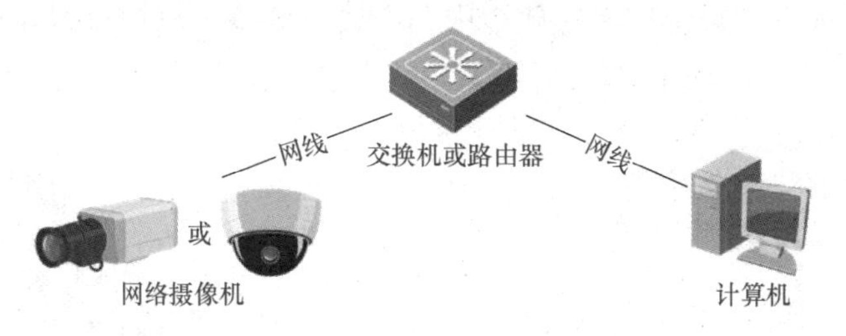

图 1-67　通过交换机或路由器连接

图 1-68　搜索 IP 地址

若搜索出来的 IP 地址和计算机的 IP 地址不在同一网段，可以通过 SADP 软件修改网络摄像机的 IP 地址、子网掩码和端口号等参数。

在 SADP 软件中，选择要修改的设备，单击【修改】，然后输入新的 IP 地址、子网掩码、端口号以及管理员口令（默认是 12345），单击【保存】，即可修改设备的 IP 地址，如图 1-69 所示。

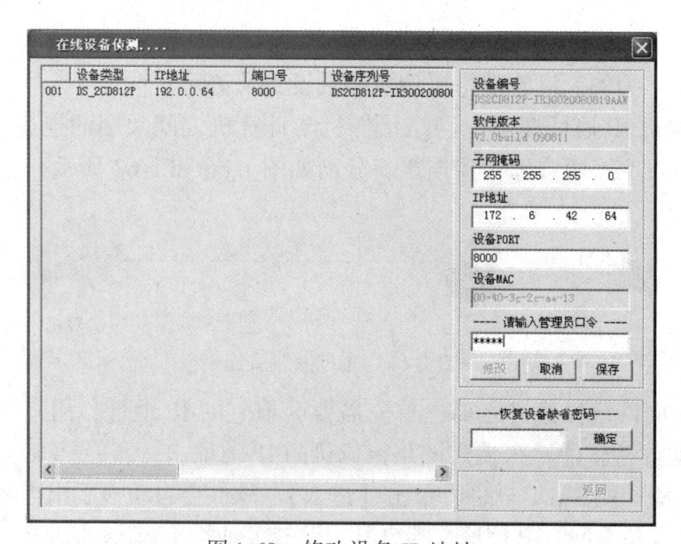

图 1-69　修改设备 IP 地址

(2) 网络访问及参数配置　硬件安装完成后，需要对网络摄像机进行预览和相关参数设置，有两种访问方式，通过IE浏览器预览图像、配置网络摄像机的参数以及通过客户端软件预览图像、配置网络摄像机的参数。

以下仅详细介绍通过IE浏览器预览图像、配置网络摄像机的主要参数。

1) 浏览器安全级别设置。通过IE浏览器预览网络摄像机图像时，需要设置浏览器安全级别，从而方便安装插件。打开IE浏览器，进入菜单【工具/Internet选项/安全/自定义级别…】，在设置中把“ActiveX控件和插件”都改为启用，安全级别设置为“安全级-低”，如图1-70所示。为了安全，在预览到网络摄像机图像后，请把IE浏览器中的安全设置恢复为“默认级别”。

图1-70　安全级别设置

2) 预览图像。

第一步：安装插件。在IE浏览器地址栏中输入网络摄像机的IP地址，然后单击回车，会弹出安装ActiveX插件的提示，如图1-71所示，单击该提示会弹出安装ActiveX插件的对话框，单击【安装】进行插件安装。

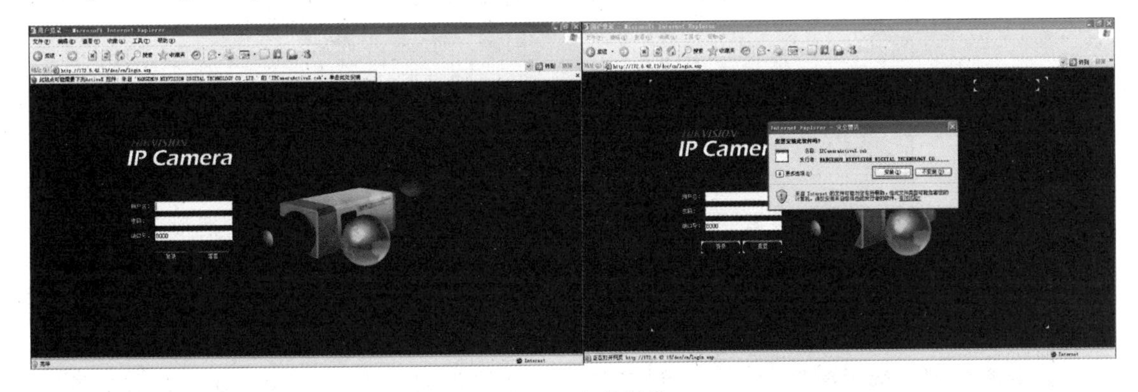

图1-71　安装插件

第二步：登录并预览。在登录界面中，如图1-72所示，输入网络摄像机的用户名（默认：admin）、密码（默认：12345）、端口号（默认：8000），然后单击【登录】，即可预览到图像。

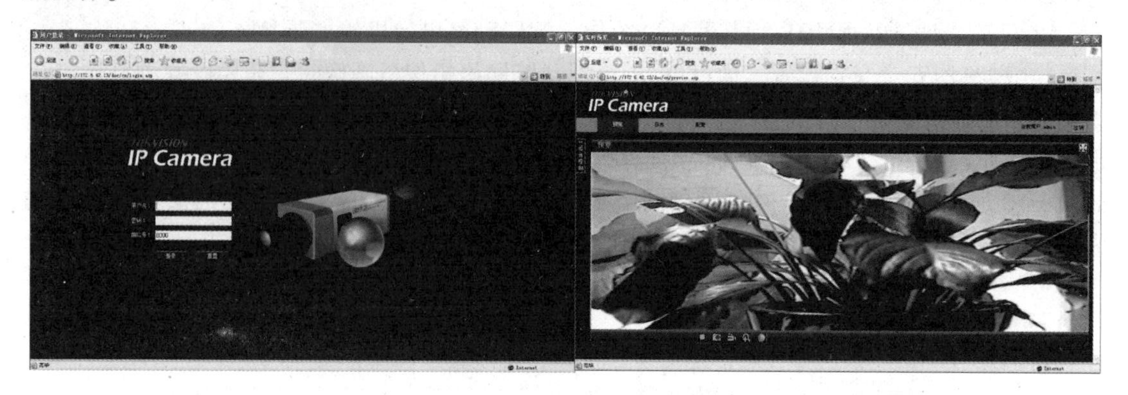

图1-72 登录界面和图像预览

在图像预览界面上可以实现预览画面全屏显示、开启预览、停止预览、抓拍图片、开始或停止录像、电子放大功能、视频参数设置和云台控制。

3）参数配置。单击【配置】，进入参数配置界面。

① 本地配置，本地配置界面如图1-73所示。本地配置界面信息说明见表1-14。

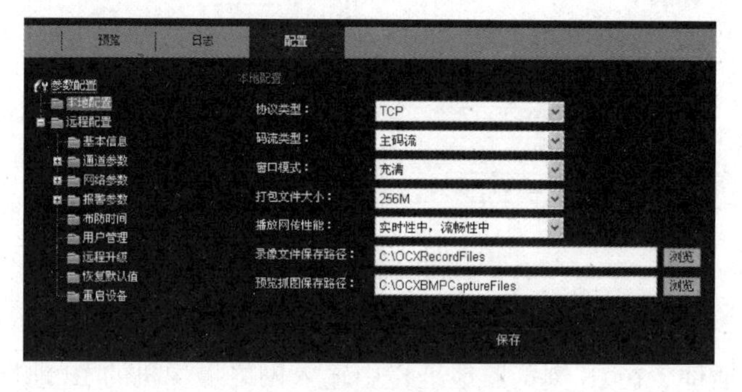

图1-73 本地配置界面

表1-14 本地配置界面信息说明

参 数	说 明
协议类型	TCP、UTP可选
码流类型	主码流、子码流可选
窗口模式	充满、4：3模式、16：9模式、根据分辨率适应可选
打包文件大小	128MB、256MB、512MB可选
播放网络性能	最短延时模式、实时性好、实时性中，流畅性中、流畅性好可选
录像文件保存路径	默认为系统盘：\ OCXRecordFiles，可按实际情况更改
预览抓图保存路径	默认为系统盘：\ OCXBMPCaptureFiles，可按实际情况更改

② 远程配置，远程配置菜单下，设备基本信息界面如图1-74所示。显示设置界面如图1-75所示。视频设置界面如图1-76所示。视频设置界面信息说明见表1-15。移动侦测界

面如图 1-77 所示。字符叠加设置界面如图 1-78 所示。网络设置界面如图 1-79 所示。PPPOE 设置界面如图 1-80 所示。DDNS 设置界面如图 1-81 所示。DynDNS 设置界面如图 1-82 所示。IPServer设置界面如图 1-83 所示。NTP 设置界面如图 1-84 所示。报警输入设置界面如图 1-85所示。报警输出设置界面如图 1-86 所示。布防时间设置界面如图 1-87 所示。

基本信息配置：

在设备基本信息配置界面中，可以设置网络摄像机的"设备名称"和"设备号"，并查看摄像机的"设备描述""设备位置""物理地址""设备类型""设备序列号""主控版本""U-Boot 版本"等信息。

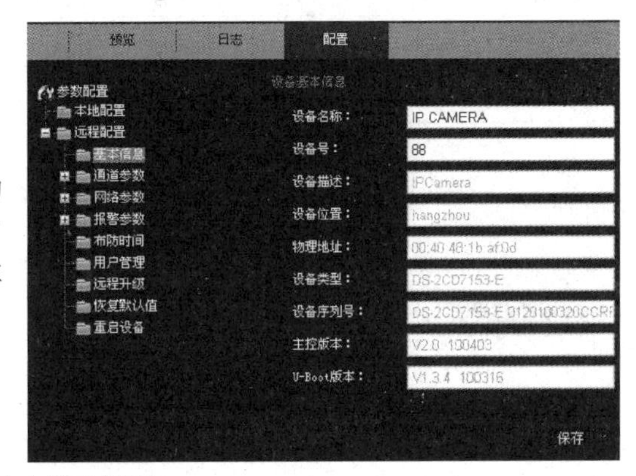

图 1-74 基本信息界面

通道参数→显示设置：

"显示日期"和"显示星期"按照实际需求可以选择是否启用，☑表示显示，☐表示不显示。

"日期格式"按实际需要可以选择不同的显示格式。

"OSD 状态"可以选择"透明，闪烁""透明，不闪烁""不透明，闪烁"或"不透明，不闪烁"。

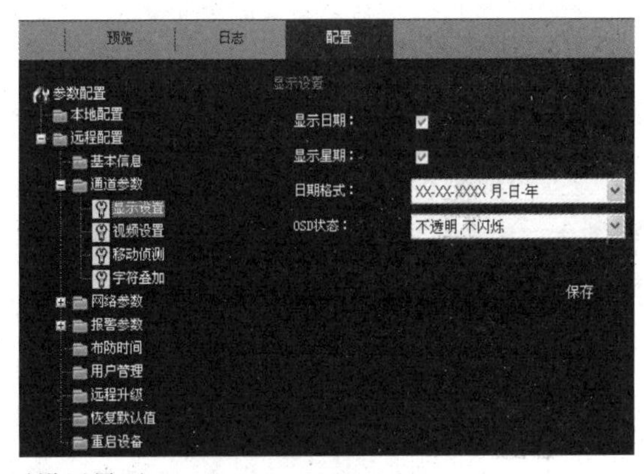

图 1-75 显示设置界面

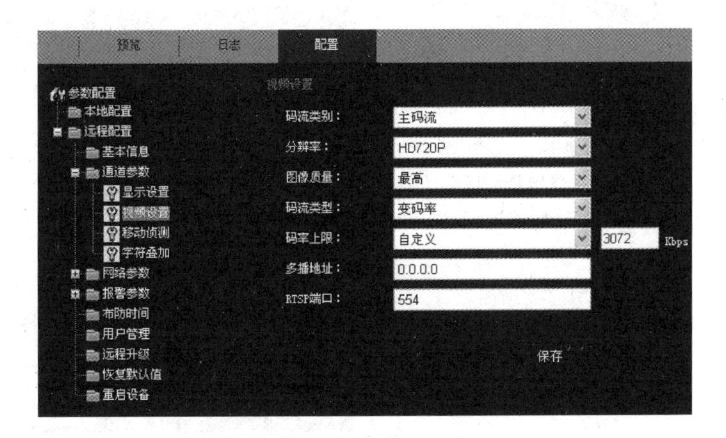

图 1-76 视频设置界面

表1-15　视频设置界面信息说明

参　数	说　明
码流类别	主码流、子码流可选
分辨率	可按实际需求选择相应的分辨率
图像质量	最高、较高、中等、低、较低、最低可选
码流类型	变码率、定码率可选
码率上限	依据所选择的分辨率，选择相应的码率或者自定义码率
多播地址	默认为0.0.0.0，可按实际需求设置
RTSP端口	默认为554，可按实际需求设置

通道参数→移动侦测设置：

☑启用移动侦测表示开启网络摄像机移动侦测功能。

绘制区域：

单击【绘制区域】，对应的按钮会变为“停止绘制”的字样，在画面中单击鼠标左键并拖动鼠标至一定区域，然后松开鼠标左键，即完成一个区域的绘制。

在画面中可以绘制多个区域，当所有区域绘制完成后，单击【停止绘制】，结束区域绘制。

灵敏度：

等级可设为0、1、2、3、4、5，0表示关闭，1～5灵敏度等级依次升高。

联动方式：

联动方式可以选择“邮件联动”和“触发报警输出”。

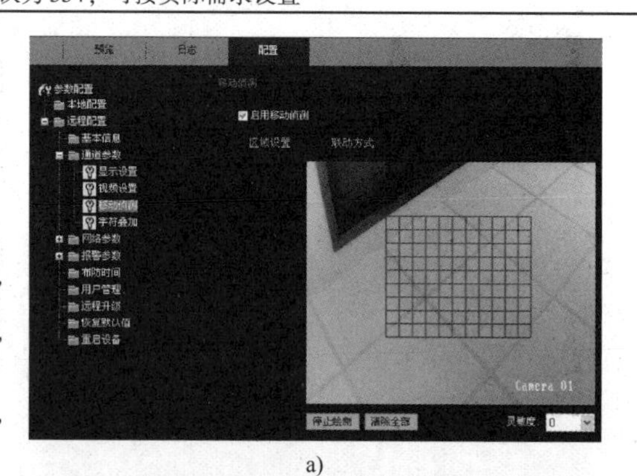

a)

预览　日志　配置

参数配置
本地配置
远程配置
基本信息
通道参数
显示设置
视频设置
移动侦测
字符叠加
网络参数
报警参数
布防时间
用户管理
远程升级
恢复默认值
重启设备

移动侦测
启用移动侦测
区域设置　联动方式
邮件联动　触发报警输出
保存

b)

图1-77　移动侦测设置界面

通道参数→字符叠加设置：

在“字符内容”中输入所需的字符，通过“X坐标”和“Y坐标”选择字符的显示位置，然后将对应的“显示字符”打钩，单击【保存】，即可将相应的字符显示在画面中。

注意：

X坐标和Y坐标的数值都是相对画面左上角的原点而言。

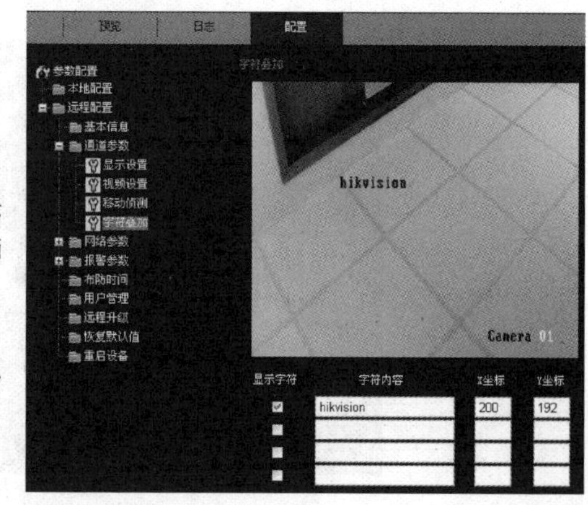

图1-78　字符叠加设置界面

网络参数→网络设置：

可按照实际需求，设置网络摄像机的“IP 地址”“掩码地址”“网关地址”和“DNS 服务器”。

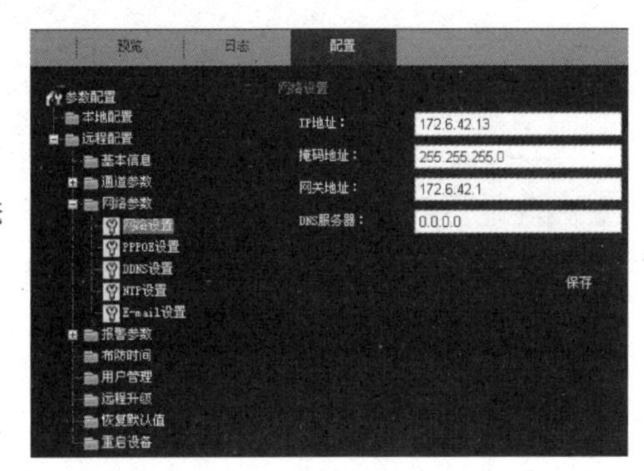

图 1-79　网络设置界面

网络参数→PPPOE 设置：

☑ 启用PPPOE表示开启 PPPOE 功能。

输入 PPPOE 用户名和 PPPOE 密码，单击【保存】，重新启动，摄像机会获得一个公网 IP 地址。

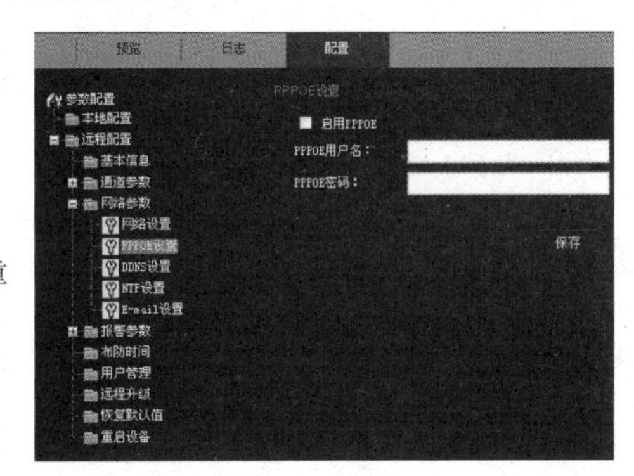

图 1-80　PPPOE 设置界面

网络参数→DDNS 设置：

☑ 启用DDNS表示开启 DDNS 功能。

协议类型可以选择“DynDNS”和“IPServer”。

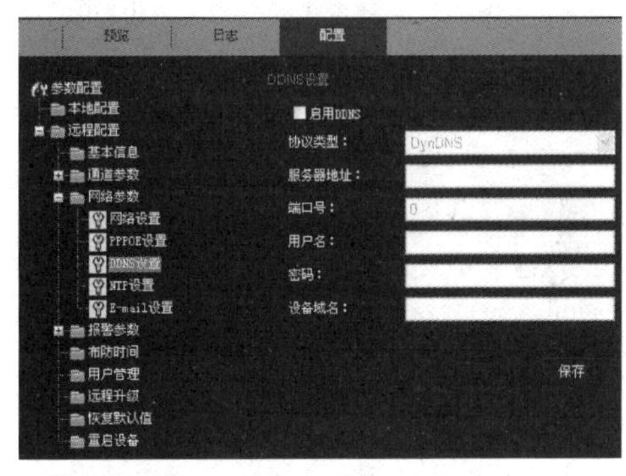

图 1-81　DDNS 设置界面

若协议类型选择为“DynDNS”：

在“服务器地址”中输入域名运营商的服务器地址，如 members. dyndns. org。

“用户名”“密码”为在 dyndns 网站上注册账号对应的用户名和密码。

“设备域名”为用户申请的域名（在 dyndns 网站上申请的域名）。

图 1-82　DynDNS 设置

若协议类型选择为“IPServer”：

在“服务器地址”中输入运行 IPServer 软件解析服务器的公网 IP 地址。

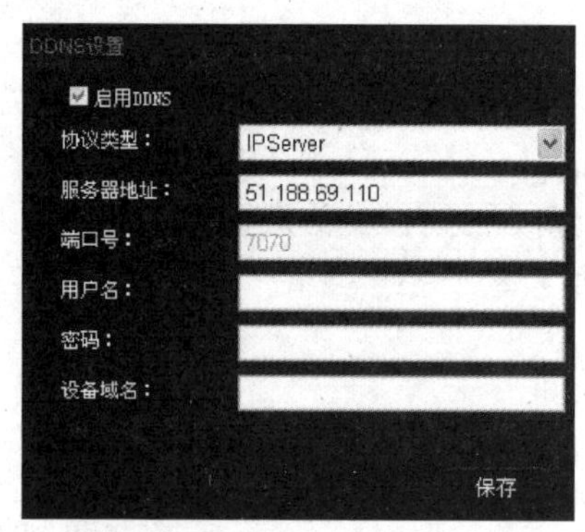

图 1-83 IPServer 设置界面

网络参数→NTP 设置：

☑ 启用NTP表示开启 NTP 校时功能，然后输入对应的服务器地址和“端口号”。

若设备在公网，服务器地址请填写提供校时功能的 NTP 服务器地址。

若设备在专网中，可通过 NTP 软件组建 NTP 服务器进行校时。

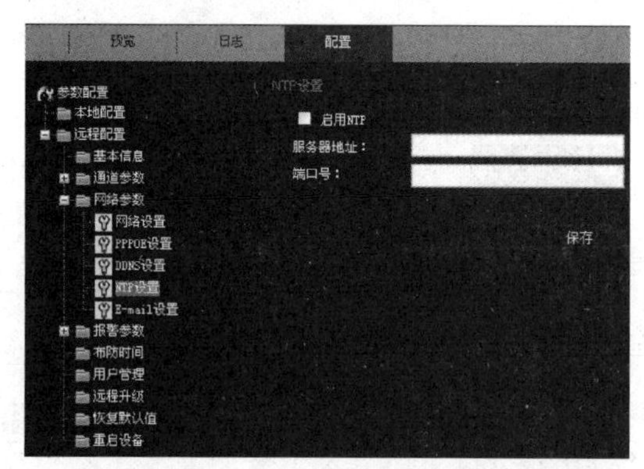

图 1-84 NTP 设置界面

报警参数→报警输入设置：

“报警器状态”可以选择“常闭”或“常开”。

“联动方式”可以选择启用“邮件联动”和“触发报警输出”。

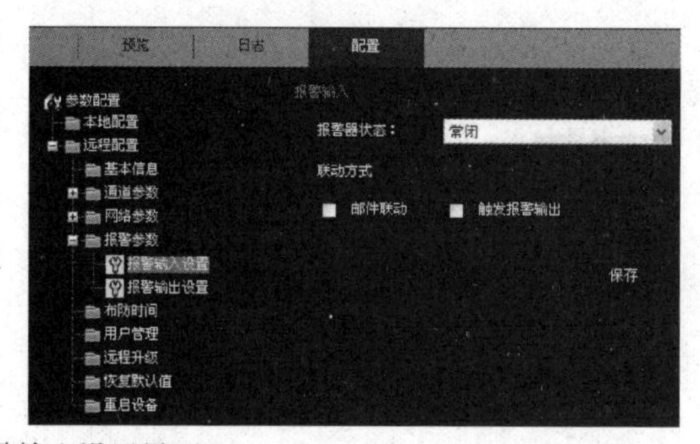

图 1-85 报警输入设置界面

报警参数→报警输出设置：

“输出延时”指报警结束后的延续时间，可以按照实际需求选择一个时间或手动关闭。

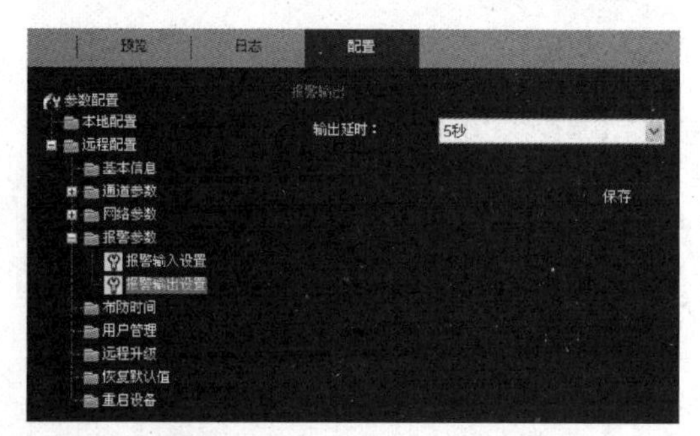

图 1-86 报警输出设置界面

布防时间设置：

布防时间可以选择一周七天的某几天或全部，每天仅可以设置一个时间段。

注意：仅当设置了移动侦测、报警输入和报警输出时，布防时间才有效。

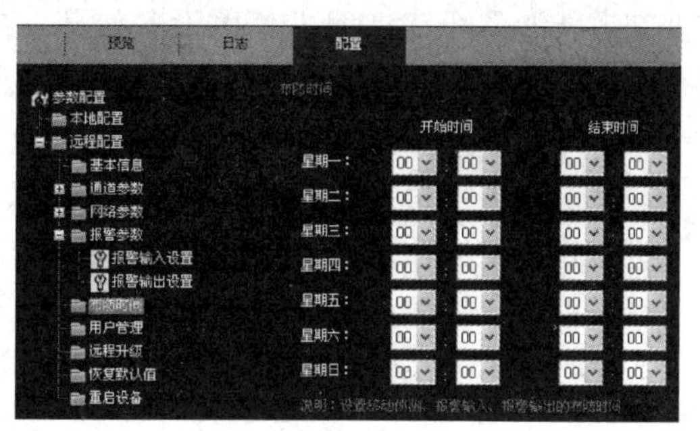

图 1-87 布防时间设置界面

(3) 广域网访问

1) 通过固定 IP 地址访问。若用户已从 ISP 运营商处申请了一个固定 IP 地址，有两种配置方式实现公网计算机访问网络摄像机，直接接入摄像机和通过路由器接入摄像机，分别如图 1-88 和图 1-89 所示。

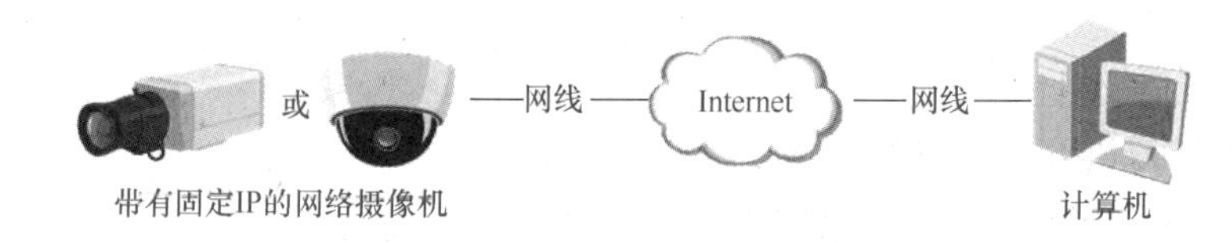

图 1-88 固定 IP 直接接入摄像机

图 1-89 固定 IP 通过路由器接入摄像机

① 将固定 IP 地址直接给网络摄像机，在远端通过客户端软件或 IE 访问。

② 将固定 IP 地址输入到路由器中，把网络摄像机接入该路由器，并在路由器中映射网络摄像机的端口（如映射 80、8000、8200 和 554），映射成功后，在远端通过客户端软件或 IE 访问即可。

2) 通过动态 IP 地址访问。

网络摄像机支持 PPPoE 拨号功能，将网络摄像机连接到 Modem，通过 ADSL 拨号时，网络摄像机会自动获取到一个公网的 IP 地址。其原理如图 1-90 所示。

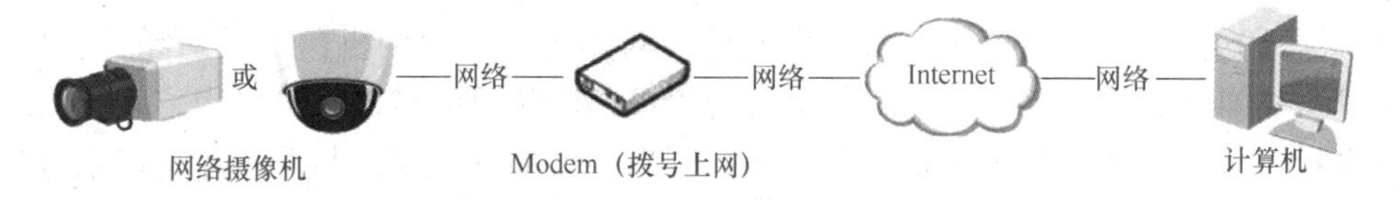

图 1-90 通过 PPPoE 拨号访问网络摄像机

通过 PPPoE 访问，每次重启网络摄像机时，都会获取新的公网 IP 地址，再次访问时，需要知道新的公网IP地址并修改设备信息，在使用过程中极不方便。用户可以通过做域名解析，将域名和动态的公网IP地址绑定，直接访问域名来避免这个问题。

四、任务总结

进行视频监控系统安装时，应注意以下几个事项：

1）准备好工具、安装材料、说明书和相关图样等，以便安装时所需。

2）安装时，应注意安装程序，避免因安装顺序错误，造成材料、时间等的浪费，避免因此而耽误工期。

3）室外安装严禁摄像机瞄准太阳或光源较强的发光物体，否则会造成图像模糊或产生光晕。

4）不要在超出温度、湿度或电源规格的状态下使用摄像机。

5）直流12V的电源极性搞清楚后连接。

6）接线时，不要把视频电缆扭绞成半径小于电缆直径10倍的曲线；不要挤压或夹紧电缆，否则会改变电缆阻抗而影响图像质量。

五、效果测评

1）请说明摄像机安装位置的要求。

2）看图1-48，具体描述室外摄像机的安装方法。

3）请说明视频安防监控系统调试步骤及调试内容。

任务4 视频安防监控系统检测与验收

一、任务描述

视频安防监控系统检测与验收是智能建筑建设管理的重要内容，是保证工程质量、保证工程有效性和投资合理性的重要手段。视频安防监控系统检测和验收应符合相关标准与规范，如《智能建筑工程质量验收规范》《安全防范系统验收规则》等。本任务的目标：

1）熟悉视频安防监控系统检测基本知识。

2）熟悉视频安防监控系统验收基本知识。

二、任务信息

1. 视频安防监控系统检测

视频安防监控系统检测的任务是由除了建设单位和施工方以外的第三方（经授权）机构完成，并出具检测报告，检测内容应执行国家公共安全行业的相关标准。系统检测机构必须是经国家质量监督检验检疫总局、公安部认可的部级以上检测机构，或是经省、自治区、直辖市地方质量监督检验检疫总局，省级公安管理部门认可的省级检测机构。系统检测应满足基本条件，如系统已按规定试运行时间运行，有相关的工程实施与质量控制记录材料，有可行的系统检测方案等。

视频安防监控系统检测应依据工程合同技术文件、施工图设计文件、工程设计变更说明和洽商记录、产品的技术文件进行。

（1）视频安防监控系统检测应提供的材料

1）设备材料进场检验记录。

2）隐蔽工程和过程检查验收记录。

3）工程安装质量和观感质量验收记录。

4）设备及系统自检测记录。

5）系统试运行记录。

（2）视频安防监控系统检测内容　视频安防监控系统检测应符合相关规范中检测的一般规定，内容不仅包括下述的功能、性能检测，还包括系统安全性和电磁兼容、电源、设备安装、线缆敷设和防雷接地的检测。安全防范系统各子系统检测除了功能、性能检测有所不同以外，其余的检测规定和检测内容都类同。

1）系统功能检测：云台转动，镜头、光圈的调节，调焦、变倍，图像切换，防护罩功能的检测。

2）图像质量检测：在摄像机的标准照度下进行图像的清晰度及抗干扰能力的检测；图像质量的主观评价采用5级损伤标准。图像质量的主观评价5级损伤标准的划分见表1-16。图像质量损伤的主观评价应不低于4级。抗干扰能力按《安防视频监控系统技术要求》GA/T 367进行检测。

表1-16　图像质量的主观评价5级损伤标准的划分

图像质量损伤的主观评价	等　级	图像质量损伤的主观评价	等　级
不觉察有损伤	5	很讨厌	2
可觉察但不讨厌	4	不能观看	1
有些讨厌	3		

3）系统整体功能检测：整体功能检测应包括视频安防监控系统的监控范围、现场设备的接入率及完好率；矩阵监控主机的切换、控制、编程、巡检、记录等功能；对数字视频录像式监控系统还应检查主机死机记录、图像显示和记录速度、图像质量、对前端设备的控制功能以及通信接口功能、远端联网功能等；对数字硬盘录像监控系统除检测其记录速度外，还应检测记录的检索、回放等功能。

4）系统联动功能检测：联动功能检测应包括与出入口管理系统、入侵报警系统、巡查管理系统、停车场（库）管理系统等的联动控制功能。

5）图像保存时间：视频安防监控系统的图像记录保存时间应满足管理要求。

6）摄像机抽检的数量应不低于20%且不少于3台，摄像机数量少于3台时应全部检测；被抽检设备的合格率100%时为合格；系统功能和联动功能全部检测，功能符合设计要求时为合格，合格率100%时为系统功能检测合格。

检测结论与处理：系统检测分为合格和不合格，检测不合格的应限期整改，并重新检测，重新检测时检测数量应加倍。

2. 视频安防监控系统的验收

智能建筑中视频安防监控系统的验收，应按照《安全防范系统验收规则》GA 308的规定执行。

（1）视频安防监控系统的验收应具备的条件

1）初步设计方案得到论证通过。

2）系统检测应合格。

3）视频安防监控系统验收时，应有后续的运行管理人员并得到培训。

4）竣工验收文件资料完整。

5）视频安防监控系统应初验合格。

6）系统需试运行1个月以上，并得到建设单位的认可。

视频安防监控系统的验收一般由工程的设计、施工、建设、监理单位和本地区的系统管理部门的代表组成验收小组，按竣工图进行。验收时应做好记录，签署验收证书，并应立卷归档。系统必须验收合格后，方可交付使用；当验收不合格时，应由设计、施工单位返修直到合格后，再行验收。

（2）视频安防监控系统验收内容　系统的工程验收应包括系统的工程施工质量，系统的质量主观评价，系统质量的客观测试，系统性能指标和功能，图纸、资料的移交，有关部位的安全防范措施，以及其他项目。以上各项目应有书面报告，且有负责人和单位签字盖章。

1）系统的工程施工质量：系统的工程施工质量应按施工要求进行验收，检查的项目和内容应符合表1-17所列的规定。建设、监理单位应对隐蔽工程进行随工验收，凡经过检验合格的签属验收证书，在进行竣工验收时，可不再进行检验。

表1-17　视频监控系统施工质量检查项目和内容

序　号	项　　目	内　　容	抽查百分比（%）
1	摄像机	① 设置位置，视野范围 ② 安装质量 ③ 镜头、防护罩、支架、云台安装质量与紧固情况	10～15
		④ 通电试验	100
2	监视器	① 安装位置 ② 设置条件 ③ 通电试验	100
3	控制设备	① 安装位置 ② 遥控内容与切换路数 ③ 通电试验	100
4	其他设备	① 安装位置和安装质量 ② 通电试验	100
5	控制台和机架	① 安装垂直水平度 ② 设备安装位置 ③ 布线质量 ④ 塞孔、连接处接触情况 ⑤ 开关、按钮灵活情况 ⑥ 通电试验	100
6	电缆敷设	① 敷设与布线 ② 电缆排列位置、布放和绑扎质量 ③ 地沟走道支架的安装质量 ④ 埋设深度及架设质量 ⑤ 焊接机插接头质量 ⑥ 接线盒接线质量	30

（续）

序　号	项　　目	内　　容	抽查百分比（%）
7	接线	① 接地材料 ② 接地焊接质量 ③ 接地电阻	100

2）系统的主观质量评价：系统的主观质量评价，图像质量的主观评价采用 5 级损伤标准。图像质量的主观评价 5 级损伤标准划分见表 1-16。图像和伴音（包括调频广播声音）质量损伤的主观评价项目见表 1-18。

表 1-18　主观评价项目

序　　号	项　　目	损伤的主观评价现象
1	随机信噪比	噪波，即“雪花干扰”
2	单频干扰	图像中有纵、斜、人字形或波浪状纹路，即“网纹”
3	电源干扰	图像中有上下移动的黑白间置的水平横条，即“黑白滚道”
4	脉冲干扰	图像中有不规则的闪烁、黑白麻点或“跳动”

主观评价应在摄像机标准照度下进行，主观评价应采用符合国家标准的监视器。黑白电视监视器的水平清晰度应高于 400 线，彩色电视监视器的水平清晰度应高于 270 线；观看距离为显示屏高度的 6 倍，光线柔和；视听人员至少 5 名，由验收小组确定，既有专业人员，又有非专业人员，视听人员首先在前端对信号源进行主观评价，然后在标准测试点独立视听，评价打分，取平均值为最终测试结果；信号源符合质量要求时，各主观评价项目在每个频道的得分均不低于 4 级标准，则系统的质量的主观评价为合格。

3）系统质量的客观测试：系统质量的客观测试应在摄像机标准照度下进行，测试所用仪器应有计量合格证书；系统清晰度、灰度可用综合测试卡进行抽测，抽查数不应小于 10%；在主观评价中，确认不合格或争议较大的项目，可以增加规定以外的测试项目，并以客观测试结果为准。系统质量的客观测试参数要求和测试方法应符合相关国标规定。

4）系统竣工验收前，施工单位应编制好竣工验收文件，竣工验收文件一般包括：

① 工程说明。

② 综合系统图。

③ 线槽、管道布线图。

④ 设备配置图。

⑤ 设备连接系统图。

⑥ 设备概要说明书。

⑦ 设备器材一览表。

⑧ 主观评价表、客观评价表。

⑨ 施工质量验收记录。

⑩ 其他记录集有关文件或图纸。

5）系统验收文件记录内容。

① 工程设计说明。包括系统选型论证、系统监控方案和规格容量说明、系统功能说明

和性能指标等。

② 工程竣工图纸。包括系统结构图，各子系统原理图，施工平面图，设备电气端子接线图，中央控制室设备布置图、接线图、设备清单等。

③ 系统的产品说明书、操作手册和维护手册。

④ 工程实施及质量控制记录。

⑤ 设备及系统测试记录。

⑥ 相关工程事故报告、工程设计变更等。

验收时应做好验收记录，签署验收意见。

三、任务实施

1. 视频安防监控系统检测

作为第三方检测机构的专业检测人员，必须掌握视频监控系统各监测项目的检测要求和检测方法，这样才能保质保量地完成检测工作。视频监控系统各检测项目、检测要求和检测方法见表1-19，表1-20为视频安防监控系统分项工程质量验收记录表。

表1-19 视频安防监控系统各检测项目、检测要求和检测方法

序 号	检测项目		检测要求和检测方法
1	系统控制功能检测	编程功能检验	通过控制设备可手/自动编程，实现所有图像在固定显示器上固定或时序显示并可随时切换
		遥控功能检验	控制设备对前端云台、镜头等受控部件的控制应平稳、准确
2	监视功能检测		监视区域和区域内照度要符合设计要求，对要害监视部位要检查是否实现监视及有无盲区
3	显示功能检测		显示图像应清晰、稳定。显示画面上应显示日期、时间和摄像机编号或地址码。应具备画面定格、切换显示、报警显示、任意设定视频警戒区域等功能。图像显示质量应符合设计要求
4	记录功能检测		摄像机所摄图像应按设计要求进行记录，图像记录应连续稳定，记录画面上应有日期、时间、摄像机编号或地址码，应具有存储功能
5	回放功能检测		回放图像及其上的日期、时间、摄像机编号或地址码应清晰、准确。当图像为报警录像时，必须使回放图像能再现报警现场。回放图像与监视图像相比，不应明显劣化，移动目标图像回放效果应达到设计要求
6	报警联动功能检测		当有入侵报警发生时，系统应能自动开启相应设备，报警现场画面能显示到指定的监视器上，并应显示出摄像机的地址码和时间。与其他系统的报警联动功能应符合设计要求
7	图像丢失报警功能检测		当视频输入信号发生丢失时，应能发出报警
8	其他功能检测项		具体工程中具有的且以上功能中未涉及的项目，其检验要求应符合相应标准、工程合同及正式设计文件的要求

表1-20　视频安防监控系统分项工程质量验收记录表

<table>
<tr><td colspan="3">单位（子单位）工程名称</td><td colspan="2">北京××大厦</td><td>子分部工程</td><td>安全防范系统</td></tr>
<tr><td colspan="3">分项工程名称</td><td colspan="2">视频安防监控系统</td><td>验收部位</td><td>首层一区</td></tr>
<tr><td colspan="2">施工单位</td><td colspan="3">北京××建设集团工程总承包部</td><td>项目经理</td><td>×××</td></tr>
<tr><td colspan="3">施工执行标准名称及编号</td><td colspan="4">《智能建筑工程质量验收规范》（GB 50339—2013）</td></tr>
<tr><td colspan="2">分包单位</td><td colspan="3">北京××机电安装工程公司</td><td>分包项目经理</td><td>×××</td></tr>
<tr><td colspan="5">检测项目（主控项目）</td><td>检查评定记录</td><td>备注</td></tr>
<tr><td rowspan="4">1</td><td rowspan="4">设备功能</td><td colspan="3">云台转动</td><td>正常</td><td rowspan="23">设备抽检数量不低于20%且不少于3台。合格率为100%时为合格；系统功能和联动功能全部检测，符合设计要求时为合格，合格率为100%系统检测合格</td></tr>
<tr><td colspan="3">镜头调节</td><td>正常</td></tr>
<tr><td colspan="3">图像切换</td><td>正常</td></tr>
<tr><td colspan="3">防护罩效果</td><td>正常</td></tr>
<tr><td rowspan="2">2</td><td rowspan="2">图像质量</td><td colspan="3">图像清晰度</td><td>图像清晰</td></tr>
<tr><td colspan="3">抗干扰能力</td><td>具有抗干扰能力</td></tr>
<tr><td rowspan="13">3</td><td rowspan="13">系统功能</td><td colspan="3">监控范围</td><td>符合设计要求</td></tr>
<tr><td colspan="3">设备接入率</td><td>符合设计要求</td></tr>
<tr><td colspan="3">完好率</td><td>符合设计要求</td></tr>
<tr><td rowspan="4">矩阵主机</td><td colspan="2">切换控制</td><td>切换控制功能符合设计要求</td></tr>
<tr><td colspan="2">编程</td><td>编程功能符合设计要求</td></tr>
<tr><td colspan="2">巡检</td><td>巡检功能符合设计要求</td></tr>
<tr><td colspan="2">记录</td><td>记录功能符合设计要求</td></tr>
<tr><td rowspan="6">数字视频</td><td colspan="2">主机死机</td><td>无死机现象</td></tr>
<tr><td colspan="2">显示速度</td><td>图像显示/记录速度符合设计文件要求</td></tr>
<tr><td colspan="2">联网通信</td><td>联网符合设计要求</td></tr>
<tr><td colspan="2">存储速度</td><td>存储符合设计要求</td></tr>
<tr><td colspan="2">检索</td><td>检索符合设计要求</td></tr>
<tr><td colspan="2">回放</td><td>回放符合设计要求</td></tr>
<tr><td>4</td><td colspan="4">联动功能</td><td>符合设计要求</td></tr>
<tr><td>5</td><td colspan="4">图像记录保存时间</td><td>满足合同设计条款要求</td></tr>
<tr><td colspan="7">检测意见：
经检查主控项目符合《建筑电气工程施工质量验收规范》（GB 50303—2015）、《智能建筑工程质量验收规范》（GB 50339—2013）标准及施工图设计要求，检查合格，通过验收。

监理工程师签字：×××　　　　检测机构负责人签字：×××
（建设单位项目专业技术负责人）
日期：20××年××月××日　　　　日期：20××年××月××日</td></tr>
</table>

2. 视频安防监控系统的验收

在进行工程验收时，不仅要对系统的功能、性能等进行验收，同时对工程施工质量的检查也是必不可少的，而且很重要。安全防范系统工程验收包括施工质量验收、技术验收和资料验收。验收结论分验收通过、验收基本通过和验收不通过三种，验收基本通过和验收不通过的工程，设计、施工单位应根据验收结论提出的建议与要求，提出书面整改措施，并经建设单位认可签署意见。视频安防监控系统的验收应符合 GB 50348—2004《安全防范工程技术规范》中第8.3.2条第9款要求。

表1-21为施工质量抽查验收记录表，表1-22为技术验收记录表（注：该表含安全防范系统工程主要子系统），表1-23为资料验收审查记录表，表1-24为验收结论汇总表。

注意：以下表格中，涉及“第×. ×. ×条”是指GB 50348—2004中的条款。另外，以下各表格在各省的具体体现形式有所不同。

表1-21 施工质量抽查验收记录表

工程名称：				设计、施工单位：				
项目			要求	方法	检查结果			抽查百分数
					合格	基本合格	不合格	
设备安装质量	前端设备	① 安装位置（方向）	合理、有效	现场抽查观察				抽查
		② 安装质量（工艺）	牢固、整洁、美观、规范	现场抽查观察				
		③ 线缆连接	视频电缆一线到位，接插件可靠、电源线与信号线、控制线分开，走向顺直、无扭绞	复核、抽查或对照图纸				
		④ 通电	工作正常	现场通电检查				100%
	控制设备	⑤ 机架、操作台	安装平稳、合理，便于维护	现场观察				抽查
		⑥ 控制设备安装	操作方便、安全	现场观察				
		⑦ 开关、按钮	灵活、方便、安全	现场观察、询问				
		⑧ 机架、设备接地	接地规范、安全	现场观察、询问				
		⑨ 接地电阻	符合本规范第3.9.3条相关要求	对照检验报告或对照第6.3.6条				
		⑩ 雷电防护措施	符合本规范第3.9.5条相关要求	核对检验报告、现场观察				
		⑪ 机架电缆线扎及标识	整齐、有明显编号、标识并牢靠	现场检查				抽查
		⑫ 电源引入线缆标识	引入线端标识清晰牢靠	现场检查				抽查
		⑬ 通电	工作正常	现场通电检查				100%
管线敷设质量		⑭ 明敷管线	牢固美观，与室内装饰协调，抗干扰	现场观察询问				抽查1~2处
		⑮ 接线盒、线缆接头	垂直与水平交叉处有分线盒，线缆安装固定规范	现场观察询问				抽查1~2处
		⑯ 隐蔽工程随工验收复核	有隐蔽工程随工验收单并验收合格	复核表6.3.2				
			如无隐蔽工程随工验收单在本栏内简要说明					
检查结果K_S（合格率）统计				施工质量验收结论：				
施工验收组（人员）签名：					验收日期：			

注：1. 在检查结果栏，选符合实际情况的空格内打“√”，并作为统计数。

2. 检查结果统计K_S（合格率）=［合格数+基本合格数×0.6］/项目检查数（项目检查数如无要求或实际缺项未检查的，不计在内）。

3. 检查结论：K_S（合格率）≥0.8，判为通过；0.8>K_S≥0.6，判为基本通过；K_S<0.6，判为不通过；必要时作简要说明。

表 1-22　技术验收记录表

工程名称			设计施工单位			
序　号		检 查 项 目	检查要求与方法	检 查 结 果		
				合格	基本合格	不合格
基本要求	1 *	系统主要技术性能指标	第 8.3.2 条第 2 款			
	2	设备配置	第 8.3.2 条第 3 款			
	3	主要技防产品设备的质量保证	第 8.3.2 条第 4 款			
	4	备用供电	第 8.3.2 条第 5 款			
	5	重要防护目标的安全防范效果	第 8.3.2 条第 6 款			
	6	系统集成功能	第 8.3.2 条第 7 款			
报警	7	误、漏报警防护范围与防拆保护抽查	第 8.3.2 条第 8 款			
	8 *	系统布防、撤防、旁路和报警显示	第 8.3.2 条第 8 款			
	9	联动功能	第 8.3.2 条第 8 款			
	10	直接或间接联网功能，联网紧急报警响应时间	第 8.3.2 条第 8 款			
视频安防监控	11	系统监控功能	第 8.3.2 条第 9 款			
	12 *	监视与回放图像质量	第 8.3.2 条第 9 款			
	13	操作与控制	第 8.3.2 条第 9 款			
	14	显示标识	第 8.3.2 条第 9 款			
	15	电梯轿厢监控	第 8.3.2 条第 9 款			
出入口控制	16	系统功能与信息存储	第 8.3.2 条第 10 款			
	17	控制与报警	第 8.3.2 条第 10 款			
	18	联网报警与控制	第 8.3.2 条第 10 款			
访客对讲（可视）	19	系统功能	第 8.3.2 条第 11 款			
	20	通话质量	第 8.3.2 条第 11 款			
	21	图像质量	第 8.3.2 条第 11 款			
电子巡查	22	数据显示归档查询打印	第 8.3.2 条第 12 款			
	23	即时报警	第 8.3.2 条第 12 款			
停车库（场）	24	紧急报警装置	第 8.3.2 条第 13 款			
	25	电视监视	第 8.3.2 条第 13 款			
	26	管理系统工作状况	第 8.3.2 条第 13 款			
监控中心	27	通信联络	第 8.3.2 条第 14 款			
	28	自身防范与防火措施	第 8.3.2 条第 14 款			
检查结果 K_J（合格率）：			技术验收结论：			
技术验收组（人员）签名：			验收日期：			

注：1. 在检查结果栏，选符合实际情况的空格内打“√”，并作为统计数。

2. 检查结果统计：K_J（合格率）=［合格率＋基本合格数×0.6］/项目检查数（项目检查数如无要求或实际缺项未检查的，不计在内）。

3. 验收结论：K_J（合格率）≥0.8 判为通过；$0.8 > K_J \geq 0.6$ 判为基本通过；$K_J < 0.6$ 判为不通过。

4. * 为重点项目，检查结果只要有一项不合格，即判为不通过。

表1-23 资料验收审查记录表

工程名称：							
序号	审查内容	审查情况					
		完整性			准确性		
		合格	基本合格	不合格	合格	基本合格	不合格
1	设计任务书						
2	合同（或协议书）						
3	初步设计论证意见（含评审委员会小组人员名单）						
4	通过初步设计论证的整改落实意见						
5	正式设计文件和相关图纸						
6	系统试运行报告						
7	工程竣工报告						
8	系统使用说明书（含操作说明及日常简单维护说明）						
9	售后服务条款						
10	工程初验报告（含隐蔽工程、随工）						
11	工程竣工核算报告						
12	工程检验报告						
13	图纸绘制规范要求	合格		基本合格		不合格	
审查结果 K_Z（合格率）统计：		审查结论					
审查组（人员）签名：						日期：	

注：1. 审查情况栏内分别根据完整准确和规范要求，选符合实际情况的空格内打“√”，并作为统计数。

2. 对三级安全防范系统，序号第3、4、12项内容可简化或省略，序号第7、10项内容可简化。

3. 审查结果统计：K_Z（合格率）=［合格数+基本合格数×0.6］/项目审查数，（项目审查数如不作要求的，不计在内）。

4. 审查结论：K_Z（合格率）≥0.8判为通过；$0.8>K_Z\geqslant 0.6$，判为基本通过；$K_Z<0.6$，判为不通过。

表1-24 验收结论汇总表

工程名称		设计、施工单位
施工验收结论		验收人签名： 年 月 日
技术验收结论		验收人签名： 年 月 日
资料审查结论		审查人签名： 年 月 日
工程验收结论		验收委员会（小组）主任、副主任（组长、副组长）签名

（续）

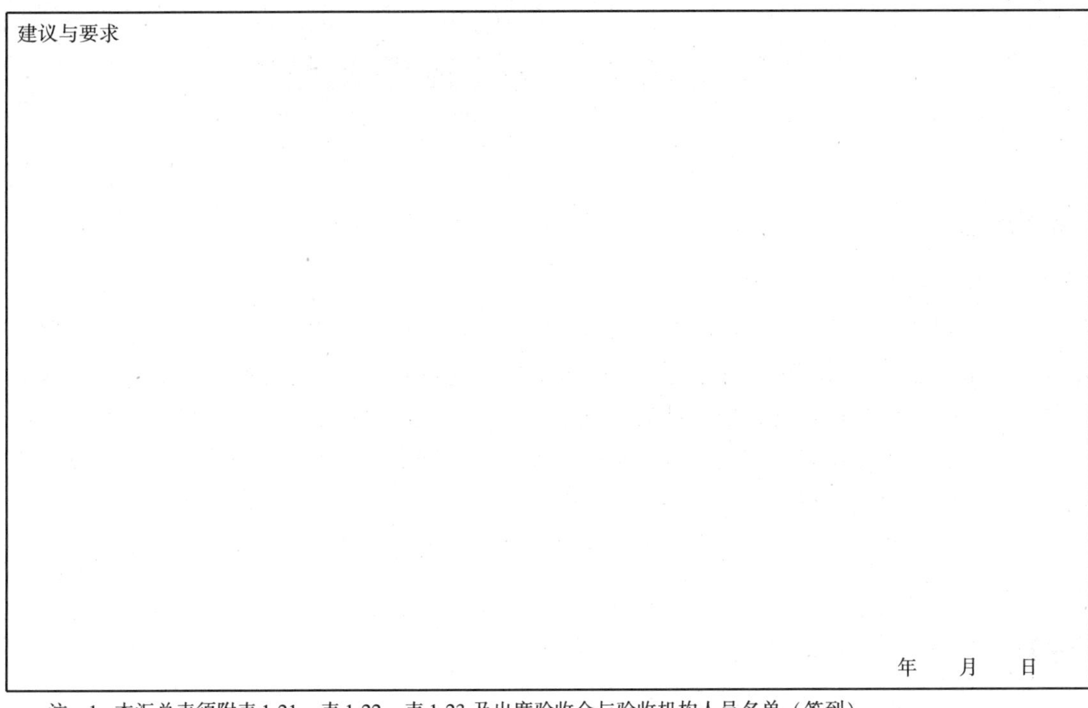

建议与要求   年 月 日

注：1. 本汇总表须附表1-21、表1-22、表1-23及出席验收会与验收机构人员名单（签到）。
2. 验收（审查）结论一律填写“通过”或“基本通过”或“不通过”。

四、任务总结

视频监控系统的检测和验收是为了有效保证系统质量和后续运行维护，因此，必须引起重视。学习视频监控系统的检测和验收必须熟悉系统检查和验收前必须具备的条件，必须熟悉检测和验收的程序、步骤和方法。在进行系统检测和验收时，要恪守自己的职业道德，以高度的责任心，认真细致地去完成工作。

五、效果测评

视频安防监控系统的检测和验收是十分重要的工作，是系统质量保证的重要保证。试完成以下简答题。

1）描述视频监控系统的检测主要包含哪些内容？

2）讨论视频监控系统的验收方法和步骤。

学习情境2　入侵报警系统

情境描述

入侵报警技术是传感技术、电子技术、通信技术、计算机技术以及现代光学技术相结合的综合性应用技术，主要用于探测非法入侵和防控盗窃。它是利用传感器技术和电子信息技术探测并指示非法进入或试图非法进入设防区域（包括主观判断面临被劫持或遭抢劫或其他紧急情况时，故意触发紧急报警装置）的行为、处理报警信息、发出报警信号的电子系统或网络。在任何需要防范的地方均可利用各种不同类型的探测器构成点、线、面、空间等警戒区，可将它们交织在一起形成多层次、全方位的交叉防范体系，一旦有不法分子入侵或是发生其他异常情况，即可发出声光报警信号，并显示报警的部位，组网系统还可以向上一级接警中心报警。

任务分析

根据入侵报警系统的工程实践，对入侵报警系统学习情境配置了4个学习任务，分别是：

1）入侵报警系统工程识图。

2）入侵报警系统配置。

3）入侵报警系统设备安装与调试。

4）入侵报警系统检测与验收。

任务1　入侵报警系统工程识图

一、任务描述

入侵报警系统工程识图主要是指工程施工图的识读。入侵报警系统施工图所有图形和符号都须符合公安部颁布的《安全防范系统通用图形符号》GA/T 74—2017的规定。入侵报警系统施工图是工程施工、编制施工预算和施工组织设计的依据，也是进行技术管理的重要技术文件。因此，掌握入侵报警系统施工图的识读是十分重要的。其他图形文件，如安装图、原理图等在本任务中不做特别介绍。本任务的学习目标为：

1）熟悉入侵报警系统施工图的图例。

2）掌握入侵报警系统施工图设计说明、材料表的阅读方法。

3）掌握入侵报警系统系统图的阅读方法。

4）掌握入侵报警系统施工平面图的阅读方法。

5）熟悉入侵报警系统原理图、框图的阅读方法。

二、任务信息

1. 入侵报警系统识图图例

从中华人民共和国公共安全行业标准《安全防范系统通用图形符号》GA/T 74—2017，摘录部分入侵报警系统图例见表 2-1。

表 2-1　部分入侵报警系统图例

序　号	设备名称	英语名称	图形符号	说　　明
4201	主动红外入侵探测器	active infrared intrusion detector	Tx - - IR - - Rx	Tx 代表发射机 Rx 代表接收机
4202	遮挡式微波入侵探测器	microwave interruption intrusion detector	Tx - - M - - Rx	Tx 代表发射机 Rx 代表接收机
4203	激光对射入侵探测器	thru-beam laser intrusion detector	Tx - - LD - - Rx	Tx 代表发射机 Rx 代表接收机
4204	光纤振动入侵探测器	optical fiber vibration intrusion detector	T/R - - OF - - □	
4205	振动电缆入侵探测器	vibration cable intrusion detector	T/R - - CV - - □	
4206	张力式电子围栏	taut electronic fence	T/R - - TF - - □	
4207	脉冲电子围栏	pulse electronic fence	T/R - - EF - - □	
4208	周界防范高压电网装置	perimeter protection high-voltage device	T/R - - HV - - □	
4209	泄漏电缆入侵探测装置	leaky cable intrusion detecting device	T/R - - LC - - □	
4210	甚低频感应入侵探测器	VLF inductive intrusion detector	T/R - - VLF - - □	
4211	被动红外探测器	passive infrared detector	IR	
4212	微波多普勒探测器	microwave Doppler detector	M	
4213	超声波多普勒探测器	ultrasonic Doppler detector	U	
4214	微波和被动红外复合入侵探测器	combined microwave and passive infrared intrusion detector	IR/M	
4215	振动入侵探测器	vibration intrusion detector	A	

（续）

序 号	设备名称	英语名称	图形符号	说 明
4216	声波探测器	acoustic detector (airborne vibration)	q	
4217	振动声波复合探测器	combined vibration and airborne detector	A/q	
4218	被动式玻璃破碎探测器	passive glass-break detector	B	
4219	压敏探测器	pressure-sensitive detector	P	
4220	商品防盗探测器	EAS detector		
4221	磁开关入侵探测器	magnetic switch intrusion detector		
4222	紧急按钮	panic button switch		
4223	钞票夹开关	money clip switch		
4224	紧急脚挑开关	emergency foot switch		
4225	压力垫开关	pressure pad switch		
4226	扬声器	loudspeaker		见GB/T 4728.9—2008中的S01059（在此标准中的序号，下同）
4227	报警灯	warning light		
4228	警号	siren		
4229	声光报警器	audible and visual alarm		

（续）

序　号	设备名称	英语名称	图形符号	说　明
4230	警铃	bell		
4231	保安电话	security telephone	S	
4232	模拟显示屏	analog display panel		入侵和紧急报警系统中用于报警地图的模拟显示
4233	辅助控制设备	ancillary control equipment	ACE	入侵和紧急报警系统用
4234	防护区域收发器	supervised premises transceiver	SPT	入侵和紧急报警系统用
4235	报警控制键盘	alarm control keyboard	ACK	
4236	控制指示设备	control and indicating equipment	CIE	防盗报警控制器
4237	报警信息打印设备	alarm information printer		
4238	电话报警联网适配器	network adaptor for alarm by telephone		
4239	入侵和紧急报警系统控制计算机	computer for intrusion and hold-up alarm system control	I&HAS	

2. 入侵报警系统识图常识

（1）入侵报警系统施工图　入侵报警系统施工图包括图纸目录与设计说明、系统图、平面图、主要设备材料表等资料。

图纸目录、设计说明和主要设备材料表的作用在学习情境 1 中已做介绍，这里不再描述。

系统图确定入侵报警系统所用设备和器材的相互联系，确定各类探测器、报警控制器、中心控制设备等的性能、数量等。通过阅读系统图，了解系统基本组成之后，就可以依据平面图编制工程预算和施工方案，然后组织施工。

每层、每部分的平面图用来表示设备的编号、名称、型号及安装位置，确定传输线的走向，线路的起始点、敷设部位、敷设方式及所用导线型号、规格、根数、管径大小等。

(2) 入侵报警系统安装图　入侵报警系统安装图是详细表示设备安装方法的图纸，对各部件都有具体图形和详细尺寸的标注。

(3) 入侵报警系统原理图　入侵报警系统原理图按照一定的规律将设备和器材连接起来，可研究整个系统的来龙去脉，了解信号在整个系统内处理过程，进而分析出整个系统的工作原理。图2-1所示为某劳教所入侵报警系统原理图，图中红外主动探测器和双鉴防盗探测器图形符号以GA/T 74—2017为准。

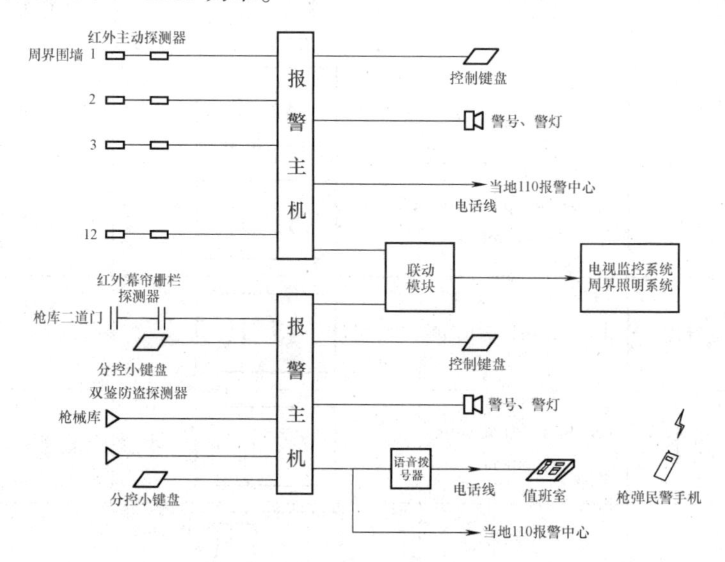

图2-1　某劳教所入侵报警系统原理图

三、任务实施

本任务实施以学习情境1中某科研办公楼的安防系统设计为例。

1. 某科研办公楼入侵报警系统设计说明

在识读入侵报警系统图时，首先应了解设计说明的内容。从设计说明中可以获知，系统报警主机设置在监控中心。在大楼的不同功能区域，根据防护要求的不同，设置了不同类型的前端探测器。例如，财务室有较高的安全要求，不仅要在财务室无人时能入侵报警，而且在紧急情况下也能报警，因此，在财务室不仅安装了吸顶式微波和被动红外复合入侵探测器，而且还安装有紧急按钮和紧急脚挑开关。从设计说明中，可以方便地获知科研楼安装有哪些探测器，分别安装在哪些功能区域。

2. 某科研办公楼入侵报警系统材料表

某科研办公楼入侵报警系统材料表列出了各报警设备的名称、规格、符号、单位、数量等，为工程造价做基础资料。

3. 某科研办公楼入侵报警系统系统图

从系统图可以了解某科研办公楼入侵报警系统的总体情况，如科研楼总计5层，各层报警探测器安装类型及安装数量；又如，二层安装有 5 个被动红外微波双技术探测器、6 个被动红外探测器和 3 个门磁开关。系统报警主机在一层监控中心，各报警控制分机安装在弱电竖井，其供电由监控中心集中供电。各报警控制分机以总线方式与报警主机组网，传输报警信号，当系统报警时，监控中心报警主机控制声、光报警装置报警，并输出报警联动信号给视频监控系统。从系统图中还可以看出，各类前端探测器所使用的信号线和电源线的类型和规格，如采用 $6\times0.5mm^2$RVV 软线；报警控制主机和分机的连接总线采用 $0.5mm^2$ 带屏蔽的 RVVSP 软线；电源线采用 $1.5mm^2$RVV 软线。图 2-2 所示为某科研楼入侵报警系统系统图。

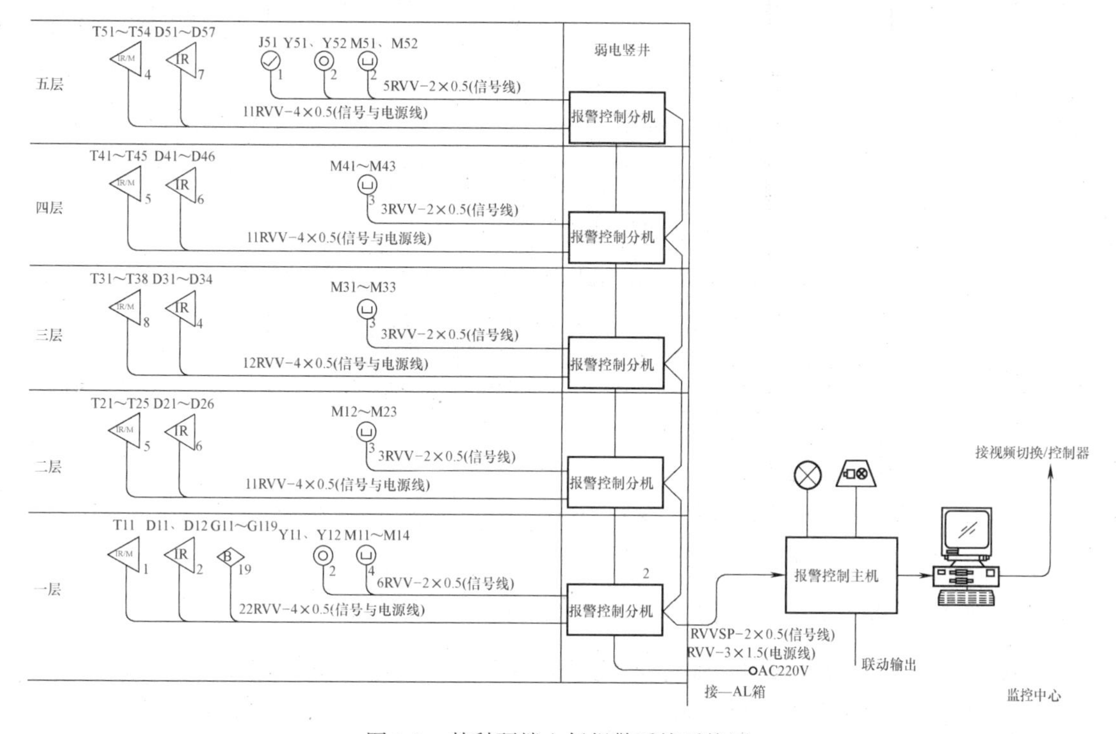

图 2-2 某科研楼入侵报警系统系统图

4. 某科研办公楼入侵报警系统平面图

以 5 层楼入侵报警系统平面图为例，如图 2-3 所示，平面图上可以看出 5 层各功能区域的分布情况，每个功能区域探测器的安装位置、管线敷设方式和走向。例如，书库中的被动红外微波双技术探测器安装在书库和阅览室的门口处，电源线和信号线采用 RVV 软线，穿 DN25 焊接钢管吊顶内敷设，最后汇入中庭桥架接入 5 层报警控制分机。各功能区域探测器线缆最后都汇入中庭桥架，并由桥架引入弱电竖井。

四、任务总结

能识读入侵报警系统施工图是每位学生必须掌握的一项基本技能，识读防盗入侵报警系统施工图最基本的是掌握相关建筑识图的基本常识，入侵报警系统基本知识，入侵报警系统的图例，管线敷设的常用材料和方法等。只有掌握这些基本知识，才能较好地识图，并注意多练习。

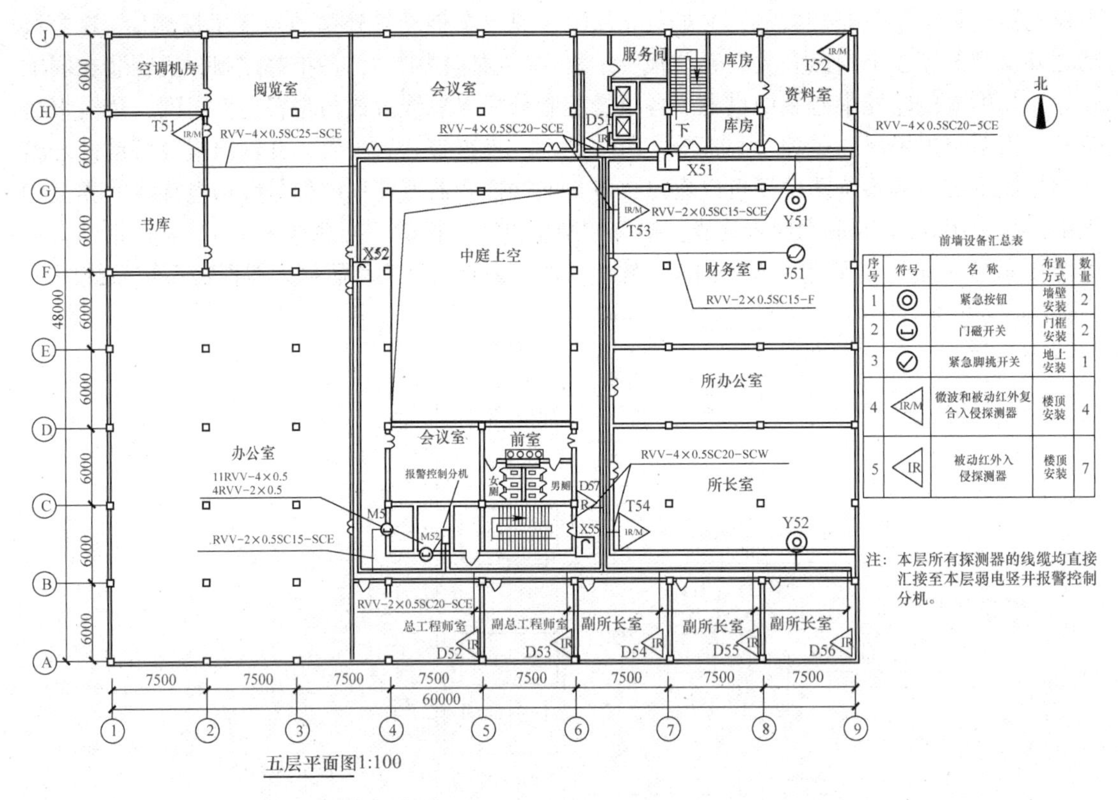

前墙设备汇总表

序号	符号	名称	布置方式	数量
1	◎	紧急按钮	墙壁安装	2
2	(门磁符号)	门磁开关	门框安装	2
3	(✓圆形符号)	紧急脚挑开关	地上安装	1
4	IR/M	微波和被动红外复合入侵探测器	楼顶安装	4
5	IR	被动红外入侵探测器	楼顶安装	7

图 2-3 某科研办公楼 5 层入侵报警、电子巡查系统平面图

五、效果测评

识读图 2-3 所示的某科研办公楼 5 层入侵报警系统平面图，并回答下列问题：

1）请找出平面图中 T51 ~ T54 被动红外微波双技术探测器在相应楼层的安装位置并说明其管线的具体敷设情况。

2）5 层的报警控制分机安装位置，并说出具体的平面图坐标。

任务 2 入侵报警系统配置

一、任务描述

根据 GB 50348—2004《安全防范工程技术规范》和 GB 50394—2007《入侵报警系统工程设计规范》中的内容，不同风险等级安防对象有不同的系统配置要求，设备选型上要根据防护要求和设防特点合理选择设备，包括探测器、传输介质、控制设备、管理软件等。因此，有必要对各种防盗报警设备和器材的特点（包括各种技术指标及其质量情况）、适用范围及其局限性有所了解。

本任务的主要学习目标有：

1）掌握入侵报警系统的基本组成。

2）掌握入侵报警系统常用设备的作用及特点。

3）了解入侵报警系统设备配置的基本方法。

二、任务信息

1. 入侵探测报警系统的组成

入侵探测与报警技术是将先进的科学技术（如传感器技术、电子技术、计算机技术、通信技术等）应用于探测非法入侵和防止盗窃等犯罪活动。

入侵探测报警系统是各种类型的安全防范报警技术系统中应用最广泛的一种，它可以协助人们防范入侵、盗窃。

在防范区内利用不同种类的入侵探测器可以构成警戒点、警戒线、警戒面或空间警戒区，形成一个多层次、多方位的立体交叉安全防范报警网。一旦发生入侵，入侵探测报警系统立即发出声、光报警信号，并显示出报警的具体地址，通知值班人员立即采取必要的措施，并且还可以自动向上一级接警中心报警。

入侵探测报警系统的组成如图2-4所示，它包括前端设备、传输设备、处理/控制/管理设备。前端设备包括一个或多个探测器；传输设备包括电缆、数据采集和处理器（地址编解码器/发射接收装置）；控制设备包括控制器或中央控制台，控制器/中央控制台应包含控制主板、电源、声光指示、编程、记录装置以及信号通信接口等。

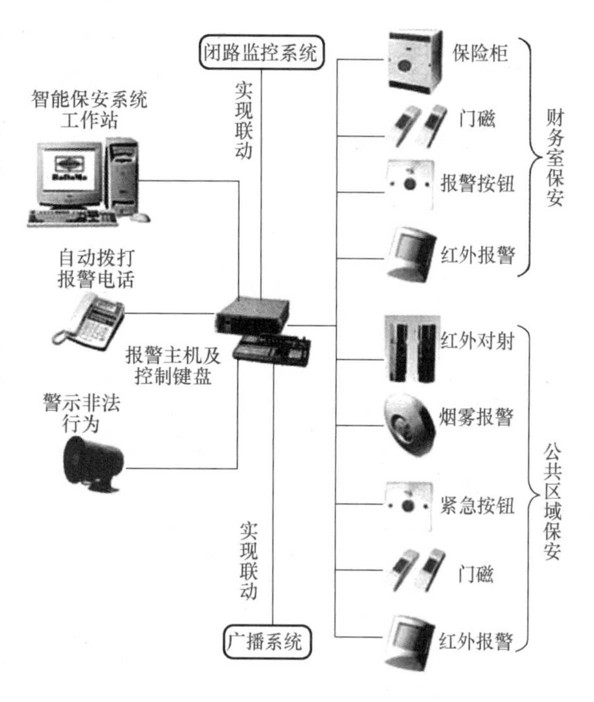

图2-4 入侵探测报警系统的组成

入侵报警系统组建模式有有线制、总线制、无线制等，如图2-5所示。在入侵报警系统组建模式图中，8个带拆动检测功能的有线防区，其探测器以有线方式接入报警主机；32个无线防区，其探测器以无线方式接入报警主机。另外，系统中还有32个双向无线开关，8个双向无线警号，16个可编程控制遥控器也都以无线方式接入报警主机；报警主机还可通过单防区报警模块，以总线方式将探测器接入到主机，采用总线延长器还可以扩展单防区模块数量，从而扩展防区数量。报警主机还可以通过PSTN电话网模式、TCP/IP网络模式和GSM/GPRS无线传输模式，将报警信息上传到接警中心。

2. 入侵报警系统的主要设备

（1）探测器　探测器是由电子和机械部件组成的，用来探测入侵者的移动或其他不正常信号从而产生报警信号的装置。探测器通常由传感器和信号处理器组成。在入侵探测器中，传感器将被测的物理量（如位移、速度、振动、冲击、温度、光强等）转换成易于精确处理的电量（如电流、电压等）。入侵探测器从不同角度可以有如下不同的分类：

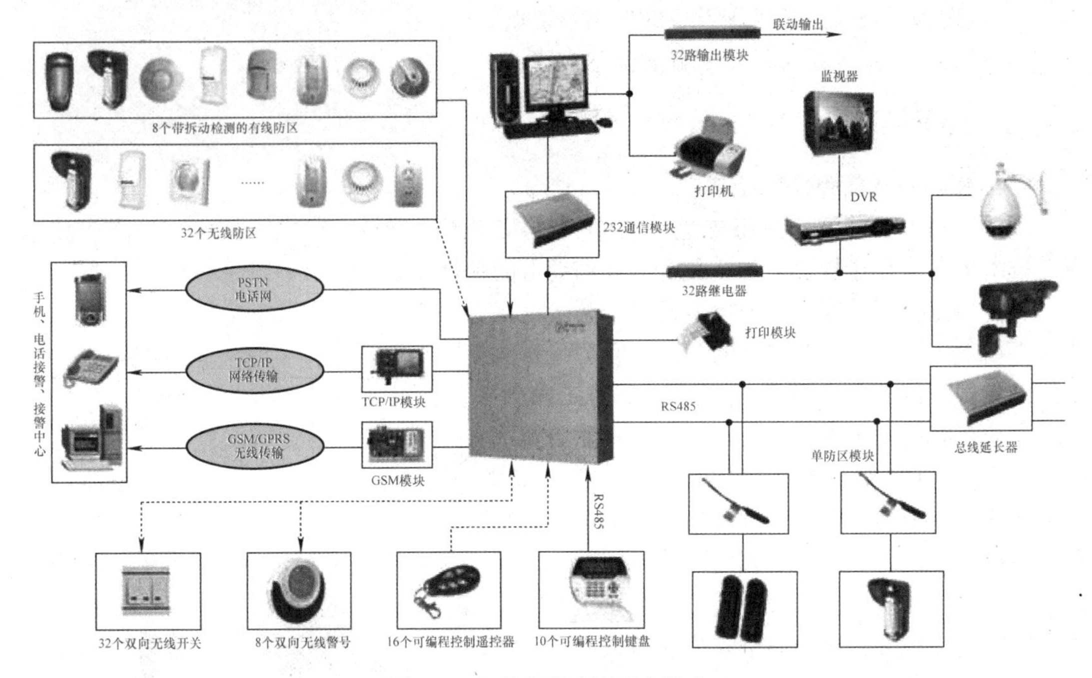

图 2-5 入侵报警系统组建模式

按探测器的探测原理不同或应用的传感器不同可分为：雷达式、微波墙式、主动式红外、被动式红外、开关式、超声波式、声控式、振动式、玻璃破碎式、电场感应式、电容变化式、视频式、微波-被动红外双技术、超声波-被动红外双技术探测器等。

按探测器的警戒范围可分为：点型、线型、面型及空间型探测器。点型的警戒范围是一个点，线型的警戒范围是一条线，面型的警戒范围是一个面，空间型的警戒范围是一个空间。

按探测器输出的开关信号不同可分为：常开型探测器、常闭型探测器以及常开/常闭型探测器。

下面介绍一些常见的入侵报警探测器。

1）微波探测器（微波报警器）：微波探测器是利用微波能量来辐射和探测的探测器，即利用频率为 300～300000MHz 的电磁波对运动目标产生的多普勒效应构成的探测器，也称多普勒式微波探测器。

所谓多普勒效应是指微波探头与探测目标之间做相对运动时，接收的回波信号频率会发生变化。探头接收的回波（反射波）与发射波之间的频率差就称为多普勒频率 f_d，它等于 $2v/c \times f_0$（式中，v 为目标与探头相对运动的径向速度，c 为光速，f_0 为探头的发射微波频率）。亦即，微波探头产生固定频率 f_0 的连续发射信号，当遇到运动目标时，由于多普勒效应，反射波频率变为 $f_0 \pm f_d$，通过接收天线送入混频器产生差频信号 f_d，经放大处理后再传输至控制器。此差频信号也称为报警信号，它触发控制电路报警或显示。这种报警器对静止目标不产生多普勒效应（$f_d = 0$），没有报警信号输出。它一般用于监控室内目标。

2）主动红外探测器：主动红外探测器由发射机和接收器两部分组成，如图 2-6 所示。常用于室外围墙报警，它总是成对使用：一个发射，一个接收。发射机发射出一束不可见的红外线，由被安装在防护区另一端的接收器所接收，这样就形成一道红外警戒线。当被探测目标入侵警戒线时，红外光束被部分或全部遮挡，接收器接收到的信号发生变化，经放大处理后发出报警信号，即触发红外探测器产生报警输出。主动红外探测器的特点是隐蔽性好，监控距离较远，可长达百米以上，灵敏度较高，通常将触发报警器的最短遮光时间设计成0.02s，这相当于人用跑百米的速度穿过红外光束的时间。同时，主动红外探测器还具有体积小、重量轻、耗电少、操作安装简便、价格低廉等优点。

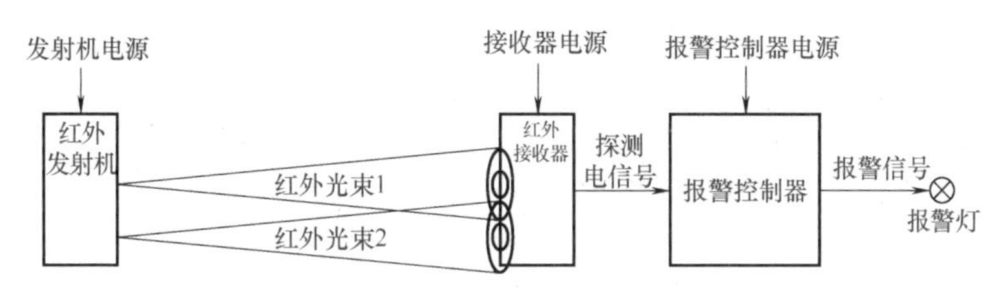

图2-6　主动红外入侵探测器

3）激光探测器：激光探测器在组成结构和外形上与主动红外探测器基本一样，只是发射机发射和接收器接收的是看不见的激光光束警戒线。当有目标入侵警戒线时，激光光束被遮挡，接收器接收到的光信号发生突变，发出报警信号。激光具有亮度高、方向性强的特点，所以激光探测器十分适合于远距离的线控报警检测。图2-7所示为某对射型激光探测器。

4）被动红外探测器：被动红外探测器不向空间辐射能量，而是依靠接收人体发出的红外辐射来进行报警的。人体表面温度36℃，大部分辐射能量集中在8～12μm的波长范围内。图2-8所示为被动红外探测器。

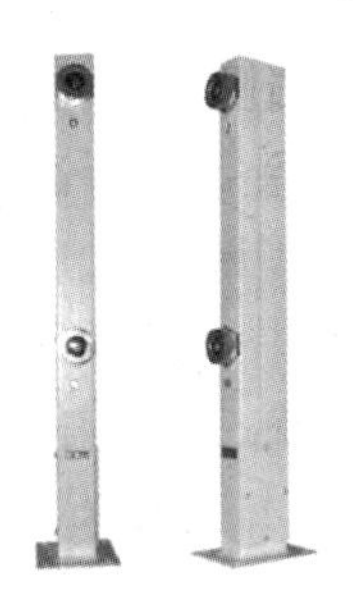

图2-7　某对射型激光探测器

图2-8　被动红外探测器

被动红外报警器在结构上可分为红外探测器（红外探头）和报警控制两部分。红外探测器目前用得最多的是热释电探测器，它作为人体红外辐射转变为电量的传感器。在探测区域内，人体透过衣饰的红外辐射能量被探测器的透镜接受，并聚焦于热释电传感器上。被动红外探测器的特点是它属于空间控制型探测器。由于其本身不发射能量，因此就隐蔽性而言优于主动红外探测器。另外，其功耗更低，普通电池就可以维持其长时间的工作。

5）微波-被动红外双技术探测器：为减少报警器误报问题，人们提出互补双技术方法，即把两种不同探测原理的探测器结合起来，组成所谓双技术的组合报警器，又称双监报警器。微波-被动红外双技术探测器适用于室内防护目标的空间区域警戒。它误报少、可靠性高、安装使用方便（对环境条件要求宽），但价格较高、功耗也较大。

6）玻璃破碎探测器：玻璃破碎探测器是专门用来探测玻璃破碎功能的一种探测器，当入侵者打碎玻璃试图作案时，即可发出报警信号。按照工作原理的不同，玻璃破碎探测器大体可分为两大类，一类是声控型的单技术玻璃破碎探测器；另一类是双技术玻璃破碎探测器，这其中又分为两种：一种是声控型与振动型组合在一起的双技术玻璃破碎探测器，另一种是同时探测声波及玻璃破碎高频声响的双技术玻璃破碎探测器。图2-9所示为玻璃破碎探测器。

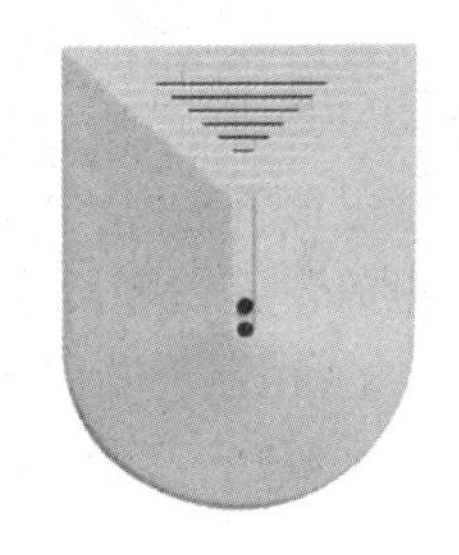

图2-9　玻璃破碎探测器

7）开关报警器：开关报警器可以把防范现场传感器的位置或工作状态的变化转换为控制电路通断的变化，并以此来触发报警电路。由于这类报警器的传感器工作状态类似于电路开关，故称为“开关报警器”，它属于点控型报警器。常见的开关报警器有：

① 紧急报警开关：当在银行、家庭、机关、工厂等各种场合出现入室抢劫、盗窃等险情时，往往需要采用人工操作来实现紧急报警。这时可采用紧急报警按钮、脚挑开关或脚踏开关。它们安装在隐蔽之处，需要由人按下其按钮来接通实现报警。要解除报警也必须要由人工复位。

② 微动开关：是一种依靠外部机械力的推动，实现电路通断的电路开关。可以将其安装在门框或窗框的合页处，当门、窗被打开时，开关触点断开，通过电路启动报警装置发出报警信号。其特点是：结构简单、安装方便、价格便宜、防振性能好、触点可承受较大的电流，而且可以安装在金属物体上。缺点是抗腐蚀性及动作灵敏程度不如后述的磁控开关。

③ 磁控开关：全称为磁开关入侵探测器，又称门磁开关，它是由带金属触点的两个簧片封装于其中且充有惰性气体的玻璃管和一块磁铁组成。

图2-10所示为开关型报警器，从左到右分别为报警紧急开关、微动开关和磁控开关。

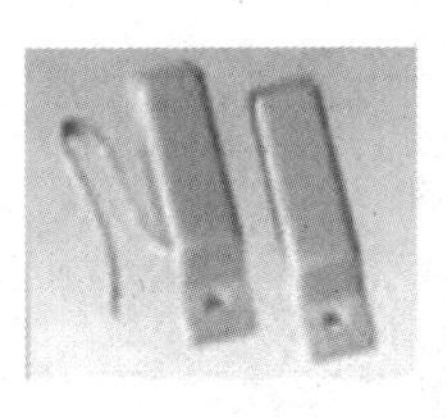

图2-10　开关型报警器

8）振动入侵探测器：振动入侵探测器是一种在警戒区内能感应入侵者引起的机械振动而发出报警的探测装置。如凿墙、钻洞、撬保险柜等破坏活动，都会引起这些物体的振动，以这些振动信号来触发报警的探测器就称为振动探测器，振动探测器基本上属于面控制型探测器，可以用于室内，也可以用于室外。

9）其他各类探测器：如声控报警探测器、泄漏电缆探测器、平行电场探测器、视频移动探测器等。

（2）信道　信道是探测电信号传送的通道，通常分为有线信道和无线信道。有线信道是指探测电信号通过双绞线、电话线、电缆或光缆向控制器或控制中心传输，常用的有并行传输的多线制、串行传输的总线制和多线制总线制混合型三种。无线信道则是对探测电信号先调制到专用的无线电频道由发送天线发出，控制器或控制中心的无线接收机将空中的无线电波接收下来后，解调还原出控制报警信号。

（3）报警控制器　报警控制器也称为报警主机，是接收来自探测器的电信号后，判断有无警情的神经中枢，报警控制器由信号处理和报警装置组成。若探测电信号中含有入侵者的入侵信号时，信号处理器会发出报警信号，报警装置发出声或光报警，引起工作人员的警觉。报警控制器按照入侵防范规模的大小，可以分为小型报警控制器、区域报警控制器和集中型报警控制器。小型报警主机如图 2-11 所示。

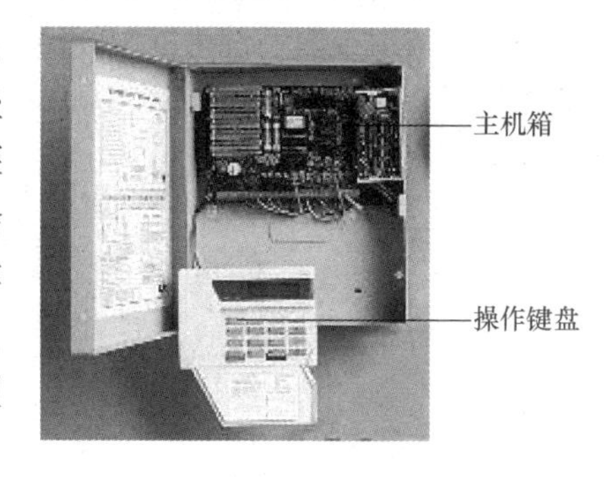

图 2-11　小型报警主机

报警主机的基本功能主要有以下几个方面：

1）布防与撤防功能：报警主机可手动布防或撤防，也可以定时对系统进行自动布防、撤防。在正常状态下，监视区的探测设备处于撤防状态，不会发出报警；而在布防状态下，如果探测器有报警信号向报警主机传来，则立即报警。

2）布防延时功能：如果布防时操作人员尚未退出探测区域，那么就要求报警主机能够自动延时一段时间，等操作人员离开后布防才生效，这是报警主机的布防延时功能。

3）防破坏功能：当有人对报警线路和设备进行破坏，发生线路短路或断路，设备被非法撬开等情况时，报警主机会发出报警，并能显示线路故障信息。

4）报警联动功能：遇有报警时，报警主机的联动输出端可通过继电器接点闭合执行相应的动作，可使报警系统与视频监控系统联动，使报警部位对应的监视摄像机自动切换到报警监视器上，并显示报警部位图像画面，自动录像。

5）自检保护功能：报警主机应能对报警系统进行自检，使各个部分处于正常工作状态。

（4）验证设备　验证设备及其系统，即声、像验证系统，由于报警器不能做到绝对的不误报，所以往往附加视频监控和声音复核等验证设备，以确切判断现场发生的真实情况，避免警卫人员因误报而疲于奔波。视频验证设备又发展成为视频运动探测器，使报警与监视功能合二为一，减轻了监视人员的劳动强度。

（5）其他配套部分　当报警控制器确认有报警信号输入时，将输出信号驱动联动继电器模块，使声光报警器工作发出声音和产生光的变化，提醒工作人员。图 2-12 所示为联动继电器模块和声光报警器。警卫力量根据监控中心（即报警控制器）发出的报警信号，迅速前往出事地点，抓获入侵者，中断其入侵活动。没有警卫力量，也不能算做一个完整的报警系统。

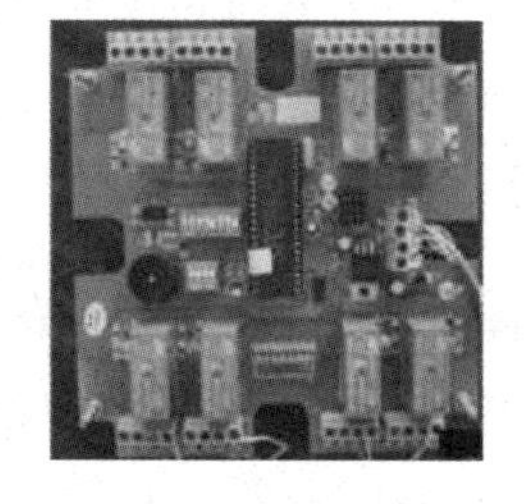
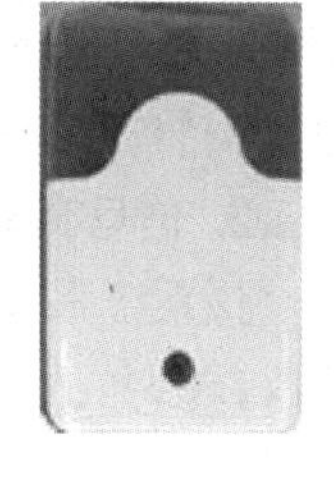

图 2-12　联动继电器模块和声光报警器

三、任务实施

某大型工厂有 5 个厂区，分布比较分散，厂区之间通过光纤布置局域网。厂方现在要求对每个厂区安装防盗报警系统，在管理中心进行集中管理。根据该项目的具体设计要求和实际情况，该系统采用了一切有效的探测手段，使用总线扩展的方式来实现系统的可扩展性和易操作性，利用工厂的局域网将主机连接起来，使用计算机对系统进行有效的管理，并可实现与视频和楼宇自动化系统的联动。

该工厂防盗报警系统由前端探测器、信号传输、控制器以及联网通信部分组成。系统拓扑结构如图2-13所示。

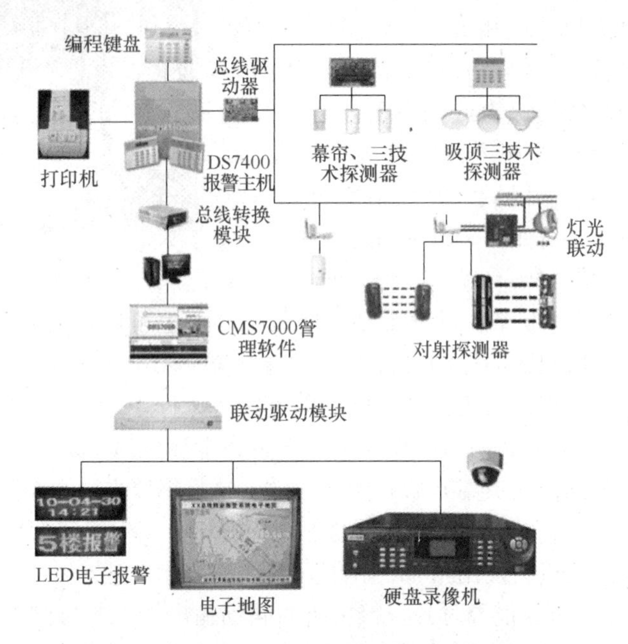

图2-13 某工厂防盗报警系统拓扑结构图

1. 前端探测器

厂区周边的防护十分重要，是防止入侵者入侵的第一道防线，因此，在每个厂区周边都安装主动式红外对射探测器DS453Q，该探测器可探测距离为110m；为防止入侵者从窗户入侵，在厂区的办公室、车间等区域的窗户适当位置安装幕帘式被动红外探测器DS920i、玻璃破碎探测器DS1101i；同时在办公室和车间适当位置安装微波、红外和人工智能三技术探测器DS860或吸顶式三技术探测器DS9360，以侦测入侵者的空间活动；在财务室等特别重要的场所，还要加装紧急按钮；在车间的个别位置为防止入侵者通过破坏墙等物防设施入侵，安装振动探测器DS1525。

2. 信号传输

该系统采用DS7400总线制报警主机，由于探测器分布较为复杂，所以主机和总线扩展模块（DS7432，DS7457i）之间的信号传输要求较高，有距离限制，在本系统中采用RVV4×1.5信号线作为总线。前端探测器与总线扩展模块之间的信号传输方式采用有线形式，可采用RVV4×1.0的信号线连接。探测器的电源由每个区域集中供应，可采用RVV4×1.5的线路。

控制主机使用RS232方式传送信号至管理中心，而由于区域之间已经有局域网，因此控制主机之间可考虑采用RS232转TCP/IP的方式进行连接。

3. 控制部分

由于该系统需要防护的区域多，探测器种类也有多种，对系统的管理也提出了更高的要求，不是一般的小型防盗报警系统，因此综合各种因素，采用了BOSCH公司的DS7400防盗报警系统。

该系统使用 DS7400XI 防盗主机进行控制，每个防盗主机可以使用总线扩展的方式最多控制 248 个防区，而且防盗主机同时提供 RS232 接口和计算机联网通信，使用 CMS7000 软件可以有效地对本系统进行集成管理，另外该主机还可以提供电话接口，并提供目前世界上联网报警系统常用的通信协议，为与 110 系统联网提供可能。

本方案共采用 5 台 DS7400 主机，最多可支持 1240 个防区，每个防区可以布置三技术红外探测器、幕帘式探测器、红外对射传感器、振动传感器、玻璃破碎探测器、紧急按钮等。该系统采用总线制的方式，布线简单，安装方便。控制中心由计算机统一管理，实时监控防区的状态正常与否。

4. 联动部分

DS7400XI 防盗主机可提供系统集成接口，具体接口方式有两种，一种是提供软件通信协议；一种是提供报警输出信号，直接驱动相关设备，如可联动视频切换、联动电子地图、打开某一照明设备等。

四、任务总结

入侵报警系统配置首先要了解系统的一般组成，如入侵报警系统由前端探测器、信道、控制设备和验证设备组成。其次，要掌握入侵报警系统各组成部分的常用设备及其特点。最后，根据建筑物特点和入侵报警系统的安防要求，选择相应的入侵报警设备。当然在进行设备配置时，最好选择同一品牌的产品，这样设备的兼容性好，系统的可靠性高。

五、效果测评

通过学习入侵报警系统配置任务，回答以下问题：

1）入侵报警系统的基本组成是什么？各自作用分别是什么？

2）探测器的核心是什么？其主要作用是什么？

3）入侵报警探测器的种类有哪些？

任务 3　入侵报警系统安装与调试

一、任务描述

入侵报警系统的安装涉及前端探测器、管线敷设和控制设备的安装等内容，在本任务中主要学习了解前端探测器和控制设备的安装。掌握前端探测器和控制设备的安装方法，了解系统设备的性能特点和调试方法。本任务的具体目标为：

1）掌握常用探测器的安装方法及注意事项。

2）掌握报警控制设备的安装方法及注意事项。

3）了解入侵报警系统调试的一般方法及要求。

二、任务信息

1. 前端探测器安装

（1）微波多普勒型入侵探测器安装　微波多普勒型入侵探测器是室内空间型探测器，

一般距地面1.5~2.2m挂墙式安装。微波多普勒型入侵探测器的探头不应对准门帘、窗帘、电风扇、排气扇或门、窗等可能会动的部位，也严禁对着外墙外窗，避免受室外活动体的影响，这些都可能会成为移动目标而引起误报。当在同一室内需要安装两台以上的微波探测器时，它们之间的微波发射频率应当有所差异（一般相差25MHz左右），而且不要相对放置，以防交叉干扰，产生误报警。

（2）主动红外入侵探测器安装 主动红外入侵探测器安装时，红外光路中不能有可能阻挡物，如室内窗帘飘动、窗外树木晃动等。探测器安装方位应严禁阳光直射接收机透镜。周界需由两组以上收、发射机构成时，宜选用不同的脉冲调制红外发射频率，以防止交叉干扰。正确选用探测器的环境适应性能，室内用探测器严禁用于室外。室外用探测器的最远警戒距离，应按其最大射束距离的1/6计算。室外应用时要注意隐蔽安装。

（3）被动红外探测器安装 被动红外探测器的安装可根据视场探测模式，直接安装在墙上、顶棚上或墙角。探测器对横向切割（即垂直于）探测区方向的人体运动最敏感，故布置时应尽量利用这个特性达到最佳效果。图2-14所示为被动红外探测器不同安装位置的不同效果，图中*A*点布置的效果较好；*B*点正对大门，其效果较差。布置时要注意探测器的探测范围和水平视角。图2-15所示为被动红外探测器不同的安装位置，图2-15a为墙角安装，图2-15b为墙面安装，此外被动红外探测器还可以安装在顶棚上（也是横向切割方式），如图2-15c所示。安装时，要注意探测器的窗口与警戒的相对角度，防止“死角”。探测器不要对准加热器、空调出风口管道。警戒区内最好不要有空调或热源，如果无法避免热源，则应与热源保持至少1.5m以上的间隔距离。探测器不要对准强光源和受阳光直射的门窗。警戒区内不要有高大的遮挡物遮挡和电风扇叶片的干扰，也不要将探测器安装在强电处。

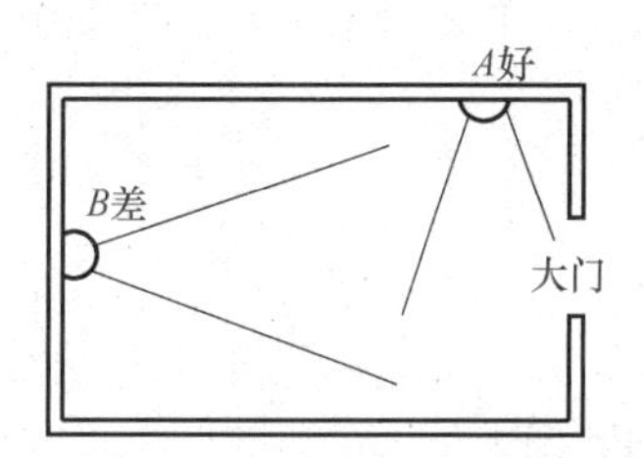

图2-14 被动红外探测器不同安装位置效果

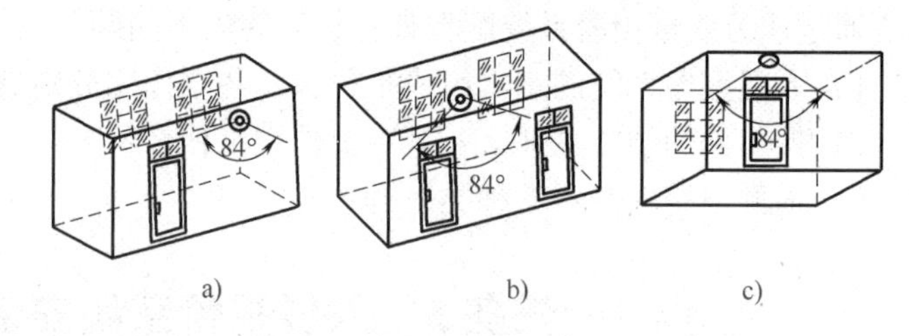

图2-15 被动红外探测器不同的安装位置

（4）微波/被动红外双技术探测器安装 此类探测器安装有壁挂式、吸顶式、楼道式多种。壁挂式微波/被动红外探测器，安装高度距地面2.2m左右，视场与可能入侵方向应成45°角为宜（若受条件所限，应首先考虑被动红外单元的灵敏度），探测器与墙壁的倾角视保护区域覆盖要求确定。布置和安装双技术探测器时，要求在警戒范围内两种探测器的灵敏度尽可能保持均衡。微波探测器一般对沿轴向移动的物体最敏感，而被动红外探测器则对横向切割探测区的人体最敏感，因此为使这两种探测传感器都处于较敏感状态，在安装微波/被动红外双技术探测器时，宜使探测器轴线与保护对象的方向成45°夹角。当然，最佳夹角还与视场图形结构有关，故实际安装时应参阅产品说明书而定。吸顶式微波/被动红外探测器，一般安装在重点防范部位上方附近的天花板上，应水平安装。楼道式微波/被动红外探测器，视场应面对楼道走向，安装位置以能有效封锁楼道为准，距地面高度2.2m左右。安装时应避开能引起两种探测技术同时产生误报的环境因素。防范区内不应有障碍物。

安装时探测器通常要指向室内，避免直射朝向室外的窗户。如果躲不开，应仔细调整好探测器的指向和视场。

(5) 玻璃破碎入侵探测器安装　玻璃破碎入侵探测器安装时应将声电传感器正对着警戒的主要方向。传感器部分可适当加以隐蔽，但在其正面不应有遮挡物。也就是说，探测器对防护玻璃面必须有清晰的视线，以免影响声波的传播，降低探测的灵敏度。安装时要尽量靠近所要保护的玻璃，尽可能地远离噪声干扰源，以减少误报警。不同种类的玻璃破碎探测器，根据其工作原理的不同，有的需要安装在窗框旁边（一般距离窗框5cm左右）；有的可以安装在靠近玻璃附近的墙壁或天花板上，但要求玻璃与墙壁或天花板之间的夹角不得大于90°，以免降低其探测力；有的可直接黏附在被防范玻璃内侧。窗帘、百叶窗或其他遮盖物会部分吸收玻璃破碎时发出的能量，特别是厚重的窗帘将严重阻挡声音的传播。在这种情况下，探测器应安装在窗帘背面的门窗框架上或门窗的上方。同时为保证探测效果，应在安装后进行现场调试。探测器不要装在通风口或换气扇的前面，也不要靠近门铃，以确保工作的可靠性。

(6) 磁控开关探测器安装　磁开关探测器的干簧管应安装在被防范物体的固定部分。安装应稳固，避免受猛烈振动，使干簧管碎裂。磁控开关不适用于金属门窗，因为金属易使磁场削弱，缩短磁铁寿命。此时，可选用钢门专门型磁控开关、微动开关或其他类型开关器件代替磁控开关。要经常注意检查永久磁铁的磁性是否减弱，否则会导致开关失灵。安装时要注意安装间隙。一般在木质门窗上使用时，开关盒与磁铁盒相距5mm左右；金属门窗上使用时，两者相距2mm左右。

(7) 振动入侵探测器安装　振动入侵探测器基本上属于面控制型探测器，可以用于室内，也可以用于室外报警。室内应用明敷、暗敷均可，通常安装于可能入侵的墙壁、天花板、地面或保险柜上。安装在墙壁或天花板上时应固定牢固，否则不易感受到振动。安装于墙体时，距地面高度2～2.4m为宜，传感器垂直于墙面。室外应用时通常埋入地下，深度在10cm左右，不宜埋入土质松软的地带。用于感应地面振动时，应将周围的泥土压实，否则振动波不易传到传感器。安装时应远离振动源，一般振动传感器应与电杆、树木、空调、冰箱等保持1～3m以上的距离。

2. 报警控制器安装

(1) 报警控制器安装　报警控制器安装在墙上时，其底边距地板面高度不应小于1.5m，正面应有足够的活动空间。报警控制器必须安装牢固、端正。安装在松质墙上时，应采取加固措施。现场报警控制器和传输设备应采取防拆、防破坏措施，并应设置在安全可靠的场所。在大型建筑楼宇中，控制器、控制盘通常安装在弱电竖井内的墙壁上，可用膨胀螺栓进行安装，盘内进出线可选用配管或金属线槽敷设。报警控制器应牢固接地，接地应有明显标志。

(2) 报警控制器的电缆或导线　引入报警控制器的电缆或导线应符合下列要求：

1) 配线应排列整齐，不准交叉，并应固定牢固。

2) 引线端部均应编号，所编序号应与图纸一致，且字迹清晰不易褪色。

3) 端子板的每个接线端，接线不得超过两根。

4) 电缆芯和导线留有不小于20cm的余量。

5) 导线应绑扎成束。

6）导线引入线管时，在进线管处应封堵。

3. 入侵报警系统调试

（1）一般要求

1）报警系统的调试应在建筑物内装修和系统施工结束后进行。

2）报警系统调试前应具备该系统设计时的图纸资料和施工过程中的设计变更文件（通知单）及隐蔽工程的检测与验收记录等。

3）调试负责人必须有中级以上专业技术职称，并由熟悉该系统的工程技术人员担任。

4）具备调试所用的仪器设备，且这些仪器设备符合计量要求。

5）检查施工质量，做好与施工队伍的交接。

（2）调试

1）调试开始前应先检查线路，对错接、断路、短路、虚焊等进行有效处理。

2）调试工作应分区进行，由小到大。先进行有源设备的通电检查，再进行系统调试。

3）报警系统通电后，应按《防盗报警控制器通用技术条件》的有关要求及系统设计功能检查系统工作状况。主要检查内容为：报警系统的报警功能，包括紧急报警、故障报警等功能；自检功能；对探测器进行编号，检查报警部位显示功能；报警控制器的布防与撤防功能；监听或对讲功能；报警记录功能；电源自动转换功能。

4）调节探测器灵敏度，使系统处于最佳工作状态。

5）将整个报警系统至少连续通电12h，观察并记录其工作状态，如有故障或是误报警，应认真分析原因，做出有效处理。

6）调试工作结束后，填写调试报告。

三、任务实施

1. 前端探测器安装

探测器安装前应仔细阅读产品说明书，安装应符合说明书的要求。安装入侵报警探测器时，应确保所有探头的布线、接线正确无误。

（1）微波多普勒型入侵探测器安装　微波多普勒型入侵探测器一般采用挂墙式安装。探测器安装在安装支架上，安装支架再通过安装插板固定于墙上，安装插板固定在墙上的塑料膨胀管内。安装方法如图2-16所示。

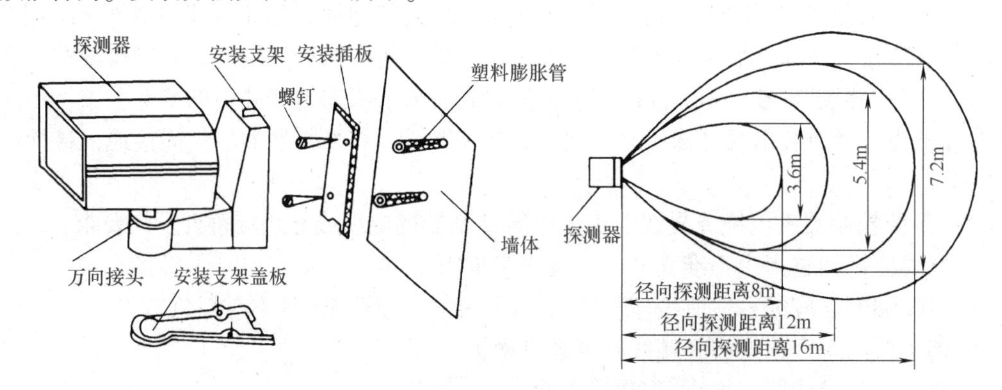

图2-16　微波多普勒型入侵探测器安装

（2）主动红外入侵探测器安装　主动红外入侵探测器由收、发装置两部分组成，又称对射式探测器，它作为周界防越用。主动红外入侵探测器安装位置如图2-17所示。

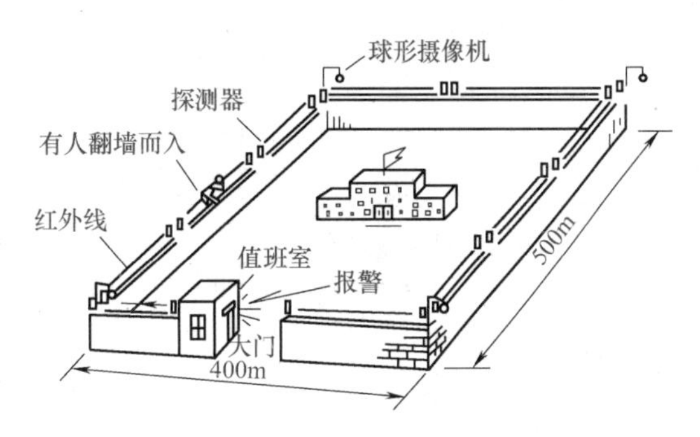

图2-17　主动红外入侵探测器安装位置

对主动红外入侵探测器的安装首先要了解其结构，主动红外入侵探测器由固定圈、装配底板、本体和外罩组成，其结构如图2-18所示。

其次，要注意它的安装位置和安装方法，安装位置和安装方法不对会影响报警质量。如图2-19b所示的安装方法就不正确，可能会导致误报。图2-20所示是主动红外入侵探测器在围墙上的安装要求。

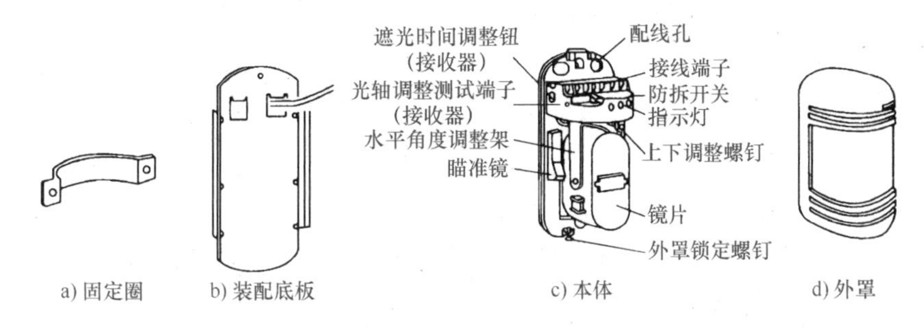

图2-18　主动红外入侵探测器结构

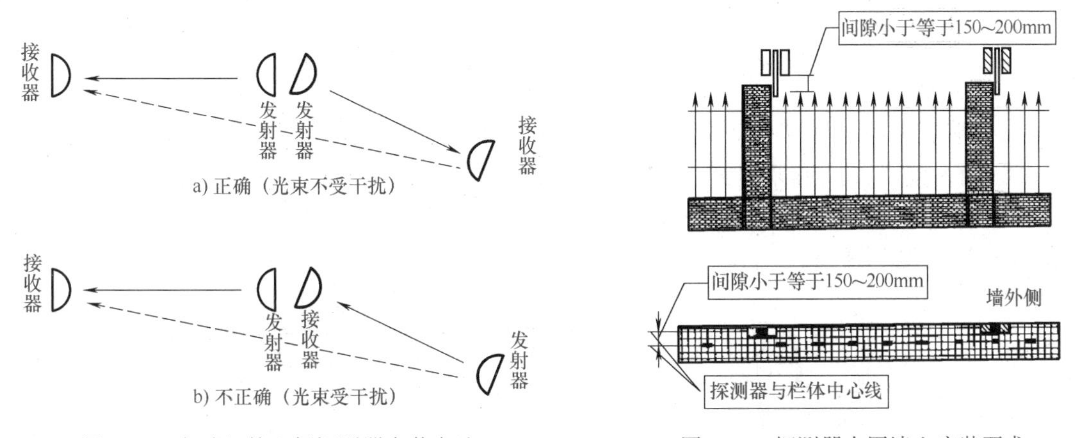

图2-19　主动红外入侵探测器安装方法

图2-20　探测器在围墙上安装要求

最后，要掌握主动红外入侵探测器的柱装方法和壁装方法。柱装和壁装关键在于探测器底板的安装，具体安装方法如图2-21所示。

（3）被动红外探测器安装　被动红外探测器根据探测模式，可直接安装在墙上、吊顶上或墙角处，具体安装方法如图2-22所示。微波-被动红外双技术入侵探测器安装方法与被动红外探测器安装类似，但要注意与保护对象成45°角度。

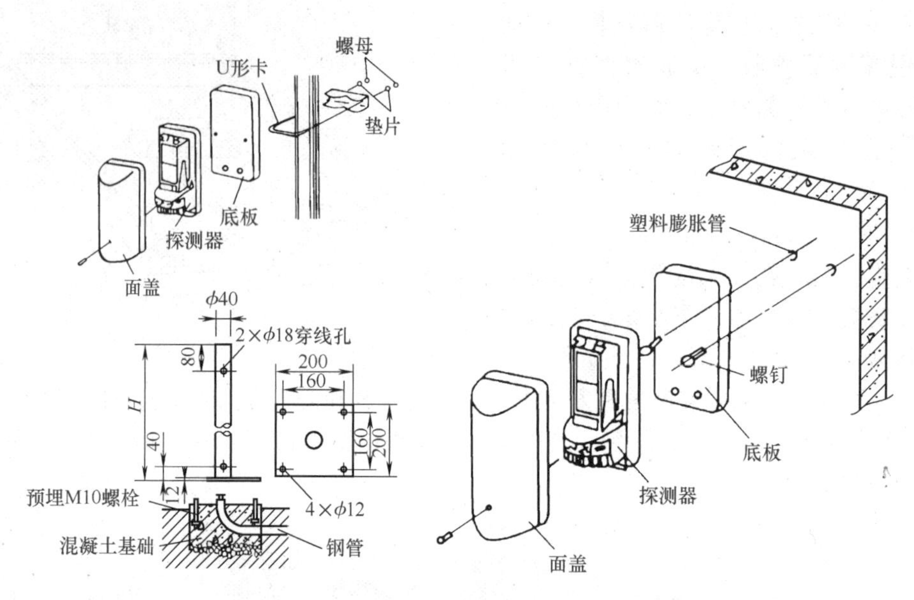

图 2-21 主动红外入侵探测器柱装和壁装方法

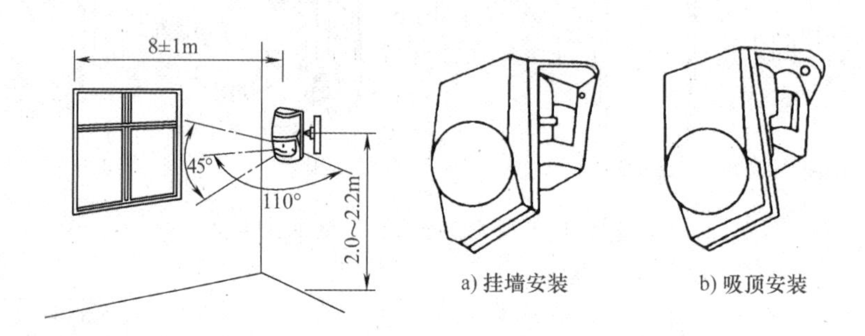

图 2-22 被动红外探测器安装

（4）玻璃破碎入侵探测器安装 不同的玻璃破碎入侵探测器有不同的安装方法，导电簧片式、水银开关式等玻璃破碎入侵探测器可直接黏附在防护玻璃内侧对防护玻璃进行保护。声音分析式玻璃破碎探测器可安装在吊顶、墙壁等处。图 2-23 所示为玻璃破碎探测器在窗上安装方法示意图。

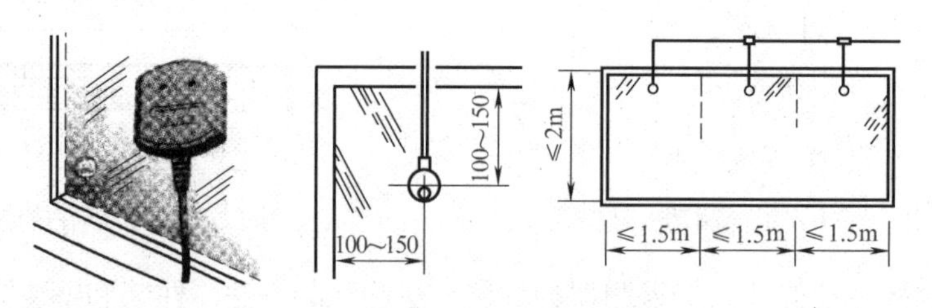

图 2-23 玻璃破碎探测器在窗上安装方法

（5）磁控开关探测器安装 磁控开关是以磁铁的磁场将干簧管做接近动作的接近开关，将门窗的机械动作转换为电信号的装置。一般干簧管安装在门或窗框上，磁铁安装在门或窗扇上，其安装如图 2-24 所示。

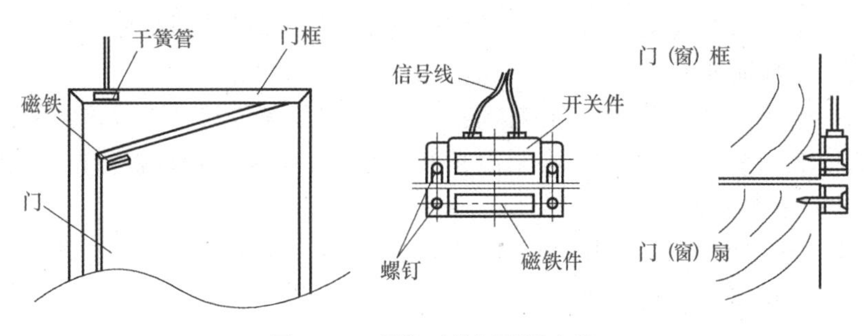

图 2-24 磁控开关探测器安装

2. 系统调试

入侵报警系统的调试主要包括探测器的调试、系统线路的调试、报警控制器的编程操作等。探测器的调试主要是探测范围、角度、主动红外的发送接收等。下面以主动红外报警探测器和某小型报警控制器的编程操作为例，讲述入侵报警调试的一般过程。

（1）主动红外报警探测器调试　投光器光轴调整，打开探头的外罩，把眼睛对准瞄准器，观察瞄准器内影像的情况。探头的光学镜片可以直接用手在180°范围内左右调整，用螺钉旋具调节镜片下方的上下调整螺钉，镜片系统有上下12°的调整范围，反复调整使瞄准器中对方探测器的影像落入中央位置。在调整过程中注意不要遮住光轴，以免影响调整工作。投光器光轴的调整对防区的感度性能影响很大，请一定要按照正确步骤仔细反复调整。

受光器光轴调整，第一步：按照“投光器光轴调整”一样的方法对受光器的光轴进行初步调整。此时受光器上红色警戒指示灯熄灭，绿色指示灯长亮，而且无闪烁现象，表示探头光轴重合正常，投光器、受光器功能正常。第二步：受光器上有两个小孔，上面分别标有“+”和“-”，用于测试受光器所感受的红外线强度，其值用电压来表示，称为感光电压。将万用表的测试表笔（红“+”、黑“-”）插入测量受光器的感光电压。反复调整镜片系统使感光电压值达到最大值。这样探头的工作状态达到了最佳状态。

遮光时间调整，在受光器上设有遮光时间调节钮，一般探头的遮光时间在50~500ms可调。探头在出厂时，工厂里将探头的遮光时间调节到一个标准位置上，在通常情况下，这个位置是一种比较适中的状态，考虑了环境情况和探头自身的特点，所以没有特殊的原因，也无需调节遮光时间。一般而言，遮光时间短，探头敏感性就快，但对于像飘落的树叶、飞过的小鸟等敏感度也强，误报警的可能性会相应增多。遮光时间长，探头的敏感性降低，漏报的可能性又会增多。因此，工程师应根据设防的实际需要调整遮光的时间。

将探头常开或常闭输出开关和防拆开关接入防区输入回路中，连线完毕后盖上探头的外壳，拧紧紧固螺钉。要求在防盗主机上该防区警示灯无闪烁、不点亮，防区无报警指示输出。表示整个防区设置正常。否则，要对线路进行检查，对探头进行重新调试，重新对防区状态进行确定。

防盗性能测试，防区工作状态正常后，应根据设防的要求，用与防范相似的所有可能尺寸、形状的物体，用不同的速度、不同的方式遮挡探头的光轴，在报警现场用无线对讲机与控制中心联系，检验报警情况是否正常，同时要仔细留心报警主机上有没有闪动或不稳定状态，以免给报警系统留下隐患。

（2）某小型报警控制器的编程操作　对于一般的小用户，其防护的部位很少，如写字楼里的小公司，学校的财会室、档案室，较小的仓库等，都可采用小型报警控制器。小型入侵报警控制器一般功能如下：

1）能提供4~8路报警信号，功能扩展后，能从接收天线接受无线传输的报警信号。

2）能在任何一路信号报警时，发出声光报警信号，并能显示报警方位、时间。

3）对系统有自查能力。

4）市电正常供电时能对备用电源充电，断电时能自动切换到备用电源上，以保证系统正常工作。另外还有欠电压报警功能。

5）具有5~10min延迟报警功能。

6）能向区域报警中心发出报警信号。

7）能存入2~4个紧急报警电话号码，发生报警情况时，能自动依次向紧急报警电话发出报警信号。

入侵报警系统在设计好并安装完硬件以后，系统的使用必须经过编程设置，一般要通过操作键盘或计算机软件设置每个防区的类别、布撤防的延迟时间、用户所用的布撤防密码等工作，系统才能投入使用，小型入侵报警系统的设置以操作键盘形式进行。图2-25所示是某小型入侵报警系统主机操作键盘。其操作内容有：

图2-25 某小型入侵报警系统主机操作键盘

1）预备状态绿色预备灯亮起，整个系统即处于预备工作状态。

2）系统布防：[密码]+[布防]。

3）系统撤防：[密码]+[撤防]。

4）快速布防：按［布防］键3s。

5）留守布防：[密码]+按［旁路］键3s。

6）周界布防：[密码]+[旁路]+[布防]。

7）解除报警：[密码]+[撤防]。

8）清除历史报警：按［#］键3s。

总而言之，小型入侵报警系统的功能简单，使用方便。每一个具体的机器型号不同，会导致编程和使用方式的各不相同。在现场可参考各自的操作说明书进行操作。

四、任务总结

入侵报警探测器的安装应根据所选产品的特性、警戒范围要求和环境影响等确定设备的安装点（位置和高度）。主动红外入侵探测器的安装，应能保证防区交叉，避免盲区，并应考虑环境的影响；探测器底座和支架应安装牢固；紧急按钮的安装应隐蔽并操作方便；控制台、机柜（机架）安装位置应符合设计要求；所有控制、显示、记录设备等终端设备应安装平稳，便于操作。

系统调试时，应先对各种有源设备逐个通电检查，工作正常后方可进行系统调试，并做好调试记录；应检查和调试系统所采用探测器的探测范围和探测灵敏度，误报警、漏报警后的状态恢复，防拆保护等功能与指标，并符合设计要求；应检查控制器的本地、异地报警，防破坏报警，布撤防，报警优先，自检及显示功能等，应符合设计要求；检查紧急报警时，其响应时间应符合设计要求。

五、效果测评

（1）某种玻璃破碎探测器的接线端子板如图2-26所示。请说明该玻璃破碎探测器的报警输出开关量类型，并画出接入防区的接线图。

（2）请描述常用探测器的安装注意事项。

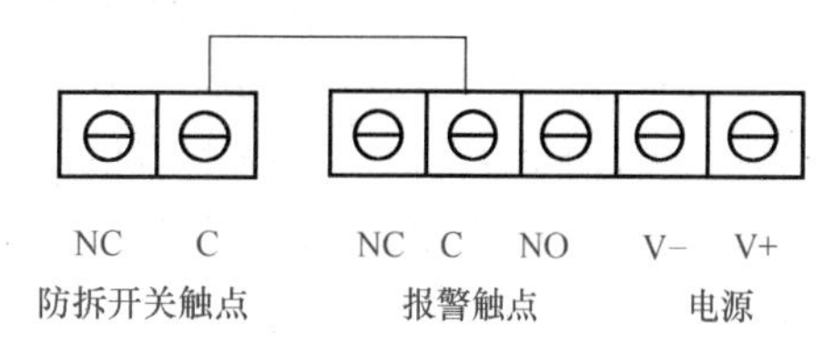

图2-26 某种玻璃破碎探测器接线端子板

任务4 入侵报警系统检测与验收

一、任务描述

入侵报警系统检测与验收是系统完成安装调试后必须要完成的程序，它可以保证工程施工的质量，保证系统性能指标及功能满足设计要求。通过验收的系统方可交付用户使用。在本任务中，要了解入侵报警系统检测与验收的一般方法，检测与验收的内容等。入侵报警系统检测和验收和视频监控系统一样，应符合相关标准与规范。本任务的学习目标：

1）入侵报警系统的检测方法与内容。

2）入侵报警系统的验收方法与内容。

二、任务信息

1. 入侵报警系统检测

和视频监控系统一样，入侵报警系统检测任务，必须由符合条件的第三方机构完成，检测前必须具备一些基本的条件，方可检测。系统检测结论分合格和不合格，检测不合格的应限期整改，直到合格为止。

（1）系统检测时应提供材料　系统检测时应提供的材料同视频监控系统检测，包括试运行记录、竣工报告等。

（2）入侵报警系统检测内容

1）探测器的盲区检测，防动物功能检测。

2）探测器的防破坏功能检测应包括报警器的防拆报警功能，信号线开路、短路报警功能，电源线被剪等报警功能。

3）探测器灵敏度检测。

4）系统控制功能检测应包括系统的布防、撤防功能，关机报警功能，系统后备电源自动切换功能等。

5）系统通信功能检测应包括报警信息传输、报警响应功能。

6）现场设备的接入率及完好率测试。

7）系统的联动功能检测应包括报警信号对相关现场照明系统的自动触发，对监控摄像机的自动启动，视频安防监视画面的自动调入，相关出入口的自动启闭，录像设备的自动启动等。

8）报警系统管理软件（含电子地图）功能检测。

9）报警信号联网上传功能的检测。

10）报警系统报警事件存储记录的保存时间应满足管理要求。

（3）检测要求　探测器抽检的数量应不低于20%且不少于3台，探测器数量少于3台时应全部检测；被抽检设备的合格率100%时为合格；系统功能和联动功能全部检测，功能符合设计要求时为合格，合格率100%时为系统功能检测合格。

2. 入侵报警系统验收

（1）验收的一般要求　入侵报警系统验收应符合规范和标准要求。入侵报警系统验收前必须具备相应的验收条件，验收条件同视频监控系统。

出席验收会的单位（人员）有建设单位的上级业务主管部门，建设单位（含工程总包单位、使用单位、监理单位），设计、施工单位，公安技防管理部门，公安业务主管部门和一定数量的技术专家，必要时还应有检测机构代表参加。

验收组根据验收情况做出验收结论，在各项均合格的情况下验收合格；如有不合格项，则应限期做出整改，直至验收合格。

（2）验收的内容

1）施工验收：施工验收主要验收工程施工质量，包括设备安装质量和管线敷设质量。在进行施工验收时，应复核随工验收单的检查结果、接地电阻测试数据。

2）技术验收：技术验收检查系统的主要功能和主要技术指标，应符合国家或公共安全行业相关标准、规范的要求和设计任务书或合同提出的技术要求；检查系统设备的配置，应符合正式设计方案要求；检查系统中的备用电源，备用电源在主电源断电时，应能自动切换，保证系统在规定的时间内正常工作。

入侵报警系统验收抽查，应根据试运行报告，复核误、漏报警情况；对入侵探测器的安装位置、角度、探测范围做步行测试抽查；做防拆保护抽查；检查室外周界报警探测装置形成的警戒范围有无盲区；检查系统布防、撤防、旁路功能是否正常；当有联动要求时，抽查其对应的灯光、摄像机、录像机等联动功能；对于已建成区域性安全防范报警网络的地区，检查系统直接或间接联网的条件。

3）资料审查：包括设计、施工单位提供资料的完整性和编制质量。

三、任务实施

1. 入侵报警系统检测

入侵报警系统检测时要注意检测项目、要求及测试方法。表2-2列出了入侵报警系统检测时要注意检测项目、检测要求及测试方法。表2-3是入侵报警系统分项工程质量验收记录表。

表2-2　入侵报警系统检测的检测项目、检测要求与测试方法

序号	检测项目		检测要求与测试方法
1	入侵报警功能检查	各类入侵探测器报警功能检测	各类入侵探测器应按相应标准规定的测试方法检验探测灵敏度及覆盖范围。在设防状态下，当探测到有入侵发生，应能发出报警信息。防盗报警控制设备上应显示出报警发生的区域，并发出声、光报警，报警信息应能保持到手动复位。防范区域应在入侵探测器的有效探测范围内，防范区域内应无盲区

（续）

序号	检测项目		检测要求与测试方法
1	入侵报警功能检查	紧急报警功能检测	系统在任何状态下触动紧急报警装置，在防盗报警控制设备上应显示出报警发生地址，并发出声、光报警，报警信息应能保持到手动复位。紧急报警装置应有防误触发措施，被触发后应自锁。当同时触发多路紧急报警装置时，应在防盗报警控制设备上依次显示出报警发生的区域，并发出声、光报警信息，报警信息应能保持到手动复位，报警信号应无丢失
		多路同时报警功能检测	当多路探测器同时报警时，在防盗报警控制设备上应显示出报警发生地址，并发出声、光报警信息，报警信息应能保持到手动复位，报警信号应无丢失
		报警后的恢复功能检测	报警发生后，入侵报警系统应能手动复位。在设防状态下，探测器的入侵探测与报警功能应正常；在撤防状态下，对探测器的报警信息应不发出报警
2	防破坏及故障报警功能检测	入侵报警器防拆报警功能检测	在任何状态下，当探测器机壳被打开，在防盗报警控制设备上应显示出探测器地址，并发出声、光报警信息，报警信息应能保持到手动复位
		防盗报警控制器防拆报警功能检测	在任何状态下，防盗报警控制器机盖被打开，防盗报警控制设备发出声、光报警信息，报警信息应能保持到手动复位
		防盗报警控制器信号线防破坏功能检测	在有线传输系统中，当报警信号传输线被开路、短路及并接其他负载时，防盗报警控制器应发出声、光报警信息，应显示报警信息，报警信息应能保持到手动复位
		入侵探测器电源线防破坏功能检测	在有线传输系统中，当探测器电源线被切断，防盗报警控制设备应发出声、光报警信息，应显示线路故障信息，该信息应能保持到手动复位
		防盗报警控制器主、备电源故障报警功能检测	当防盗报警控制器主电源发生故障时，备用电源应自动工作，同时应显示主电源故障信息；当备用电源发生故障或欠电压时，应显示备用电源故障或欠电压信息，该信息应能保持到手动复位
		电话线防破坏功能检测	在利用市话网传输报警信号的系统中，当电话线被切断，防盗报警控制设备应发出声、光报警信息，应显示线路故障信息，该信息应能保持到手动复位
3	记录、显示功能检测	显示信息检测	系统应具有显示和记录开机、关机时间，报警，故障，被破坏，设防时间，撤防时间，更改时间等信息的功能
		记录内容检测	应记录报警发生时间、地点、报警信息性质、故障信息性质等信息，信息内容要求准确、明确
		管理功能检测	具有管理功能的系统，应能自动显示、记录系统的工作状况，并具有多级管理密码
4	系统自检功能检测	自检功能检测	系统应具有自检或巡检功能，当系统中入侵探测器或报警控制设备发生故障、被破坏，都应有声光报警，报警信息应保持到手动复位
		设防、撤防、旁路功能检测	系统应能手动/自动设防、撤防，应能按时间在全部及部分区域任意设防和撤防；设防、撤防状态应有显示，并有明显区别
5	系统报警响应时间检测		① 检测从探测器探测到报警信号到系统联动设备启动之间的响应时间，应符合设计要求 ② 检测从探测器探测到报警发生并经市话网电话线传输，到报警控制设备接收到报警信号之间的响应时间，应符合设计要求 ③ 检测系统发生故障到报警控制设备显示信息之间的响应时间，应符合设计要求

（续）

序号	检 测 项 目	检测要求与测试方法
6	报警复核功能检测	在有报警复核功能的系统中，当报警发生时，系统应能对报警现场进行声音或图像复核
7	报警声级检测	用声级计在距离警报发声器件正前方1m处测量（包括探测器本地报警发声器件、控制台内置发声器件及外置发声器件），声级应符合设计要求
8	报警优先功能检测	经市话网电话线传输报警信息的系统，在主叫方式下应具有报警优先功能。检查是否有被叫禁用措施
9	其他项目检测	具体工程中具有的而以上功能中未涉及的项目，其检测要求应符合相应标准、工程合同及设计任务书的要求

表2-3　入侵报警系统分项工程质量验收记录表

<table>
<tr><td colspan="2">单位（子单位）工程名称</td><td colspan="2">北京××大厦</td><td>子分部工程</td><td>安全防范系统</td></tr>
<tr><td colspan="2">分项工程名称</td><td colspan="2">入侵报警系统</td><td>验收部位</td><td>首层一区</td></tr>
<tr><td colspan="2">施工单位</td><td colspan="2">北京××建设集团工程总承包部</td><td>项目经理</td><td>×××</td></tr>
<tr><td colspan="2">施工执行标准名称及编号</td><td colspan="4">《智能建筑工程质量验收规范》（GB 50339—2013）</td></tr>
<tr><td colspan="2">分包单位</td><td colspan="2">北京××机电安装工程公司</td><td>分包项目经理</td><td>×××</td></tr>
<tr><td colspan="3">检测项目（主控项目）
（执行本规范第19.0.7条的规定）</td><td colspan="2">检查评定记录</td><td>备　注</td></tr>
<tr><td rowspan="2">1</td><td rowspan="2">探测器设置</td><td>探测器盲区</td><td colspan="2">无盲区</td><td rowspan="18">探测器抽检数量不低于20%，且不少于3台，抽检设备合格率100%时为合格；各项系统功能和联动功能全部检测，符合设计要求为合格，合格率为100%时系统检测合格</td></tr>
<tr><td>防动物功能</td><td colspan="2">有防动物功能</td></tr>
<tr><td rowspan="3">2</td><td rowspan="3">探测器防破坏功能</td><td>防拆报警</td><td colspan="2">有防拆报警功能</td></tr>
<tr><td>信号线开路/短路报警</td><td colspan="2">信号线开路/短路报警</td></tr>
<tr><td>电源线被剪报警</td><td colspan="2">电源线被剪时报警</td></tr>
<tr><td>3</td><td>探测器灵敏度</td><td>是否符合设计要求</td><td colspan="2">符合设计要求</td></tr>
<tr><td rowspan="4">4</td><td rowspan="4">系统控制功能</td><td>系统撤防</td><td colspan="2">撤防功能有效可靠</td></tr>
<tr><td>系统布防</td><td colspan="2">布防功能有效可靠</td></tr>
<tr><td>关机报警</td><td colspan="2">关机报警功能有效可靠</td></tr>
<tr><td>后备电源自动切换</td><td colspan="2">功能有效可靠</td></tr>
<tr><td rowspan="2">5</td><td rowspan="2">系统通信功能</td><td>报警信息传输</td><td colspan="2">无丢失现象</td></tr>
<tr><td>报警响应</td><td colspan="2">及时</td></tr>
<tr><td rowspan="2">6</td><td rowspan="2">现场设备</td><td>接入率</td><td colspan="2">符合技术文件产品指标要求</td></tr>
<tr><td>完好率</td><td colspan="2">符合技术文件产品指标要求</td></tr>
<tr><td>7</td><td colspan="2">系统联动功能</td><td colspan="2">符合设计要求</td></tr>
<tr><td>8</td><td colspan="2">报警系统管理软件</td><td colspan="2">运行安全可靠</td></tr>
<tr><td>9</td><td colspan="2">报警事件数据存储</td><td colspan="2">存储时间满足合同条款要求</td></tr>
<tr><td>10</td><td colspan="2">报警信号联网</td><td colspan="2">符合设计要求</td></tr>
</table>

检测意见：

经检查主控项目符合《建筑电气工程施工质量验收规范》（GB 50303—2015）、《智能建筑工程质量验收规范》（GB 50339—2013）标准及施工图设计要求，检查合格，通过验收。

监理工程师签字：×××
（建设单位项目专业技术负责人）
日期：20××年××月××日

检测机构负责人签字：×××
日期：20××年××月××日

2. 入侵报警系统验收

入侵报警系统验收任务实施，重点以技术验收为主。在验收时应符合 GB 50348—2004 中第 8. 3. 2 条第 8 款要求。具体验收表格包括施工质量抽查验收记录表、技术验收记录表、资料验收审查记录表和验收结论汇总表，见学习情境 1 中表 1-21 ~ 表 1-24。

四、任务总结

入侵报警系统检测与验收是一项严肃的工作，应该严格按照相关规范和标准开展工作。认真组织安排验收工作，检测机构、验收小组职责要明确。认真编制验收大纲，检测验收材料完整规范。要掌握检测与验收的内容，掌握检测和验收的方法，认真对待每一个主控项目的检测与验收。

五、效果测评

请回答以下问题：

1）入侵报警系统主要检测的内容是什么？

2）入侵报警系统验收的基本要求是什么？

3）入侵报警系统的合格验收主要有哪些指标？

学习情境3　出入口控制系统

情境描述

出入口控制是安全技术防范的重要组成部分，它是对进出智能建筑的人或物进行识别并控制通道门开启、关闭以及报警记录的系统，采用门禁控制方式提供安全保障，故又称为门禁控制系统。出入口控制系统广泛用于办公楼、旅馆、机场、大学、监狱和金融机构等。目前，出入口控制系统已经成为智能建筑的标准配置之一。

在智能住宅小区中，访客对讲系统是另一种出入口控制系统。通过访客对讲系统，访客可以直接通过系统与室内主人建立声音、视频通信联络，主人可以与来访者通话，通过家里分机上显示的影像来辨认来访者。当来访者被确认后，主人可利用分机上的门锁控制键，打开电控门锁，允许来访者进入。目前访客对讲系统已经成为住宅小区安全防范工程的基本设施，随着电子信息技术的发展，更为先进的联网型访客对讲系统可以实施远程抄表和家庭防盗报警系统功能，为智能住宅小区安防系统拓展新功能。

不同人群对出入口的出入目标类型、重要程度以及控制方式等应用需求不同，出入口控制系统也有多种不同形式，如：门禁系统、停车场管理系统、访客对讲系统、考勤管理系统、电梯控制管理系统、会议签到管理系统、电子商品防盗系统。出入口控制系统与其他安防系统互为补充，并相互渗透与融合。

在本学习情境中，主要以一般民用智能建筑出入口控制系统和智能住宅小区访客对讲系统为例展开介绍。除停车场管理系统以外，其他形式的出入口控制系统不在本教材介绍，请读者见谅。

任务分析

根据不同建筑物出入口控制系统的工程实践内容，对出入口控制系统配置了4个学习任务，分别如下：

1）出入口控制系统工程识图。

2）出入口控制系统配置。

3）出入口控制系统安装与调试。

4）出入口控制系统检测与验收。

任务1　出入口控制系统工程识图

一、任务描述

出入口控制系统施工图纸包括设计说明、系统图、平面图、图例、设备材料表等。它们是出入口控制系统作为编制招投标的依据，是安装与调试的技术文件，作为编制施工组织计划的依据，也是进行技术管理的重要技术文件。通过本任务的学习，掌握出入口控制系统施工图的识读技巧，能正确识读出入口控制系统相关图纸材料。本任务学习的具体目标为：

1）掌握出入口控制系统施工图设计说明、材料表的阅读方法。
2）掌握出入口控制系统系统图、原理图的阅读方法。
3）掌握出入口控制系统施工平面图的阅读方法。
4）熟悉出入口控制系统设备安装图的阅读方法。

二、任务信息

1. 出入口控制系统识图图例

依据中华人民共和国公共安全行业标准《安全防范系统通用图形符号》GA/T 74—2017，列出出入口控制系统（含访客对讲系统）图例。表3-1为出入口控制系统图例。

表3-1　出入口控制系统图例

序　号	设备名称	英语名称	图形符号	说　明
4401	读卡器	card reader		
4402	键盘读卡器	card reader with keypad	KP	
4403	指纹识别器	finger print identifier		
4404	指静脉识别器	finger vein identifier		
4405	掌纹识别器	palm print identifier		
4406	掌形识别器	hand identifier		
4407	人脸识别器	face identifier		
4408	虹膜识别器	iris identifier		
4409	声纹识别器	voiceprint identifier		

（续）

序 号	设备名称	英语名称	图形符号	说 明
4410	电控锁	electronic control lock	EL	
4411	卡控旋转栅门	turnstile		
4412	卡控旋转门	revolving door		
4413	卡控叉形转栏	rotary gate		
4414	电控通道闸	turnstile gate		
4415	开门按钮	open button	E	
4416	应急开启装置	emergency open device		
4417	出入口控制器	access control unit	ACU (n)	n代表出入口控制点数量
4418	信息装置	message device		离线式电子巡查系统用
4419	信息转换装置	message conversion device		离线式电子巡查系统用
4420	识读装置	reading device		在线式电子巡查系统用
4421	电子巡查系统管理终端	management terminal for electronic patrol system	EPS	

（续）

序 号	设备名称	英语名称	图形符号	说 明
4422	访客呼叫机	visitor call unit	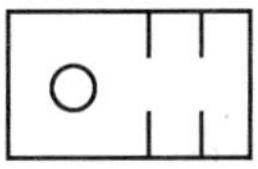	
4423	访客接收机	user receiver unit	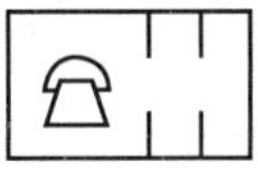	
4424	可视门口机	outdoor video unit	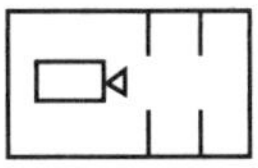	
4425	可视室内机	indoor video unit	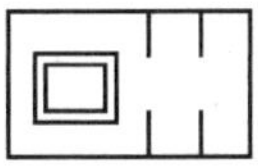	
4426	辅助装置	auxiliary device	 AD	楼寓对讲系统用
4427	管理机	management unit	 MU	楼寓对讲系统用
4428	车辆信息识别装置（读卡器）	vehicle information identificating device (card reader)	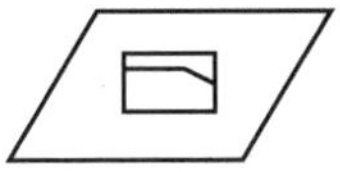	停车场（库）安全管理系统用
4429	车辆信息识别装置（摄像机）	vehicle information identificating device (camera)	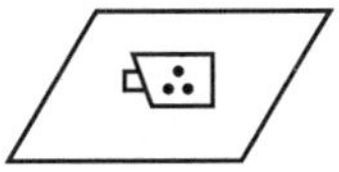	停车场（库）安全管理系统用
4430	车辆检测器	vehicle detector	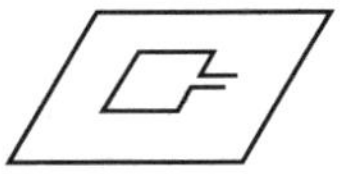	停车场（库）安全管理系统用
4431	声光提示装置	audio and light indicating device	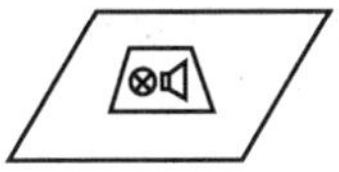	停车场（库）安全管理系统用
4432	车辆引导装置	vehicle guiding device	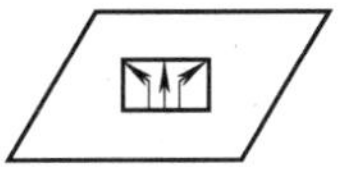	停车场（库）安全管理系统用
4433	车位信息显示装置	parking information display device	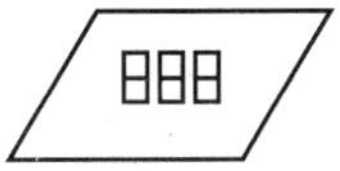 888	停车场（库）安全管理系统用
4434	车位探测器	parking lot detector	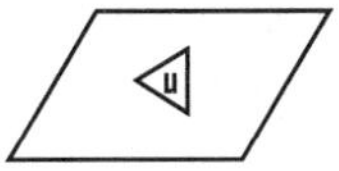	停车场（库）安全管理系统用

（续）

序号	设备名称	英语名称	图形符号	说明
4435	自动出卡/出票、收卡/验票装置	automatic card/ticket device		停车场（库）安全管理系统用
4436	收费指示装置	charge indicating device	CASH	停车场（库）安全管理系统用
4437	升降式路障	automatic lifting roadblock		停车场（库）安全管理系统用
4438	翻板式路障	automatic brake roadblock		停车场（库）安全管理系统用
4439	挡车器	barrier gate		停车场（库）安全管理系统用
4440	中央管理单元	central management unit	CMU	停车场（库）安全管理系统用

2. 出入口控制系统识图基本知识

安全防范系统设计说明中有出入口控制系统的说明，它主要描述出入口控制系统在建筑物各出入口控制的布置，与其他安全防范子系统联动的情况，反映控制系统读取信息的方式和信息处理执行的过程，相关设备的安装方式；设计说明中还有出入口控制系统设备材料表，设备材料表包含系统各种设备需要的数量及型号；当然，设计说明中还有工程概况、设计依据等信息。

出入口控制系统每层、每分部的平面图，用来表示设备的编号、名称、型号及安装位置，确立传输线的走向，线路的起始点、敷设部位、敷设方式及所用导线型号、规格、根数、管径大小等。

系统图主要表示出入口控制系统的组成，以及各组成部分设备之间信息传递的过程与途径。

出入口控制系统原理图是将系统设备按照一定的规律连接起来，可以通过它研究整个系统的来龙去脉，了解整个系统内的信号处理过程，进而分析出系统的工作原理。图3-1所示是某出入口控制系统原理图。

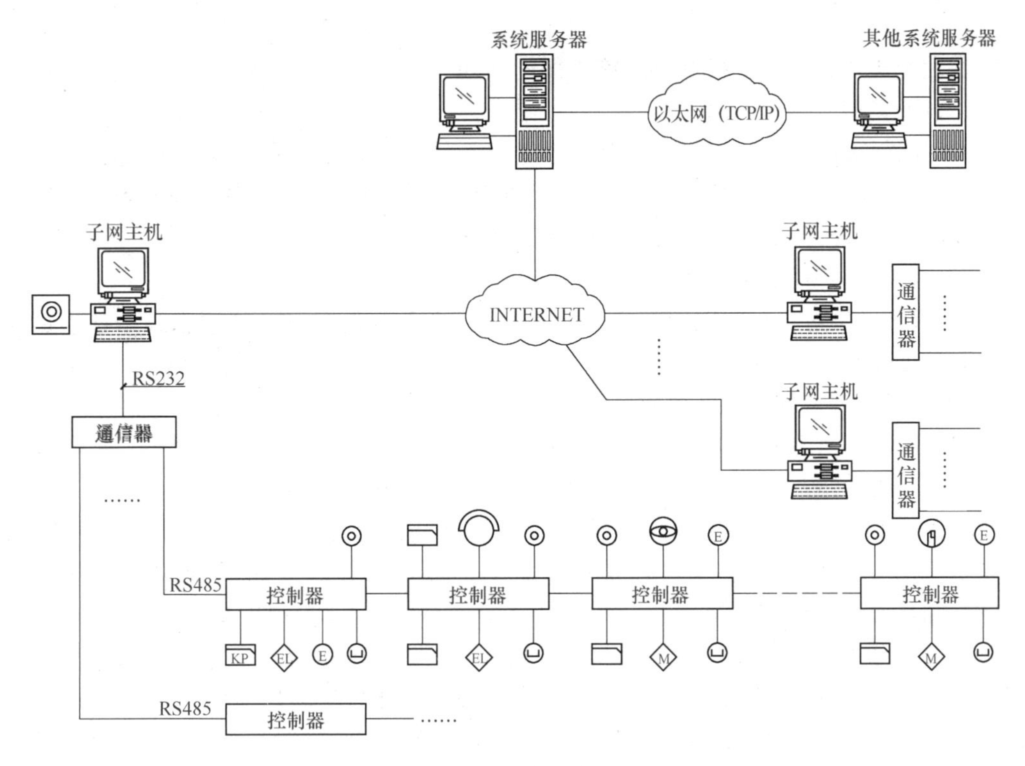

图3-1　某出入口控制系统原理图

出入口控制系统安装图是详细表示设备安装方法的图纸，可以表示某一设备内部各种元件之间的位置及接线关系，对安装部件的各部位注有具体图形和详细尺寸，用来指导某一设备与系统的安装、接线、查线。图3-2所示为某访客对讲系统室内分机安装示意图。

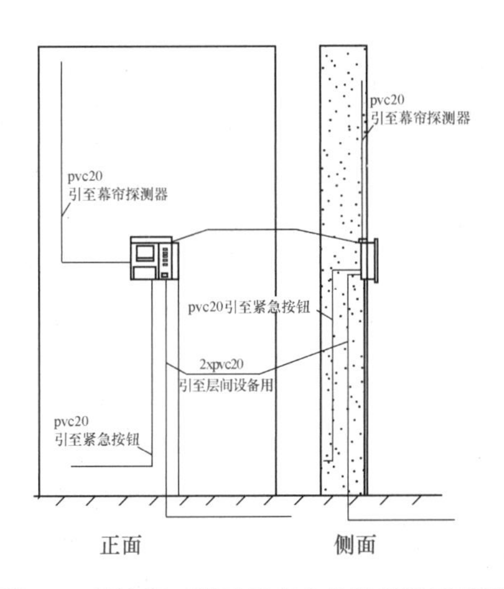

图3-2　某访客对讲系统室内分机安装示意图

三、任务实施

1. 民用智能建筑出入口控制系统施工图的识读

（1）设计说明

出入口控制系统

1）在所长室、总工程师室、副所长室、实验室、资料室、信息中心、财务室等房间安装出入口控制设备，二至五层安装出入口控制设备。

2）出入口控制系统采用单向读卡控制方式。

3）当火灾发生时，出入口控制系统必须与火灾报警系统联动，疏散人员不使用钥匙应能迅速安全通过。

4）出入口控制系统可以与视频安防监控系统进行联动控制。

以上设计说明阐述了门禁安装的地点位置，控制信息读取方式，与其他安全防范子系统联动的功能，也详细表述了与火灾报警系统联动开门的功能。

（2）出入口控制系统图　图3-3所示为某科研办公楼出入口控制系统图。从出入口控制系统图可以看出设备类型、数量、设备间的连接关系、设备的安装位置、系统信号传输、系统联动、配电等情况。系统图与图例结合一起看效果更好，一层控制器4个，分别与4个前端的读卡器、4个出门按钮、4把阳极电控锁、4个电控锁按键、6个门磁开关连接，电控锁安装在疏散楼梯门上。系统电源线采用RVV3芯2.5mm^2的导线，由监控中心AL1箱供给。控制器采用RVVP5芯0.5mm^2与监控中心的通信器RS422接口连接；二层有10个控制器，分别与10个前端的读卡器、10个出门按钮、10把阳极电控锁、10个电控锁按键、10个门磁开关连接。系统电源线、通信线与一层完全相同；通过弱电竖井和监控中心进行信息传递；三层与四层格局完全相同，有9个控制器，分别与9个前端的读卡器、9个出门按钮、7把阳极电控锁、2把阴极电控锁、9个电控锁按键、10个门磁开关连接；五层增加2个控制器，有11个控制器，9把阳极电控锁、2把阴极电控锁、11个电控锁按键、11个门磁开关连接，且二至五层的控制器与火灾报警系统联动。

（3）出入口控制系统平面图　图3-4所示为某科研办公楼出入口控制系统平面图，其余楼层不做介绍。从出入口控制5层平面图可以看出控制器的类型与编号、读卡器的具体安装位置、线缆规格、线缆的路由、线缆敷设方式等。在施工过程中，若图中有错误或未标注清晰，必须与相关部门联系确定。该图为设备和管线布置合一的图，所有主干线缆均通过金属线槽，按桥架安装方式沿着墙敷设在走廊上空吊顶内，至该层弱电井内。局部控制器管线穿焊接钢管吊顶内敷设。电源线采用RVV3×2.5，信号线使用RVVP5×0.5导线，符合规范的规定。

（4）设备材料表与图例　表3-2为某科研办公楼出入口控制系统设备材料表与相关图例。表3-2左边部分为设备材料表，右边部分为图例。

（5）前端设备敷线图和控制器接线图　前端设备敷线图反映了本项目前端设备与控制器ACS之间的敷线情况，如图3-5所示。图3-6所示为控制器A1和A151与前端设备的接线图。A151控制器加入消防报警信号，其余未画部分与控制器A1接线相同。

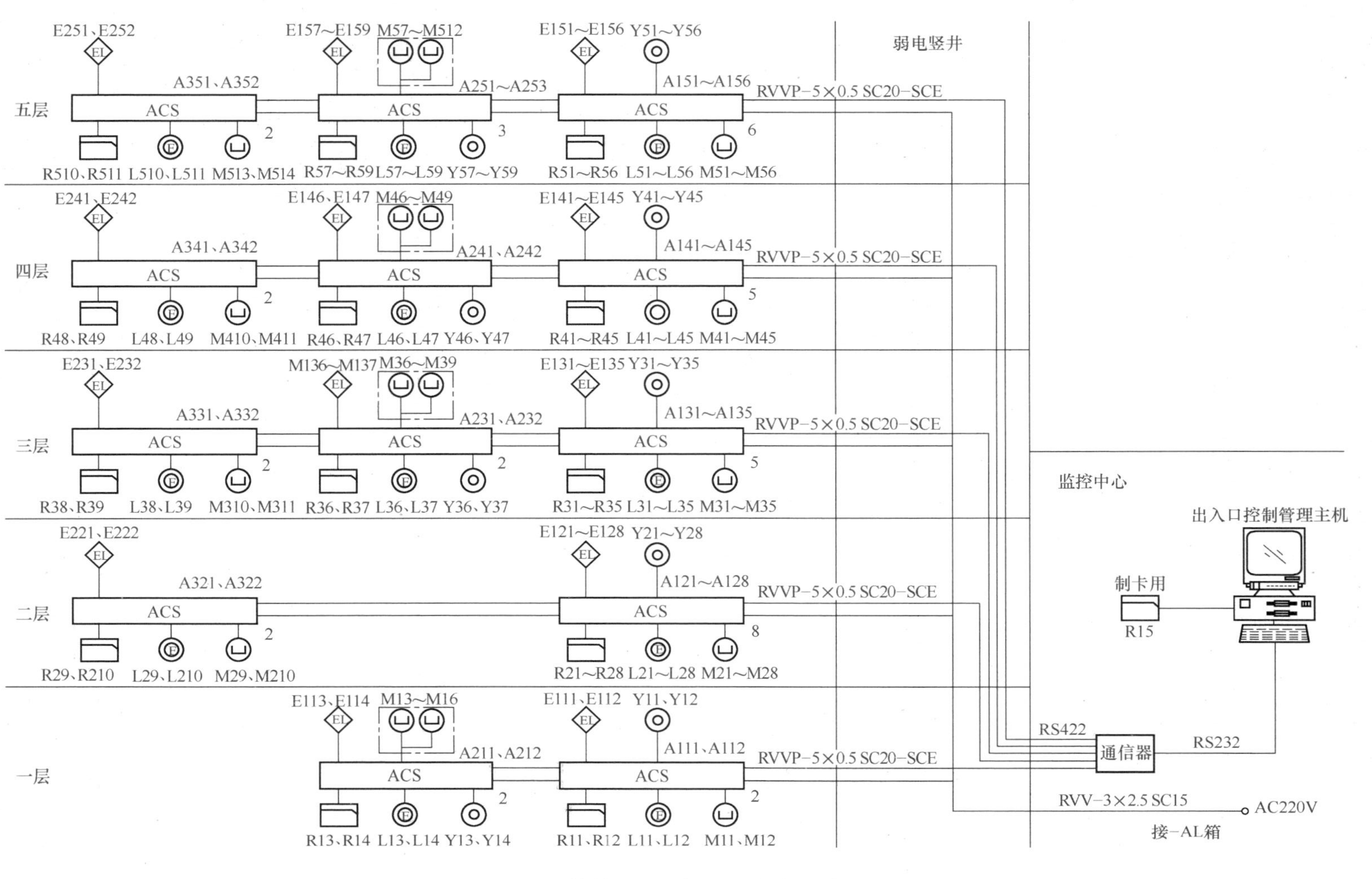

图 3-3　某科研办公楼出入口控制系统图

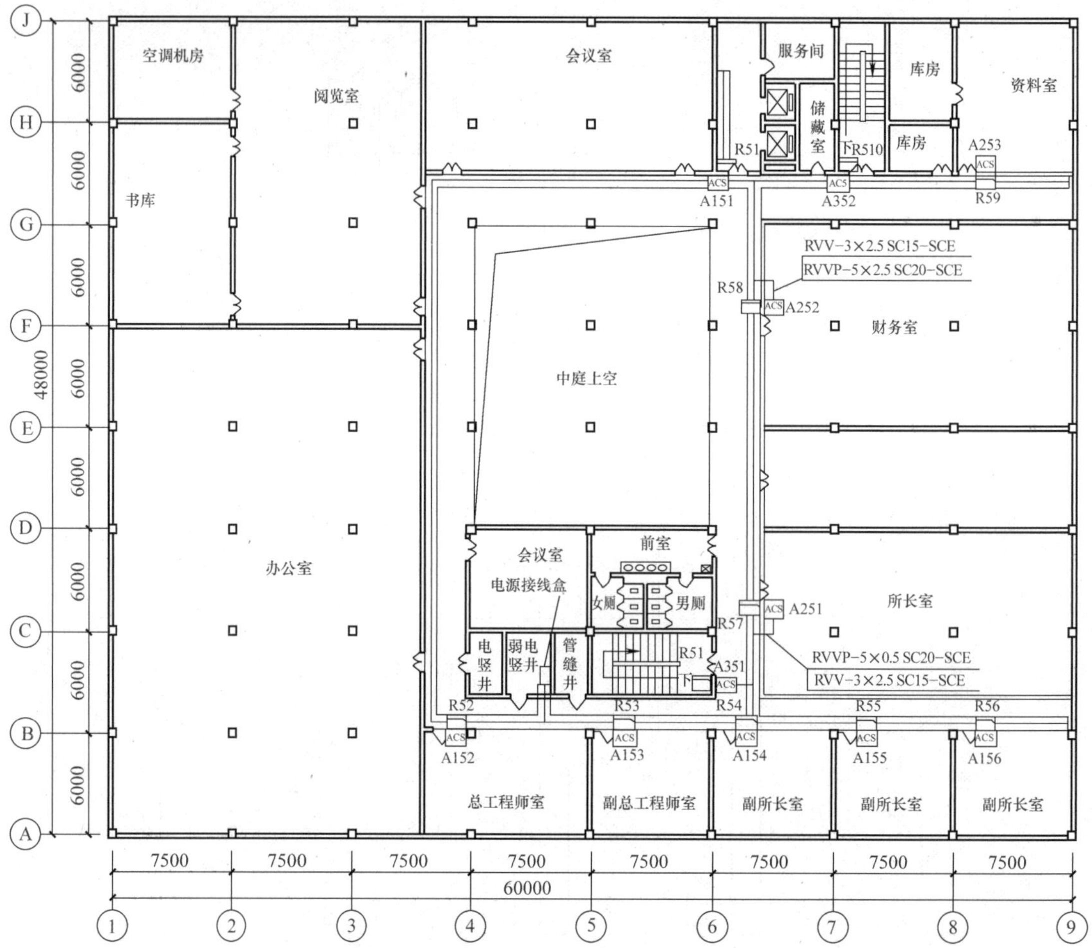

图3-4 某科研办公楼出入口控制系统平面图

表3-2 某科研办公楼出入口控制系统设备材料表与相关图例

序号	名 称	规 格	符号	单位	数量
1	出入口控制管理主机	ACCTR V1.50 + PC	—	台	1
2	通信器	L-04	—	台	1
3	控制器	C10	ACS	台	43
4	感应式读卡器	RDS-12	R	台	43
5	阳极电控锁	DL-016	E1	个	35
6	阴极电控锁	ACLOCK-01	E2	个	8
7	电控锁按键	ACBK	L	个	43
8	紧急按钮开关	BT86	Y	个	35
9	门磁开关	AL25	M	个	52

序号	符号	名 称
1	ACS	控制器
2		读卡器
3	EL E1	阳极电控锁
4	EL E2	阴极电控锁
5		紧急按钮
6		门磁开关
7	E	电控锁按键

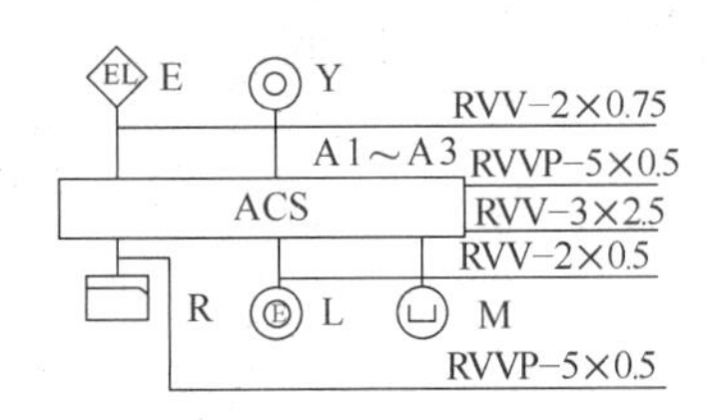

图 3-5 前端设备敷线图

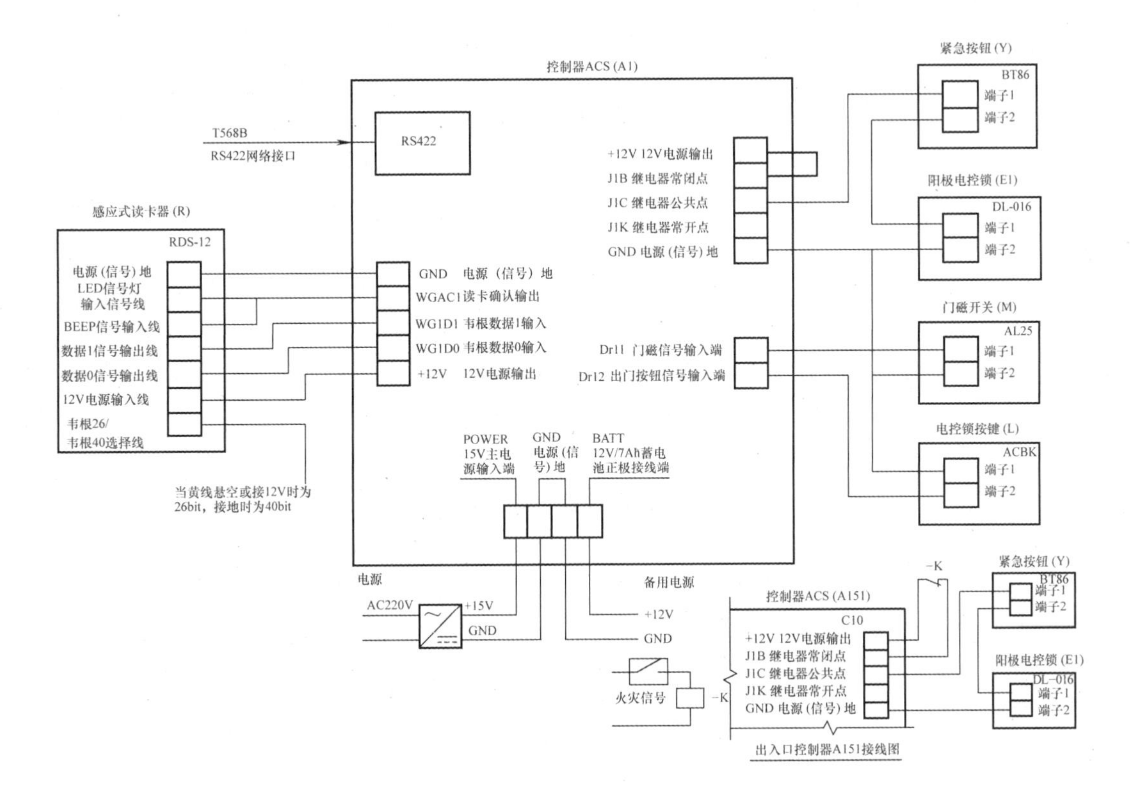

图 3-6 出入口控制器 A1 与 A151 与前端设备的接线图

控制器接线图详细说明了各设备之间的具体接线形式，各设备之间的连接一定要根据图示连接，否则会由于接线的错误造成系统无法正常运转或信息丢失等。

2. 智能住宅小区访客对讲系统施工图的识读

（1）访客对讲系统设计说明

访客可视对讲系统

1）本工程采用总线制可视型访客对讲系统，将住户的紧急求助报警装置纳入其中。系统在任何状态下触动紧急报警装置，在住宅小区安防监控中心报警控制设备上应显示出报警发生地址，并发出声、光报警。

2）访客可视对讲主机嵌门安装，底边距地 1.4m。电控锁按键嵌墙安装，底边距地 1.4m。

3）读卡器安装在访客对讲电控防盗门主机内。

4）可视对讲机挂墙安装在住户门厅内，距地1.4m。紧急求助报警装置安装在起居室和主卧室内，距地1.0m。

5）各层的分配器、解码器及电源等设备均安装在层箱内。层箱挂墙安装在弱电竖井内，距地1.4m。

6）每户住宅内的紧急求助报警装置信号引入可视对讲机，再由可视对讲机引出，通过总线引至小区管理中心。

7）本工程平面图的比例为原施工图的比例。

8）设备表中的规格按设计深度要求应标注。

以上为某智能住宅小区访客对讲系统设计说明，该说明阐述了该工程采用的是总线制可视对讲系统，具有紧急报警功能，监控中心能显示报警发生地址，并进行声、光报警；同时设计说明中还阐明了对讲主机安装要求，电控锁安装要求，可视分机安装要求，紧急求助报警装置安装要求，层箱安装要求，层箱内包含系统的设备，紧急报警装置报警信号处理流程等信息。

（2）访客对讲系统图 图3-7所示为某智能小区访客对讲系统图。

从访客对讲系统图可以看出设备类型、数量，设备间的连接关系，设备的安装位置，系统信号传输，系统联动，配电等情况。系统图与图例结合在一起看效果更好，系统由三个单元住户组成，共六层，每个单元有弱电竖井，每个单元门口一个单元门口机，共三个，分别为Z11、Z12和Z13。系统供电为交流电源220V。视频切换器切换三个单元的视频信号，采用SYKV－75－5电缆传输，也与控制中心相连接。每个单元机用RVVP－4×1.0mm^{2}导线与控制中心联网，每个单元机与层箱用导线RVV-6×1.0mm^{2}和视频电缆SYKV－75－5，单元机与电控锁和出门按钮用RVV-2×1.0mm^2，共计3个电控锁和3个出门按钮。由于一梯二户，共有18个层箱与36个可视分机，层箱与可视分机采用导线RVV-6×0.5mm^{2}和视频电缆SYKV－75－3相连接，外穿直径25mm钢管，每个可视分机接2个报警按钮，共计72个报警按钮。

（3）访客对讲系统平面图 图3-8所示为某智能住宅小区访客对讲系统一层1单元平面图。

从一层1单元平面图可以看出各类型设备的编号、具体安装位置、线缆规格、线缆的路由、线缆敷设方式等。在施工过程中，若图中有错误或未标注清晰，必须与相关部门联系确定。单元机安装在单元门上，可视分机安装在餐厅，视频分配器安装在弱电竖井一层。

（4）访客对讲系统设备材料表 表3-3为某智能住宅小区访客对讲系统设备材料表。

四、任务总结

在识图时，必须注意设备安装的位置以及选用的各种线材管线；必须掌握出入口控制系统所涉及的各种图的类型及其作用；必须掌握出入口控制系统的各种图例，这是正确识图的必备基础；必须注意设计说明、系统图、平面图之间的相互参阅、相互印证，这样才能做到有效识图，全面把握图中的所有细节。

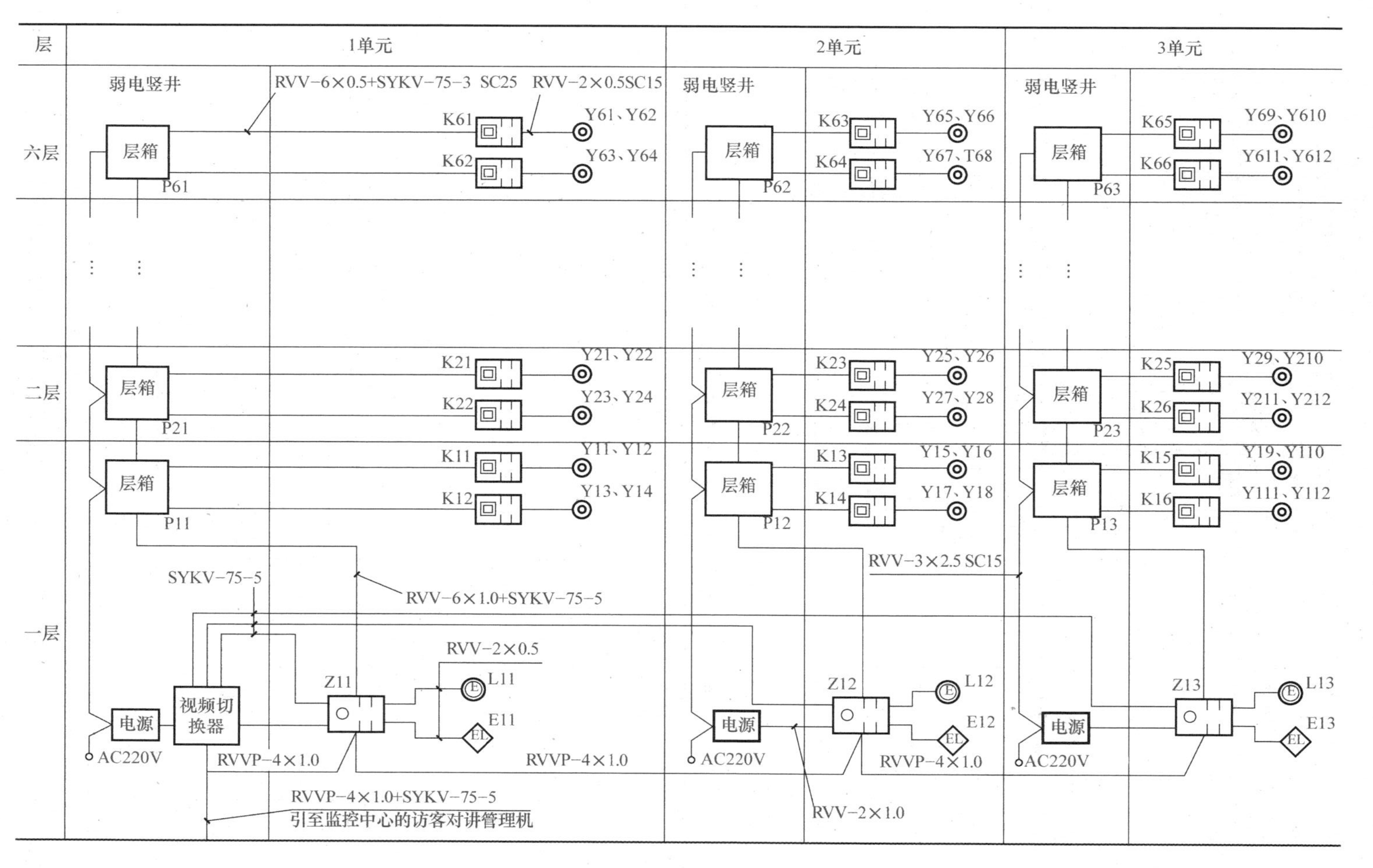

图 3-7　某智能小区访客对讲系统图

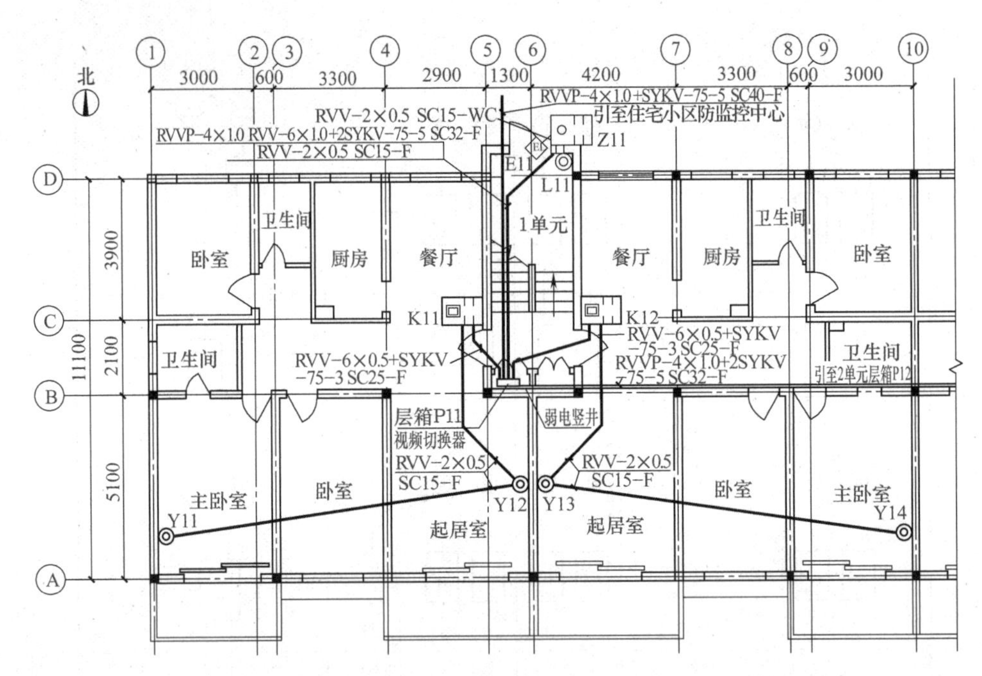

图3-8 某智能住宅小区访客对讲系统一层1单元平面图

表3-3 为某智能住宅小区访客对讲系统设备材料表

序 号	名 称	规 格	符 号	单 位	数 量
1	访客对讲主机	—	Z	台	3
2	读卡器	—	—	台	3
3	电控锁	—	E	副	3
4	电控锁按键	—	L	个	3
5	分配器	—	—	个	18
6	解码器	—	—	个	18
7	电源	—	—	个	18
8	层箱	—	P	个	18
9	可视对讲机	—	K	台	36
10	紧急按钮	—	Y	个	72

五、效果测评

图3-9所示为某小区访客对讲系统图，请认真阅读，并按所学识图方法，写出识图报告，报告内容应详细全面。

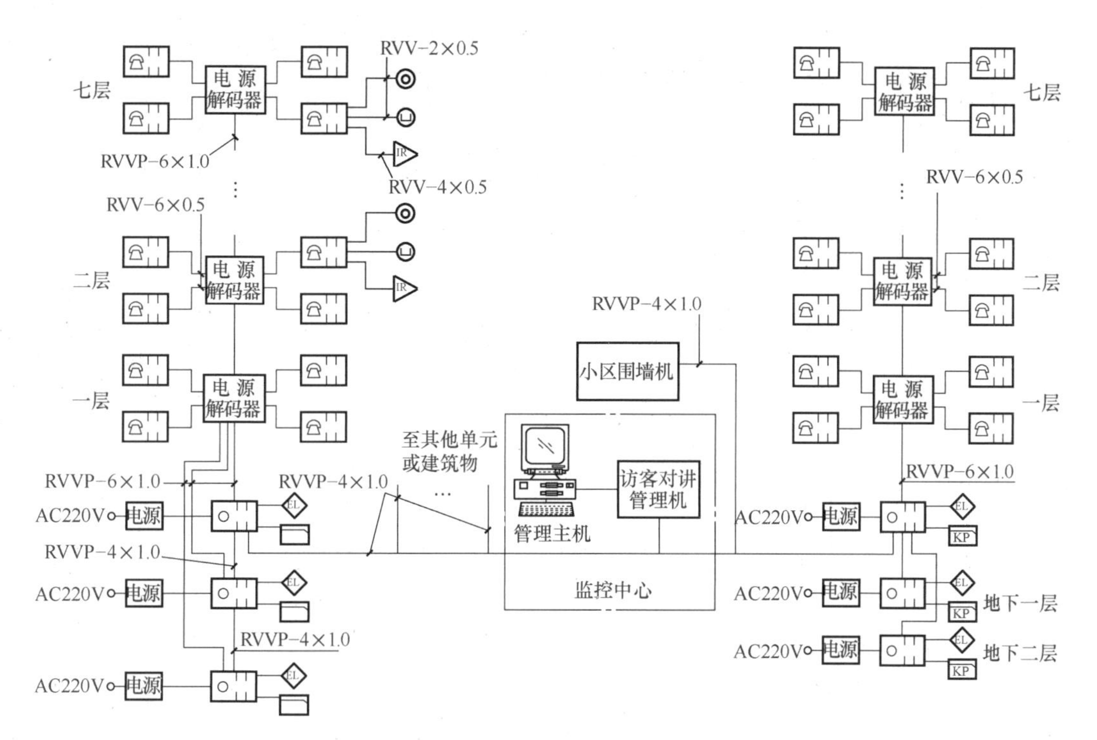

图 3-9 某小区访客对讲系统图

任务2 出入口控制系统设备配置

一、任务描述

出入口控制系统是安全防范管理系统的重要组成部分。出入口控制系统工程应综合应用编码与模式识别、有线/无线通信、显示记录、机电一体化、计算机网络、系统集成等技术，构成先进、可靠、经济、适用、配套的出入口控制应用系统。学习出入口控制系统设备配置的目的在于掌握构成系统的设备及其功能、特点，能正确选用出入口控制系统的设备以组成符合用户需求的系统。本任务的目标具体为：

1）掌握出入口控制系统识读设备与执行设备的配置。

2）掌握出入口控制系统门禁控制器设备的配置。

3）掌握出入口控制系统传输系统的配置。

4）掌握出入口控制系统图像处理与显示设备的配置。

二、任务信息

1. 出入口控制系统组成

出入口控制系统主要由识读部分、传输部分、管理/控制部分和执行部分以及相应的系统软件组成。系统有多种构建模式，可根据系统规模、现场情况、安全管理要求等进行合理选择。图 3-10 所示为出入口控制系统组成框图。

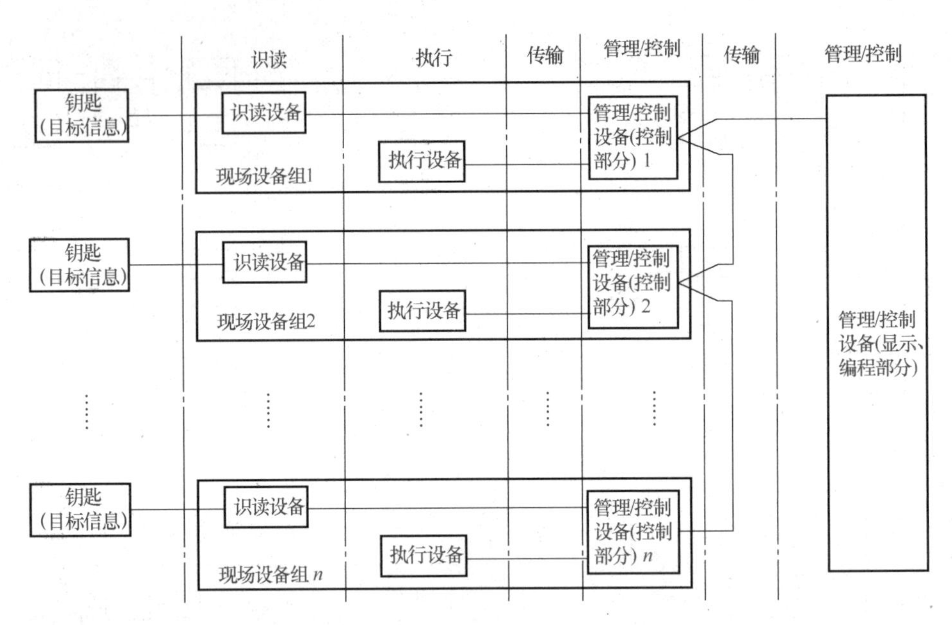

图 3-10 出入口控制系统组成

(1) 识读部分 识读部分能通过现场识读装置获取钥匙信息并对目标进行识别。“误识率”“识读响应时间”等指标应满足管理要求。识读设备是指安装在识读现场、出入目标可以接触到的，有防护面的设备装置，且应有相应的声、光提示。识读装置应操作简便，识读信息可靠。识读部分能将信息传递给管理与控制部分处理，也能接受管理与控制部分的指令。

1) 人员编码识别：包括密码键盘 IC 卡、感应卡、条形码、磁卡等。这里只介绍门禁控制系统常见的 ID 卡和 IC 卡。

ID 卡读卡器的工作频率范围为 30 ~ 300kHz，典型工作频率有 125kHz（即 ID 卡常见的工作频率）和 133kHz。ID 卡读卡器的读卡距离通常在 10cm 左右，可以输出标准的韦根格式信号。ID 卡是不可以写卡的，在出厂有一个固定、唯一的序列号。只做考勤与门禁用时，通常使用 ID 卡，成本较低。

IC 卡读写器的工作频率一般为 3 ~ 30MHz，典型工作频率为 13. 56MHz（即门禁系统 Mifare 卡常见的工作频率）。IC 卡读写器的读卡距离也在 10cm 左右，可以输出标准的韦根格式信号。IC 卡可读可写，可以应用于消费系统、公交系统、计费系统等。

IC 卡分为接触式和非接触式，接触式卡片存在操作慢、环境适应性差、可靠性欠佳等问题；非接触式 IC 卡以其独有的无接触过卡方式、优良的电气和机械特性、极高的安全性，广受各界用户的青睐，成为应用最为广泛的主流卡之一。

非接触式 IC 卡分为以下三种：

射频加密卡（RF ID）：射频卡的信息存取是通过无线电波来完成的，主机与射频之间没有机械触点。其内嵌芯片除了存储单元、控制逻辑外，还增设了射频收发电路，如 HID、Indala、Ti、EM 等。

射频存储卡（RF IC）：射频存储卡也是通过无线电波来存取信息的。它是在存储卡基础上增加了射频收发电路，如 Mifare、Legic 等。

射频CPU卡（RF CPU）：射频CPU卡同样是通过无线电波来存取信息。它是在CPU卡的基础上增加了射频收发电路。非接触式IC卡由于采用射频技术，没有较统一的标准，市场上存在不同品牌、不同频率的卡片。这些卡片主要分为只读卡（只有一个ID编号，称ID卡，如MOTOROLA、HID、Ti、EM等）和读写卡（具有存储空间，称存储式IC卡，如Mifare等）。

随着网络的飞速发展和日趋成熟稳定，在智能企业、智能小区、校园管理等这种局部“一卡通”系统中采用哪种类型的卡已变得不再重要，因为所有数据信息都在系统数据库中得到可靠保存。因此，采用何种卡来实现“一卡通”可由用户根据各卡特点并结合自己需求自由选择，这些特点包括：读卡距离远近、卡片厚薄、价位高低、是否具有存储空间等。

配置原则：原则上一个门配一个进门读卡器和一个出门按钮。被控设备是控制方式的决定因素，被控设备是门，进门要卡，出门要按按钮。如果客户还用于消费等一卡通场合，可选用Mifare IC卡读卡器。如果客户要求进门出门都要刷卡验证，则一个门配置两个读卡器。它们的作用是作为电子钥匙，只是在使用方便性、系统识别的保密性等方面有所不同。表3-4为人员编码识别设备应用特点。

表3-4 人员编码识别设备应用特点

名称	适应场所	主要特点
普通密码键盘	人员出入口，授权目标较少的场所	密码易泄露、易被窥视，保密性差，需经常更换
乱序密码键盘	人员出入口，授权目标较少的场所	密码易泄露，密码不易被窥视，保密性较普通密码键盘高，需经常更换
磁卡识读设备	人员出入口，较少用于车辆出入口	磁卡携带方便，便宜，易被复制、磁化，卡片及读卡设备易被磨损，需经常维护
接触式IC卡读卡器	人员出入口	安全性高，卡片携带方便，卡片及读卡设备易磨损，需经常维护
接触式TM卡（纽扣式）读卡器	人员出入口	安全性高，卡片携带方便，不易磨损
条码识读设备	用于临时车辆出入口	介质一次性使用，易被复制、易损坏
非接触只读式读卡器	人员出入口，停车场出入口	安全性较高，卡片携带方便，不易磨损，全密封的产品具有较高的防水、防尘能力
非接触可写、不加密式读卡器	人员出入口，消费系统一卡通应用的场所	安全性不高，卡片携带方便，易被复制，不易磨损，全密封的产品具有较高的防水、防尘能力
非接触可写、加密式读卡器	人员出入口，与消费系统一卡通应用的场所	安全性高，无源卡片，携带方便，不易磨损，不易被复制，全密封的产品具有较高的防水、防尘能力

2）生物特征：生物辨识装置由于每个人的生物特征不同，安全性极高，一般用于安全性很高的军、政要害部门或者大银行的金库等地方的出入口控制系统。它是采用生物测定统计学方法，获取目标人员的生物特征，并对该信息进行识别的一种装置，包括指纹仪、掌纹仪、面相识别、虹膜/视网膜识别、语音识别等。图3-11所示为掌纹仪实物图，图3-12所示为虹膜识别实物图，表3-5为生物特征识别设备信息表。

图 3-11 掌纹仪实物图

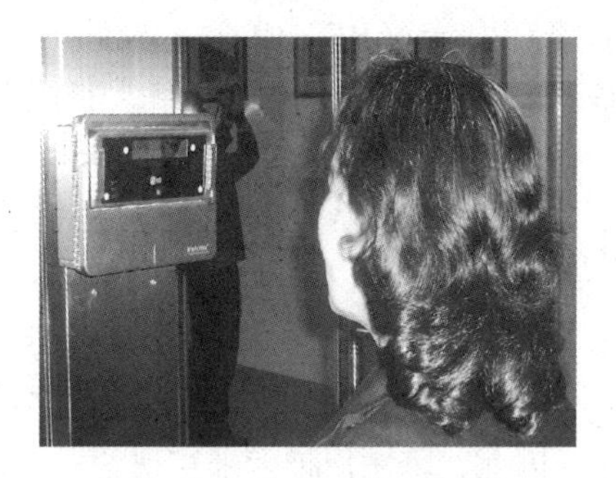

图 3-12 虹膜识别实物图

表 3-5 生物特征识别设备信息表

<table>
<tr><th>名 称</th><th colspan="2">主要特点</th></tr>
<tr><td>指纹识读设备</td><td>指纹识读设备易于小型化
识别速度很快
使用方便
需要人体配合的程度较高</td><td rowspan="2">操作时需要人体接触识读设备</td></tr>
<tr><td>掌纹识读设备</td><td>识别速度较快
需要人体配合的程度较高</td></tr>
<tr><td>虹膜识别设备</td><td>虹膜被损伤、修饰的可能性很小，也不易留下被可能复制的痕迹
需人体配合的程度很高
需要培训才能使用</td><td rowspan="2">操作时不需人体接触识读设备</td></tr>
<tr><td>面部识别设备</td><td>需人体配合的程度较低，易用性好，适于隐蔽地进行面像采集、对比</td></tr>
</table>

3）物品编码：包括条形码、EAS 标签等。磁条读卡器多应用于银行的 ATM 提款室，可以识别各种磁条，在门禁系统中应用较少。

（2）传输部分 传输方式除应符合现行国家标准《安全防范工程技术规范》GB 50348—2004 的有关规定外，还应考虑出入口控制点位分布、传输距离、环境条件、系统性能要求及信息容量等因素。识读设备与控制器之间的通信用信号线宜采用多芯屏蔽双绞线；门磁开关及出门按钮与控制器之间的通信用信号线，线芯最小截面积不宜小于0.50mm^2；控制器与执行设备之间的绝缘导线，线芯最小截面积不宜小于0.75mm^2；控制器与管理主机之间的通信用信号线宜采用双绞铜芯绝缘导线，其线径根据传输距离而定，线芯最小截面积不宜小于0.50mm^2。执行部分的输入电缆在该出入口的对应受控区、同级别受控区或高级别受控区外的部分，应封闭保护，其保护结构的抗拉伸、抗弯折强度应不低于镀锌钢管。传输干线可用金属管或金属线槽敷设，导线敷设时信号线与强电线要分开敷设，并注意导线布线安全。

（3）管理/控制部分 应具有对钥匙的授权功能，使不同级别的目标对各个出入口有不同的出入权限；应能对系统操作（管理）员的授权、登录、交接进行管理，并设定操作权限，使不同级别的操作（管理）员对系统有不同的操作能力。系统能将出入事件、操作事件、报警事件等记录存储于系统的相关载体中，并能形成报表以备查看。事件记录应包括时间、目标、位置、行为，其中时间信息应包含：年、月、日、时、分和秒，年应采用千年记法。现场控制设备中的每个出入口记录总数：A 级不小于 32 条，B、C 级不小于 1000 条。中央管理主机的事件存储载体，应至少能存储不少于 180 天的事件记录，存储的记录应保持最新的记录值。经授权的操作（管理）员可对授权范围内的事件记录、存储于系统相关载体中的事件信息，进行检索、显示和打印，并可生成报表。与视频安防监控系统联动的出入口控制系统，应在事件查询的同时，能回放与该出入口相关联的视频图像。

门禁控制器是门禁系统的核心设备，用来连接读卡器和门禁系统服务器，起到桥梁作用。按照和门禁服务器的连接方式可以分为 RS232、RS422、RS485 和 TCP/IP 控制器。

1）RS232 通信方式：是指单台控制器通过 RS232 串口通信协议和计算机串口相连，进行点对点的管理，又称串口通信方式，通信距离在 3m 左右比较稳定。一般的台式计算机具备1 ~2个串口（Com1、Com2），RS232 每个串口只能实现和一台控制器的通信。通过多串口卡可以扩展为最多255 个串口，RS232 方式的传输速度（俗称波特率）为每秒钟十几条权限或者记录，波特率越大，传输速度越快，但稳定的传输距离越短，抗干扰能力越差。

2）RS485 通信方式：是多台控制器通过 RS485 通信总线手牵手串联的方式，一根总线接到 RS485 转换器（集线器）上，再接到计算机串口上，实现一台计算机（软件）对多台控制器的管理和通信。通信距离能控制在 300m 以内效果最好。一条 485 总线可以带多少台控制器，这个取决于控制器通信芯片和 485 转换器通信芯片的选型，一般有 32 台、64 台、128 台、256 台几种选择，这个是理论的数字，实际应用时，由于现场环境、通信距离等因素，负载数量达不到指标数。

3）TCP/IP 通信方式：TCP/IP 通信协议是当前计算机网络通用性标准协议，具备传输速度快、国际标准、兼容性好等优点。控制器的接入方式和局域网的 HUB、计算机网卡的接入方式一样。

门禁控制器配置原则。如果一个门，进门刷卡，出门按按钮，控制器对于每个门只能接一个读卡器，叫单向控制器。如果一个门，进门刷卡，出门也刷卡（也可以接出门按钮），每个控制器对于每个门可以接两个读卡器，一个是进门读卡器，一个是出门读卡器，叫双向控制器。双向控制器，只接进门读卡器，出门不接出门读卡器（端口闲置），出门接出门按钮开门，即相当于单向控制器的功能，也是可以的。

控制器有单门双向、双门双向、四门单向之分。一个区域有四个门，要求进出都刷卡的话，就不能配四门单向控制器（因为四门单向控制器只能控制进门刷卡或出门刷卡，不能进出双向刷卡），因此，需要配置两台双门双向控制器。按局部区域内门的数量来配置控制器数量。例如一个小区域有 3 个门，就选择一个四门单向控制器。控制器的控制信号要送达现场设备，因此还要考虑现场控制设备与读卡器距离应在 100m 之内。

如果整个门禁系统控制器的总数不超过产品的规定数量，原则上只需要一台 485 转换器。如果整个门禁系统只有一台控制器，而控制器的位置又可以安放在控制计算机旁，则无须配置 485 转换器，用控制器原配的 232 串口数据线直接将计算机和控制器连接通信即可。

（4）执行部分　由电控门锁、出门按钮、指示灯、报警传感器和扬声器等组成。

闭锁部件或阻挡部件在出入口关闭和拒绝放行时，其闭锁力、阻挡范围等性能指标应满足使用、管理要求。出入准许指示装置可采用声、光、文字、图形、物体位移等多种指示，其准许和拒绝两种状态应易于区分。

1）电控门锁的终端其实就是一个电磁铁，它通过一个简单的机械装置控制门的开关。

电控门锁按工作原理的不同，基本可分为磁力门锁、电控阴极门锁、电控阳极门锁和电插门锁几种类型。

磁力门锁又被称为电磁门吸，适用于各类平开门，可以是木门、金属门、玻璃门等。磁力门锁由电磁体（门锁主体结构部分）和衔铁两部分组成，通过电磁体部分的通电控制门的开启。其中电磁体部分安装在门框上；衔铁安装在门上，具体位置可根据需要确定，一般安装在门框处。图3-13所示为单门磁力锁结构，图3-14所示为双门磁力锁结构。

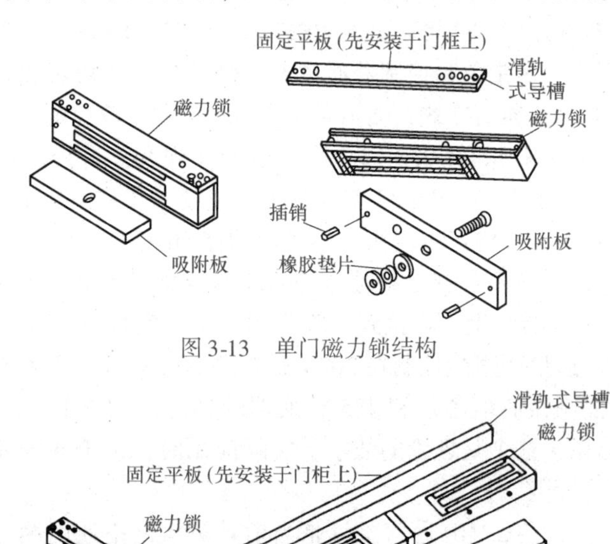

图3-13　单门磁力锁结构

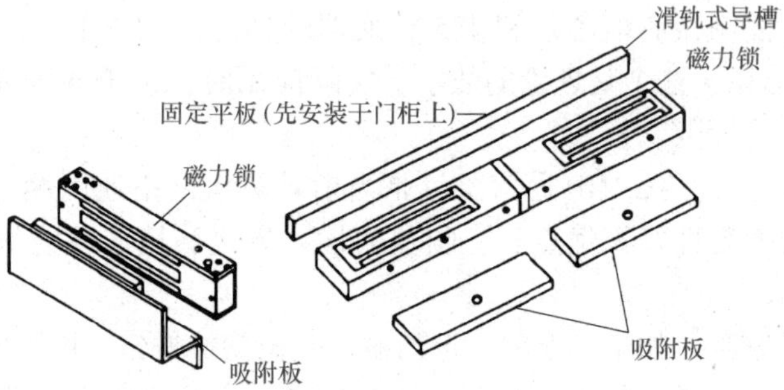

图3-14　双门磁力锁结构

电控阴极门锁又称电控锁扣，适用于单门单向平开门，可以是木门、金属门和玻璃门等，如图3-15所示。电控阴极门锁可与逃生装置、插芯锁、筒型锁配套使用。电控阴极门锁安装在门框内，承担普通机械锁扣的角色。当电锁扣上锁时，锁舌扣在锁扣内，门关闭；当锁扣开锁时，锁舌可以自由出入锁扣，门打开。

电控阳极门锁的基本原理是通过控制锁舌的伸缩，进行门的开关控制，如图3-16所示。根据使用要求，阳极门锁有断电锁门和断电开门选项。断电锁门用于安全要求大于人身安全的场所，断电开门则用于人身安全第一的场所。电控插芯锁和电控筒型锁的外观和普通锁一致，控制简单，适用于控制要求简单、外观要求高的场所，其外饰可根据需求改变。

电插门锁适用于办公室木门、玻璃门。大多属常开型，完全符合通道门体消防规范。电插门锁和磁力门锁是门禁系统中主要采用的锁体，如图3-17所示。

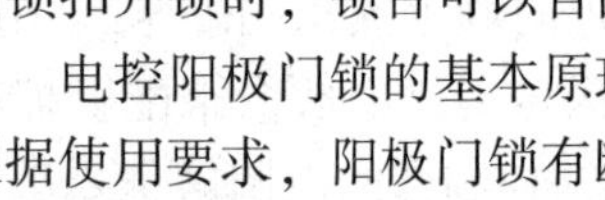

图3-15　电控阴极门锁

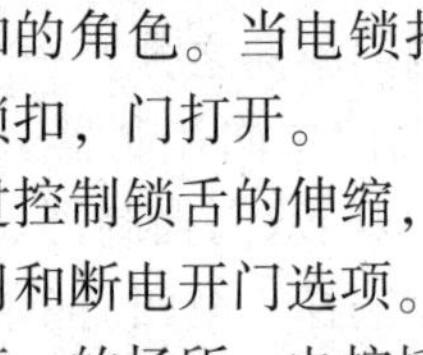

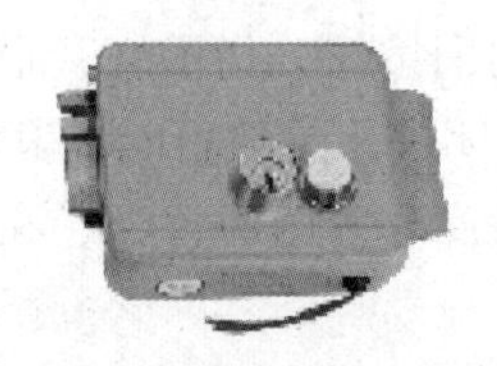

图3-16　电控阳极门锁

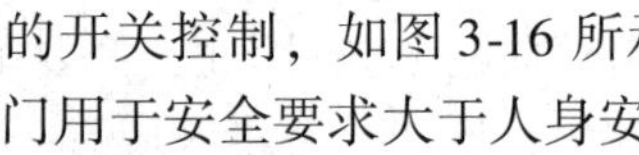

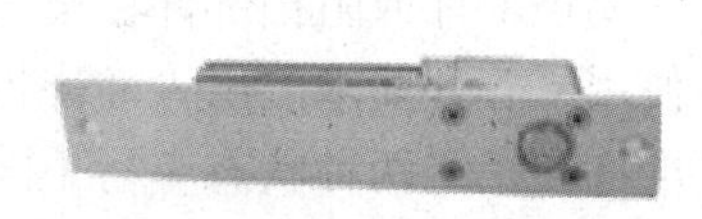

图3-17　电插门锁

2）门磁是用来判断门开关状态的一种设备，安装在门和门框上。门磁的核心器件是干簧管。通常每扇门都需要安装一对门磁，在实际应用中，许多锁具带有门磁信号功能，就不需要额外配置门磁了。

3）出门请求设备又称出门按钮，常见的有两种：一种是出门按钮，标准86底盒安装，安装高度和读卡器等高，属于开关型设备，按一下门就会被打开；一种是红外出门请求探测器，相当于一个红外探测器，当有人走近门（有效范围内）时，门就会自动打开，不需要手动操作。在双向门禁系统中，不需要采用出门请求设备。

4）紧急玻璃破碎器和火灾报警破碎原理相同，打碎玻璃即可直接开门，原理很简单，一片易碎玻璃片顶在一个开关上，玻璃片被打碎后，开关被激活，直接控制电锁电源的通或断，实现紧急开门功能，用于紧急情况逃生。表3-6为常用执行设备应用场合。

（5）系统软件　它管理着系统中所有的控制器，向它们发送命令，对它们进行设置，接收控制器送来的信息，完成系统中所有信息的分析与处理，具有设备管理、时间管理、数据库管理、网间通信功能。除网络型系统的中央管理机外，需要的所有软件均应保存到固态存储器中。具有文字界面的系统管理软件，其用于操作、提示、事件显示等的文字应采用简体中文。当供电不正常、断电时，系统的密钥（钥匙）信息及各记录信息不会丢失。

表3-6　常用执行设备应用场合

序号	执行设备	应用场合
1	单向开启、平开木门（含带木框的复合材料门）	阴极电控锁
		电控撞锁、一体化电子锁
		磁力锁、阳极电控锁
		自动平开门机
2	单向开启、平开镶玻璃门（不含带木框门）	阳极电控锁
		磁力锁
		自动平开门机
3	单向开启、平开玻璃门	带专用玻璃门夹的阳极电控锁
		带专用玻璃门夹的磁力锁
		玻璃门夹电控锁
4	双向开启、平开玻璃门	带专用玻璃门夹的阳极电控锁
		玻璃门夹电控锁
5	单扇、推拉门	阳极电控锁
		磁力锁
		推拉门专用电控挂钩锁
		自动推拉门机
6	双扇、推拉门	阳极电控锁
		推拉门专用电控挂钩锁
		自动推拉门机
7	金属防盗门	电控撞锁、磁力锁、自动门机
		电动机驱动锁舌电控锁

2. 出入口控制系统构成模式

出入口控制系统按其硬件构成模式可分为一体型和分体型。一体型出入口控制系统的各个组成部分通过内部连接、组合或集成在一起，实现出入口控制的所有功能。其系统框图如图3-18所示。

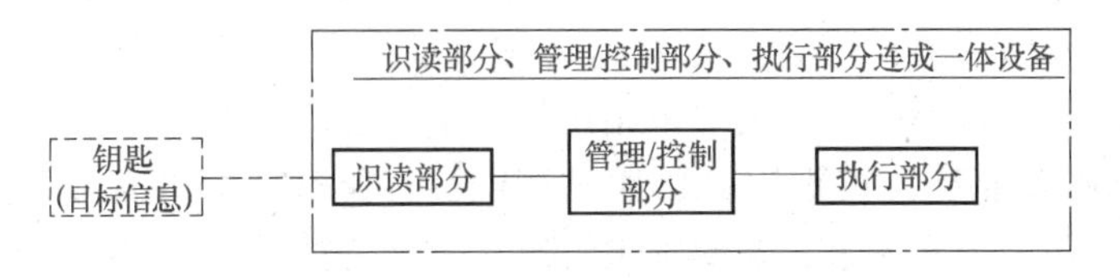

图3-18 一体型出入口控制系统示意图

分体型出入口控制系统的各个组成部分，在结构上有分开的部分，也有通过不同方式组合的部分。分开部分与组合部分之间通过电子、机电等手段连成为一个系统，实现出入口控制的所有功能。图3-19所示为分体型出入口控制系统示意图。

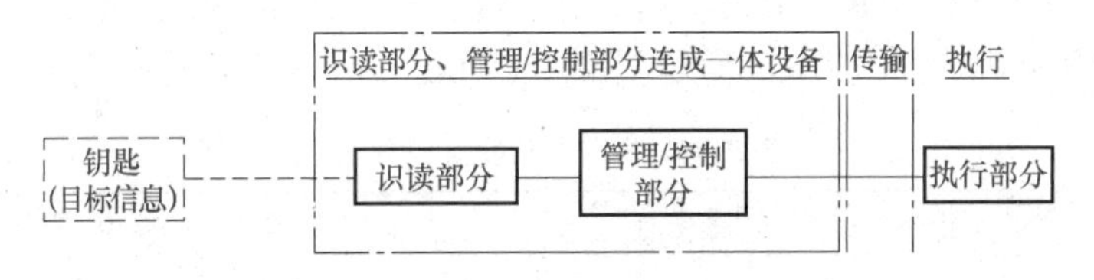

图3-19 分体型出入口控制系统示意图

出入口控制系统按其管理/控制方式可分为独立控制型、联网控制型和数据载体传输控制型。

独立控制型出入口控制系统，其管理与控制部分的全部显示/编程/管理/控制等功能均在一个设备（出入口控制器）内完成。

联网控制型出入口控制系统，其管理与控制部分的全部显示/编程/管理/控制等功能不在一个设备（出入口控制器）内完成。其中，显示/编程功能由另外的设备完成。设备之间的数据传输通过有线或无线数据通道及网络设备实现。联网控制型出入口控制系统如图3-20所示。

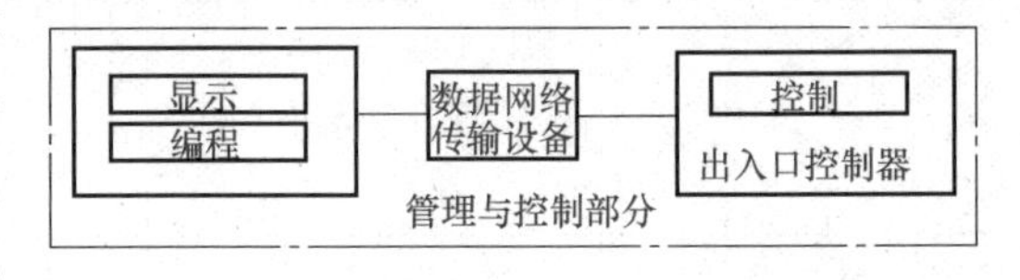

图3-20 联网控制型出入口控制系统

数据载体传输控制型出入口控制系统与联网型出入口控制系统的区别仅在于数据传输的方式不同，设备之间的数据传输通过对可移动的、可读写的数据载体的输入/导出操作完成。

出入口控制系统按现场设备的连接方式可分为单出入口控制设备和多出入口控制设备。单出入口控制设备：仅能对单个出入口实施控制的单个出入口控制器所构成的控制设备。

多出入口控制设备：能同时对两个以上出入口实施控制的单个出入口控制器所构成的控制设备。

按联网模式可分为总线制、环线制、单级网、多级网。

总线制：出入口控制系统的现场控制设备通过联网数据总线与出入口管理中心的显示、

编程设备相连，每条总线在出入口管理中心只有一个网络接口。

环线制：出入口控制系统的现场控制设备通过联网数据总线与出入口管理中心的显示、编程设备相连，每条总线在出入口管理中心有两个网络接口，当总线有一处发生断线故障时，系统仍然正常工作，并可探测到发生故障的地点。

单级网：出入口控制系统的现场控制设备与出入口管理中心的显示、编程设备的连接采用单一联网结构。

多级网：出入口控制系统的现场控制设备与出入口管理中心的显示、编程设备的连接采用两级以上串联的联网结构，且相邻两级网络采用不同的网络协议。

3. 访客对讲系统

访客楼宇（可视）对讲系统作为楼宇智能化的一部分，是住宅建设的有机组成部分，在住宅小区的安全防范中起到积极的作用而被用户认同。在选择访客楼宇（可视）对讲系统时，首先应确定自己的功能需求，再来选择具体的系统。访客对讲系统可分为非可视单对讲型和可视对讲型两种；从功能上又可分为基本功能型和多功能型。基本功能只具有对讲、控制开门功能；多功能型具有通话保密、密码开门、区域联网、报警联网、内部对讲等功能。

访客对讲系统按系统线制可分为多线制、总线多线制、总线制。多线制系统中，通话线、开门线、电源线、地线共用，每户线增加一条门铃线，系统总线制为 $4+N$（N 为室内分机数量）；总线多线制系统中，采用数字编码技术，一般每一层楼设有一个解码器（又称楼层分配器），解码器与解码器总线连接，并与用户室内机多线星形联结；总线制系统中，将解码器电路设于用户室内机中，而把楼层解码器省略，整个系统完全是总线连接，功能更强。

目前楼宇访客对讲系统产品的主流是可视、报警联网型。我们以可视报警联网型为例介绍访客对讲系统。

（1）组成　可视报警联网型访客对讲系统一般由主机（单元门口机）、分机（室内机）、电控锁、电源箱、管理员机、分配器、解码器以及传输线路等组成，具有选呼、对讲、监视、电控开锁、网络管理等功能。联网模式主要有独立单元联网模式、多单元联网模式、片区集成联网模式，但并不局限于这几种模式。目前，住宅小区中访客对讲系统应用最多的联网模式是同一小区多单元联网模式。

1）主机（单元门口机）：门口主机分为直接按键式和数字编码式两种。直接按键式门口主机上有多个按键，分别对应于楼里的每个住户，系统容量小，一般不超过 60 户。数字编码式主机如图 3-21 所示，由 10 位数字及“#”键与“*”键组成拨号键盘。来访者访问住户时，可像拨电话号码一样拨通被访问住户的房门号。数字编码式可视对讲系统用于多住户场合。门口主机一般安装在住宅单元楼出入口或墙壁上，完成与本单元户内分机的通信和控制单元楼电锁的开启，同时在管理员机与分机、门口副机与分机或分机与分机的通信过程中起到中继和交换的作用。门口主机内装有摄像头、扬声器、麦克风和电路板，机面设有多个功能键，主要采用压缩的编码信号传输，计算机自动纠错，操作方便。

2）分机（室内机）：当有来访者呼叫住户时，住户可通过可视分机的显示屏清晰地看到来访者图像，摘机即可通话。如果住户不在家，或者住户不愿与来访者通话，可视分机会在30s后自动挂断。图3-22所示为室内分机实物图。室内分机上的功能键作用如下：

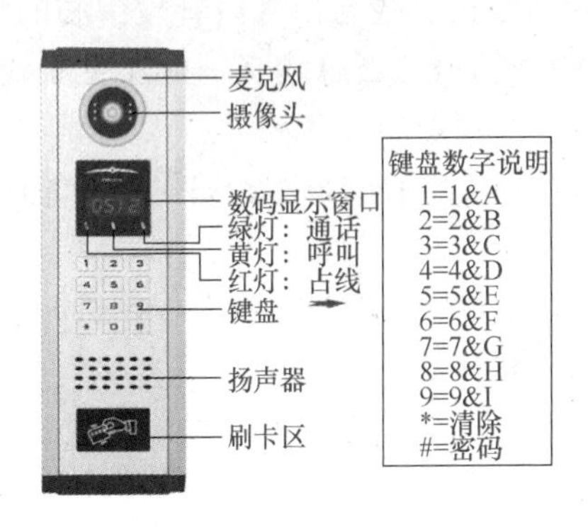

图3-21 数字编码式主机

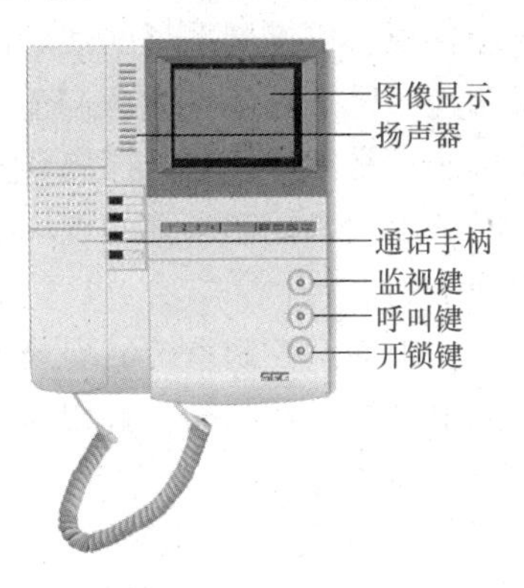

图3-22 室内分机实物图

“开锁键”是来访客人通过可视主机呼叫住户时，住户拿起手柄可与之通话，并可按此键开启大门的电锁。

“呼叫键”在待机状态下拿起手柄按此键时，则可以直接呼叫管理中心，与管理中心值班人员进行通话。如话路接通，则可听到回铃声；如果听不到回铃声，则表示话路处于占线状态，请稍后再拨。

“监视键”的使用，在待机状态下按此键时，可在分机显示屏上看见门口影像，再次按下监视键则关闭显示屏。

3）管理员机：管理员机通常设在消防控制中心或保安值班室，管理员机装有电路板、电子铃、功能键和电话机（有的主机带有显示屏和扬声器），并可外接摄像机和监视器，如图3-23所示。

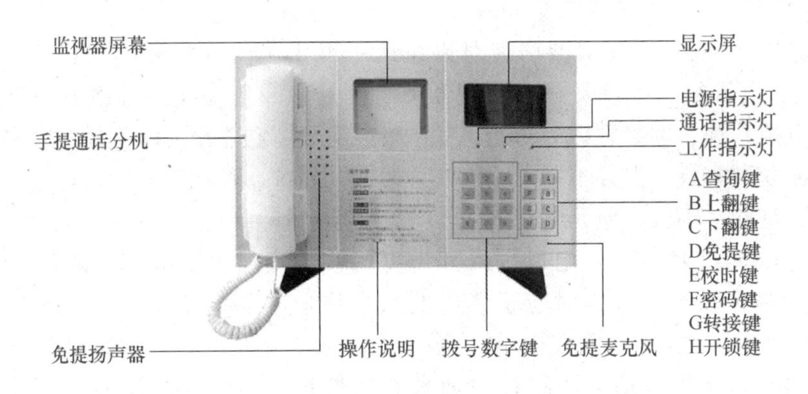

图3-23 管理员机

4）解码器：如图3-24所示，解码器是连接门口主机与住户分机的桥梁，承担信号格式转换以及住户分机的编码与解码呼叫等工作。一般安装于楼层的弱电井内，安装高度以距地1.4～1.5m为宜。

5）电源：电源向可视对讲系统的主机（单元门口机）、分机（室内机）、电控锁等各部分提供电源，当电源停电时应能自动转入备用电源连续不断地工作。当主电源恢复正常后，应自动切换为主电源工作。图3-25所示为可视对讲系统电源示意图。

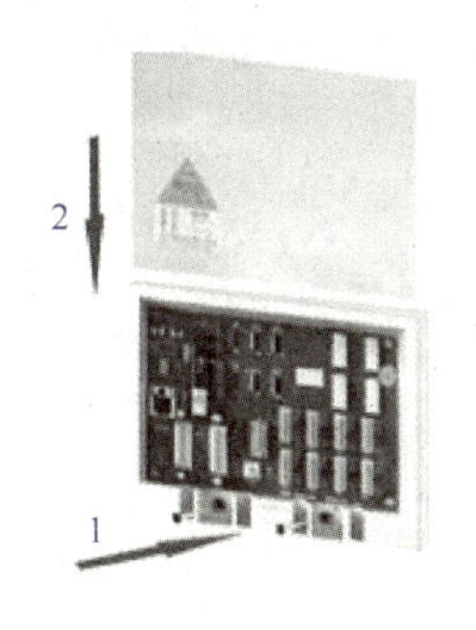

图 3-24　解码器

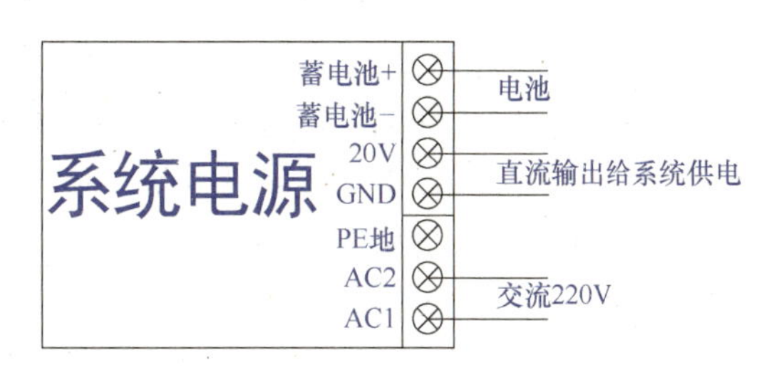

图 3-25　可视对讲系统电源示意图

6）电控锁：电控锁受控于住户，平时锁闭，可以通过钥匙、密码或门内的开门按钮打开。当确认来访者可以进入后，主人通过开门键来打开电控锁，来访者才可以进入，进门后电控锁自动锁闭。

7）视频切换器：主要用于主机（单元门口机）与管理员机通信时，在管理员机上进行视频画面切换、显示视频图像，如图 3-26 所示。

图 3-26　视频切换器

8）传输线路：传输线路建设可分为两部分。一部分是楼内配线线路，采用暗配管线。一般采用在楼内墙和楼板内敷设电线管或 PVC 管，在墙上留有配、出线箱盒。一部分是小区线路建设，它是将单元楼的门口主机同管理中心主机连接起来的线路。在已设有地下电话通信管道的小区内，可租用管道；在没有电话通信管道的小区内，可在人行便道上，建设适当孔数的管道和手孔，用以布放线缆。

（2）主要功能

选呼功能：经操作，门口机应能正确选呼相应室内机，并能听到回铃音。

通话功能：选呼后，能实施双向通话，语音清晰、无振鸣现象。

电控开锁功能：经操作，室内机应能实施电控开锁。

夜间操作功能：门口机应提供照明或可见提示，以便来访者在夜间操作。

通话功能：经选呼或呼叫后，应能实现双向通话，语音清晰、无振鸣现象。

可视功能：可视门口机选呼可视室内机后，在可视室内机的监视器上，应显示由可视门口机摄取的图像，图像质量至少应能够辨别来访者的面部特征。可视门口机呼叫管理机后，在可视管理机的监视器上，应显示由可视门口机摄取的图像，图像质量至少应能辨别来访者的面部特征。

报警功能：具有报警功能的系统采用有线专网联网模式，满足功能要求。

三、任务实施

随着信息技术的迅猛发展，对企业管理的自动化和现代化都提出了更高的要求。结合其他管理系统，在企业内采用非接触式 IC 卡一卡通技术，将大大提高企业的综合管理水平和管理效率。出入口控制系统设备的配置关键在于掌握各种设备的特点、性能、结构与功用。

1. 出入口控制系统配置应注意内容

（1）设备选型应符合以下要求

1）防护对象的风险等级、防护级别、现场的实际情况、通行流量等要求。

2）安全管理要求和设备的防护能力要求。

3）对管理/控制部分的控制能力、保密性的要求。

4）信号传输条件的限制对传输方式的要求。

5）出入目标的数量及出入口数量对系统容量的要求。

6）与其他子系统集成的要求。

（2）设备的设置应符合下列规定

1）识读装置的设置应便于目标的识读操作。

2）采用非编码信号控制和驱动执行部分的管理与控制设备必须设置于该出入口的对应受控区、同级别受控区或高级别受控区内。

（3）设备选型宜符合《出入口控制系统工程设计规范》GB 50396—2007 的附录 B、附录 C 和附录 D 的要求。

1）系统识读部分的防护等级分类应符合表 B. 0. 1 的规定。

2）系统管理与控制部分的防护等级分类应符合表 B. 0. 2 的规定。

3）系统执行部分的防护等级分类应符合表 B. 0. 3 的规定。

4）常用编码识读设备的选型应符合表 C. 0. 1 的要求。

5）常用人体生物特征识读设备的选型应符合表 C. 0. 2 的要求。

6）常用执行设备的选型应符合表 D. 0. 1 的要求。

2. 某科研办公楼出入口控制系统的配置

（1）科研办公楼出入口控制系统配置　出入口控制系统实现原理，当刷卡时，通过读卡器把用户的读卡信息上传到门禁控制器，通过预先设定的信息检验卡片是否有效，当卡片确认为有效时，控制电控锁打开，同时把读卡及按下出门按钮的信息上传到控制中心，通过门禁控制软件进行管理。

1）用户需求分析：首先统计每层楼有多少个门禁点，整个系统总共有多少个点。本工程为科研办公楼，建筑面积约为 14400m^2。地上五层，主要为办公室、实验室、资料室、报告厅、会议室、信息中心、财务室等，层高 4. 5m，建筑主体高度 25. 5m。在所长室、总工程师室、副所长室、实验室、资料室、信息中心、财务室等安装出入口控制设备，一层至五层安装出入口控制设备，根据对科研办公楼的勘察情况和对客户需求的详细调查，科研办公楼共有 45 个门禁点，门禁统计表见表 3-7。具体参看图 3-3 所示某科研办公楼出入口控制系统图。

表 3-7　某科研办公楼门禁点统计表

楼　层	门　禁　点	房　间　号
1	4	101 ~ 104
2	10	201 ~ 210
3	10	301 ~ 310
4	10	401 ~ 410
5	11	501 ~ 511
总计	45	

2）识读部分配置：卡片采用感应式卡，具有无接触识别、安全性高、可靠性好等特

点，克服了接触式IC卡的种种缺点，便于顾客使用。其中出入口控制采用单向读卡控制方式，与火灾报警系统联动，当火灾发生时，疏散人员不使用钥匙也能迅速安全通过。出入口识别装置采用RDS-12感应式读卡器，采用全密封设计，防水、防潮，是专为出入口控制系统设计的产品。集电极开路输出（内置10kΩ上拉电阻），允许多只读卡器并接。

RDS-12感应式读卡器的各项技术参数如下：

读卡距离：10cm；

输出格式：韦根26/40bit/s；

可支持的卡片：AC121T；

工作电压：DC7～16V；

内置LED及蜂鸣器；

典型工作电流：50mA；

最大工作电流：100mA；

外形尺寸：138mm×115mm×15mm。

3）管理/控制部分：确定控制器硬件是采用一体型还是分体型；控制器管理/控制方式按独立控制型、联网控制型还是数据载体传输控制型；考虑控制部分跟上位机如何连接。

RS485网络是总线型网络，所有的终端设备使用一组双绞线连接在一起，通过RS485/RS232转换器或485集线器接入计算机，构成一个完整的网络系统。

放行的原则是识别持卡人所持卡片信息，只有条件相符时，才允许进出。系统采用集中管理、分散控制原则，由专人管理，可对整个系统进行联网控制。系统采用星形拓扑结构连接，支持ISO/IEC11801布线标准，方便安装和增加控制器；保安中心具有系统最高的操作级别，可对各出入口进行设置。图3-27所示为某科研办公楼出入口控制系统网络结构图。

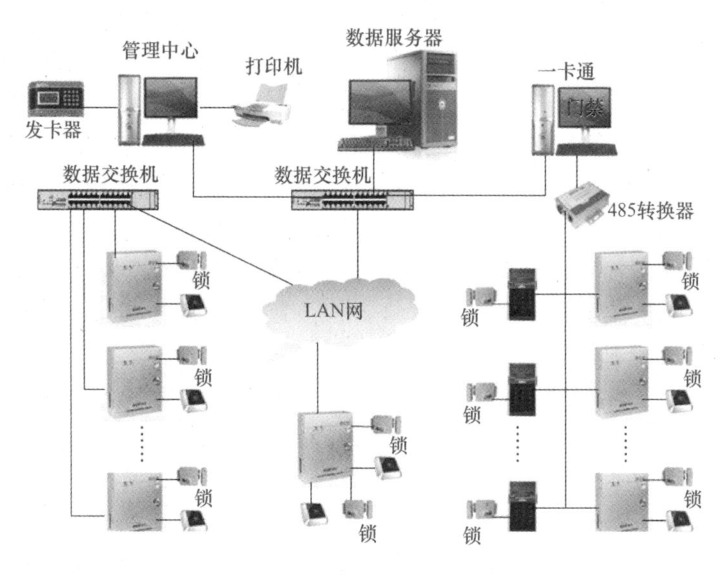

图3-27　某科研办公楼出入口控制系统网络结构图

各门禁控制器脱网也能正常运行，管理者可对不同出入口进行不同的设置。系统采用模块化结构，可随时增加或减少控制器，确保某控制器的错误不影响其他控制器。门禁控制器与管理中心连接，完成系统设置、数据收集、实时控制等工作。每个门禁控制器具有64个时段设置，使出入口在周一至周日可采用不同的控制方式。系统具有发放临时卡功能，并对大楼临时访客设置合理权限和功能。系统具有考勤功能，方便写字楼使用。在大楼保安中心的主控计算机上随时可以查阅系统的所有信息，修改系统的所有参数。系统高度安全、可靠，对大楼内的异常情况实时上报及自动报警，在脱网及大楼断电的情况下仍能正常运行数小时。图3-28所示为单个门禁系统组成情况。

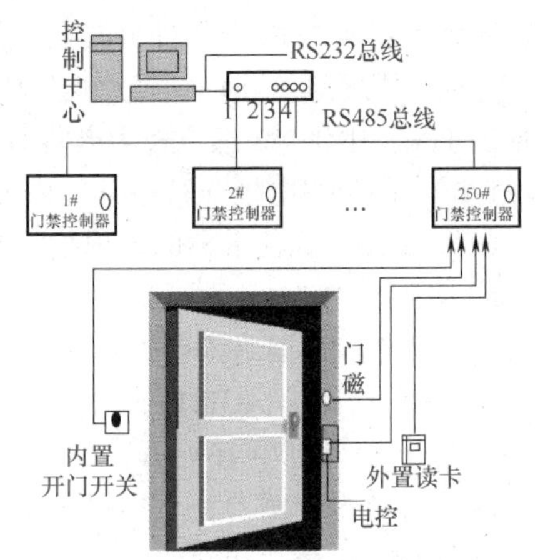

图3-28 单个门禁系统组成情况

（2）执行部件配置 选定执行部件，所有门禁采用阳极或阴极电控锁。采用出门按钮方式开门，执行部件数量与门禁读卡器的比例是1∶1。表3-8为某科研办公楼门禁系统执行机构点位表。

表3-8 某科研办公楼门禁系统执行机构点位表

楼 层	门锁类型及数量	紧急按钮	电控锁按键	门磁开关
1	4把阳极电控锁	4	4	6
2	8把阳极电控锁、2把阴极电控锁	8	10	10
3	7把阳极电控锁、2把阴极电控锁	7	9	11
4	7把阳极电控锁、2把阴极电控锁	7	9	11
5	9把阳极电控锁、2把阴极电控锁	9	11	14
总计	43	35	43	52

（3）门禁控制软件 科研楼原有计算机设备符合门禁控制软件安装要求，直接在现有的计算机上加装门禁控制软件。整个系统联网实时监控和记录门开关情况，可随时查阅门禁系统的历史记录。根据科研楼的实际情况将权限分为总经理级、经理级、员工级和特殊级4级卡片，并且根据作息时间安排，员工级和特殊级卡片只能在上午7时30分至晚上6时30分进入科研楼区域。系统在使用非法卡片、遭遇破坏等意外时报警。系统具有很好的扩充性，可与摄像头、烟感探头、红外线探头、温感探头等监控设备连接。

（4）一卡通功能配置 除门禁管理功能外，还符合与火灾报警系统联动、巡查、考勤于一体的一卡通系统兼容要求。

3. 访客对讲系统配置

某一小区，有3个小区出入口，小区内共有19幢楼。其中的14幢楼，每幢楼均为3个单元，一梯2户；其余4幢楼，每幢楼均为2个单元，一梯3户，所有楼的楼层均为6层。图3-29所示为该小区访客对讲系统图。

（1）小区访客对讲系统功能

1）住户可在小区、单元入口处的区口机、门口机输入住户开门密码打开电锁。

2）来访者在小区、单元入口通过区口机、门口机呼叫用户分机，被呼叫的住户分机听到振铃声响后分机显示访客图像，住户可与之进行对讲并开启相应呼叫的门口机电锁。住户还可不应答呼叫，只监看访客图像，并通知管理员（对访客保密），由管理员与访客通话。

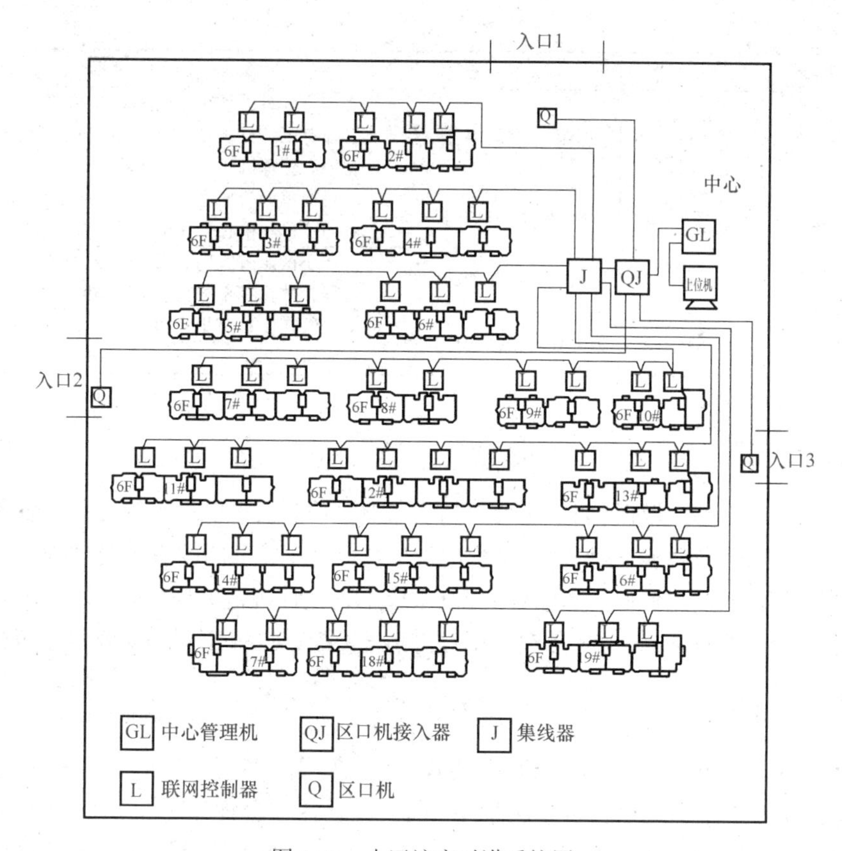

图3-29 小区访客对讲系统图

3）用户分机可随时通过门口机的摄像头监视入口状况。

（2）配置原则 根据小区情况，本着施工方便，节约设备及线材费用的理念进行整体规划设计。

1）小区总平面联网总线规划：根据楼的分布，每相邻的楼间布一条总线，小区中19幢楼由7排楼幢组成，该小区共需7条总线，每条总线通过集线器输出。

2）区口机规划：有区口机时必需要有区口机接入器，每台区口机占用一个端口。

3）管理中心规划：小区需要一台中心管理机，须占用区口机接入器一个端口，区口机接入器最多可接8台区口机和4台中心管理机，而一台集线器支持8条总线（即8端口），所以在该系统中建议用一台集线器。

4）梯口及楼内规划：每个单元用一台联网控制器，单元梯口建议用直按式梯口机。

（3）系统主要设备配置情况 表3-9为系统主要设备配置情况。

表3-9 系统主要设备配置情况

设备名称	数量/台	安装位置	功能
管理中心机	1	保安值班室一台	是整个对讲系统的联络中心与服务中心，它可以设在传达室或小区中心，通过网络可随时与住户联系，并能随时收到住户的报警信号，为小区的安全提供有力保障

（续）

设备名称	数量/台	安装位置	功　能
区口机	3	小区三个门口各一台	当小区对讲系统中含有区口机进行联网时，此时必须有区口接入器，通过区口机接入器可扩展出8台中心管理机和1台集线器
单元门口机	52	每个单元门口安装一台	可视单元门口主机一般放在单元入口处，可直接呼叫住户和中心管理机，并具有可视对讲功能
集线器	1	放在合适隐蔽的位置	当小区比较大时，要划片区管理，此时必须有集线器，并具有8条通信总线功能（800m/条）
可视室内分机	684	单元住户的每套住户室内	安装在住户家里，可与访客或中心管理机进行可视对讲并开锁

四、任务总结

在进行出入口控制系统配置时，主要包括读卡器、控制器、电控锁等设备。设备、线缆选型和配置，应结合工程现场勘察情况、工程建设单位或其主管部门的有关管理规定、国家现行规范标准的要求等内容，特别是《出入口控制系统工程设计规范》GB 50396，《楼寓对讲电控防盗门通用技术条件》GA/T72，《黑白可视对讲系统》GA/T269对设备选型与设置的要求。

五、效果测评

某小区，有3个小区出入口，小区内共有8幢32层的高楼，每幢楼只有一个单元，一梯7户，每幢楼有3个出入口，分别为地下室1、2层各一台梯口主机，地面主入口一台梯口主机。根据小区情况，本着施工方便，节约设备及线材费用的设计理念，对可视对讲系统进行配置。小区访客可视对讲系统图如图3-30所示。

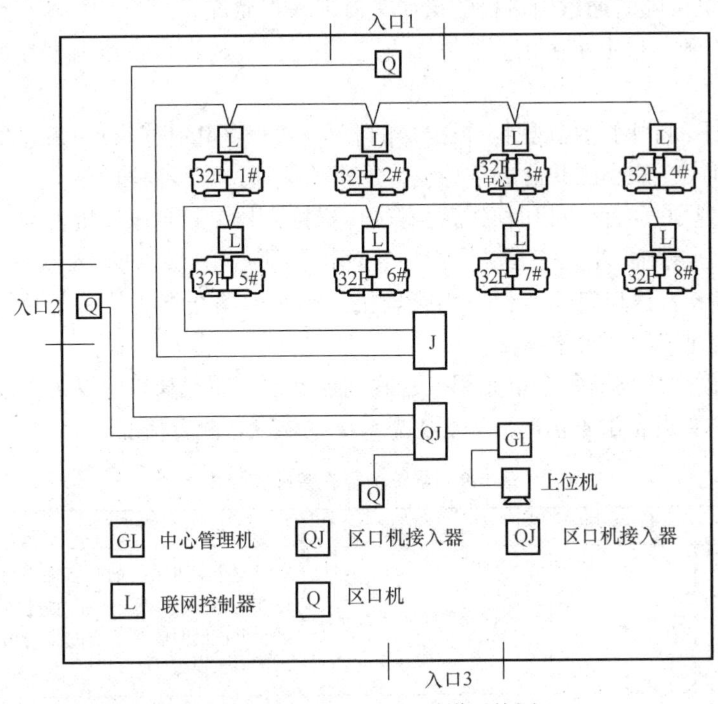

图3-30 小区访客可视对讲系统图

1）小区总平面联网总线规划：根据楼幢分布，每相邻的楼幢布一条总线，小区中 8 幢楼由 2 排楼幢组成，可用几条总线？

2）小区需要几台中心管理机？

3）若一台集线器支持 8 条总线（即 8 个端口），在该系统中需要几台集线器？

4）整个小区应该配置几台梯口机？几台可视分机？几个电控锁？

任务 3　出入口控制系统安装与调试

一、任务描述

出入口控制系统的安装与调试是根据设计施工图与国家规范的要求，依据建设单位实际出入口控制的需求，将出入口控制系统各部分设备，进行与设计图纸完全对应的安装，待系统各部分安装完毕，调试准备工作完毕后，完成调试。通过本任务的学习，掌握出入口识读设备、管理/控制设备和执行设备以及相应的系统软件的安装与调试规范要求、传输部分管线的敷设与线缆选型和电气线路的连接。通过建立出入口系统的通信网络，操作各系统产品配套软件进行授权、发卡、管理，满足建设单位对安全防范出入口控制的运行与监视要求。

二、任务信息

进行出入口控制系统安装与调试工作前，需要进行检查出入口控制系统施工准备工作。主要两方面检查，一是施工现场的施工条件，二是技术资料、施工人员、设备材料、工具等。待检查无误后，按正式设计文件与施工图进行，不得随意更改，若需更改则需填写更改审核单。施工中应做好隐蔽工程的随工验收，并填写隐蔽工程验收表。下面详细介绍施工中设备安装与调试的规范要求。表 3-10 为施工更改审核单。表 3-11 为隐蔽工程验收表。

表 3-10　施工更改审核单

<table>
<tr><td colspan="5">工程名称：</td></tr>
<tr><td colspan="2">更改内容</td><td>更改原因</td><td>原　为</td><td>更改为</td></tr>
<tr><td colspan="2"></td><td></td><td></td><td></td></tr>
<tr><td colspan="2"></td><td></td><td></td><td></td></tr>
<tr><td colspan="2"></td><td></td><td></td><td></td></tr>
<tr><td colspan="2"></td><td></td><td></td><td></td></tr>
<tr><td colspan="3">申请单位（人）：　　日期：</td><td rowspan="5">分发单位</td><td></td></tr>
<tr><td colspan="3">审核单位（人）：　　日期：</td><td></td></tr>
<tr><td rowspan="2">批准会签</td><td colspan="2">设计施工单位：　　日期：</td><td></td></tr>
<tr><td colspan="2">建设监理单位：　　日期：</td><td></td></tr>
<tr><td colspan="3">更改实施日期：</td><td></td></tr>
</table>

表3-11　隐蔽工程验收表

<table>
<tr><td colspan="6">工程名称：</td></tr>
<tr><td colspan="2">建设单位/总包单位</td><td colspan="2">设计施工单位</td><td colspan="2">监理单位</td></tr>
<tr><td colspan="2"></td><td colspan="2"></td><td colspan="2"></td></tr>
<tr><td rowspan="9">隐蔽工程内容</td><td rowspan="2">序号</td><td rowspan="2">检查内容</td><td colspan="3">检查结果</td></tr>
<tr><td>安装质量</td><td>部　位</td><td>图　号</td></tr>
<tr><td>1</td><td></td><td></td><td></td><td></td></tr>
<tr><td>2</td><td></td><td></td><td></td><td></td></tr>
<tr><td>3</td><td></td><td></td><td></td><td></td></tr>
<tr><td>4</td><td></td><td></td><td></td><td></td></tr>
<tr><td>5</td><td></td><td></td><td></td><td></td></tr>
<tr><td>6</td><td></td><td></td><td></td><td></td></tr>
<tr><td></td><td></td><td></td><td></td><td></td></tr>
<tr><td>验收意见</td><td colspan="5"></td></tr>
<tr><td colspan="2">建设单位/总包单位</td><td colspan="2">设计施工单位</td><td colspan="2">监理单位</td></tr>
<tr><td colspan="2">验收人：
日期：
签单：</td><td colspan="2">验收人：
日期：
签单：</td><td colspan="2">验收人：
日期：
签单：</td></tr>
</table>

注：1. 检查内容包括：（序号1）管道排列、走向、弯曲处理、固定方式；（序号2）管道搭铁，接地；（序号3）管口安放护圈标识；（序号4）接线盒及桥架加盖；（序号5）线缆对管道及线间绝缘电阻；（序号6）线缆接头处理等。

2. 检查结果的安装质量栏内，按检查内容序号，合格的打“✓”，基本合格的打“△”，不合格的打“×”，并注明对应的楼层（部位）、图号。

3. 综合安装质量的检查结果，填写在验收意见栏内，并扼要说明情况。

1. 出入口控制系统安装基础知识

1）各类识读装置的安装高度离地不宜高于1.5m，安装应牢固。

2）感应式读卡机在安装时应注意可感应范围，不得靠近高频、强磁场。

3）锁具安装应符合产品技术要求，安装应牢固，启闭应灵活。

2. 访客（可视）对讲系统安装基础知识

1）（可视）对讲主机（门口机）可安装在单元防护门上或墙体主机预埋盒内，（可视）对讲主机操作面板的安装高度离地不宜高于1.5m，操作面板应面向访客，便于操作。

2）调整可视对讲主机内置摄像机的方位和视角于最佳位置，对不具备逆光补偿的摄像机，宜做环境亮度处理。

3）（可视）对讲分机（用户机）安装位置宜选择在住户室内墙上，安装应牢固，其高度离地1.4～1.6m。

4）联网型（可视）对讲系统的管理机宜安装在监控中心内，或小区出入口的值班室内，安装应牢固、稳定。

3. 出入口控制系统的调试基础

在进行调试前，应编制完成系统设备平面布置、走线图以及其他必要的技术文件。调试工作应由项目责任人或具有相当于工程师资格的专业技术人员主持，并编制调试大纲，同时检查工程的施工质量。对施工中出现的问题，如错线、虚焊、开路或短路等应予以解决，并有文字记录。按正式设计文件的规定查验已安装设备的规格、型号、数量、备品备件等。系统在通电前应检查供电设备的电压、极性、相位等。

1）按《出入口控制系统工程设计规范》GB 50396 等国家现行相关标准的规定，检查并调试系统设备如读卡机、控制器等，系统应能正常工作。

2）对各种读卡机在使用不同类型的卡（如通用卡、定时卡、失效卡、黑名单卡、加密卡、防劫持卡等）时，调试其开门、关门、提示、记忆、统计、打印等判别与处理功能。

3）按设计要求，调试出入口控制系统与报警、电子巡查等系统间的联动或集成功能。

4）对采用各种生物识别技术装置（如指纹、掌形、视网膜、声控及其复合技术）的出入口控制系统的调试，应按系统设计文件及产品说明书进行。

待系统调试结束后，应根据调试记录，如实填写调试报告。调试报告经建设单位认可后，才能进入试运行阶段。表3-12为系统调试报告格式。

表3-12　系统调试报告格式

<table>
<tr><td colspan="2">工程名称</td><td colspan="3"></td><td colspan="2">工程地址</td><td colspan="3"></td></tr>
<tr><td colspan="2">使用单位</td><td colspan="3"></td><td colspan="2">联系人</td><td></td><td>电话</td><td></td></tr>
<tr><td colspan="2">调试单位</td><td colspan="3"></td><td colspan="2">联系人</td><td></td><td>电话</td><td></td></tr>
<tr><td colspan="2">设计单位</td><td colspan="3"></td><td colspan="2">施工单位</td><td colspan="3"></td></tr>
<tr><td rowspan="7">主要设备</td><td colspan="3">设备名称、型号</td><td>数量</td><td colspan="2">编号</td><td>出厂年月</td><td>生产厂</td><td>备注</td></tr>
<tr><td colspan="3"></td><td></td><td colspan="2"></td><td></td><td></td><td></td></tr>
<tr><td colspan="3"></td><td></td><td colspan="2"></td><td></td><td></td><td></td></tr>
<tr><td colspan="3"></td><td></td><td colspan="2"></td><td></td><td></td><td></td></tr>
<tr><td colspan="3"></td><td></td><td colspan="2"></td><td></td><td></td><td></td></tr>
<tr><td colspan="3"></td><td></td><td colspan="2"></td><td></td><td></td><td></td></tr>
<tr><td colspan="3"></td><td></td><td colspan="2"></td><td></td><td></td><td></td></tr>
<tr><td colspan="2">施工有无遗留问题</td><td colspan="3"></td><td colspan="2">施工单位联系人</td><td></td><td>电话</td><td></td></tr>
<tr><td>调试情况</td><td colspan="9"></td></tr>
<tr><td colspan="3">调试人员（签字）</td><td colspan="3"></td><td colspan="2">使用单位人员（签字）</td><td colspan="2"></td></tr>
<tr><td colspan="3">施工单位负责人（签字）</td><td colspan="3"></td><td colspan="2">设计单位负责人（签字）</td><td colspan="2"></td></tr>
<tr><td colspan="3">填表日期</td><td colspan="7"></td></tr>
</table>

4. 访客（可视）对讲系统调试基础

（1）系统调试具体要求

1）按国家现行标准《楼寓对讲电控防盗门通用技术条件》GA/T72、《黑白可视对讲系统》GA/T269的要求，调试门口机、用户机、管理机等设备，保证工作正常。

2）按国家现行标准《楼寓对讲电控防盗门通用技术条件》GA/T72的要求，调试系统的选呼、通话、电控开锁等功能。

3）调试可视对讲系统的图像质量，应符合《黑白可视对讲系统》GA/T269标准的相关要求。

4）对具有报警功能的访客（可视）对讲系统，应按现行国家标准《防盗报警控制器通用技术条件》GB 12663及相关标准的规定，调试其布防、撤防、报警和紧急求助功能，并检查传输及信道有无堵塞情况。

（2）系统调试 可视对讲系统的调试，一般来讲，先调试每个单元，单元调试完成后，联网调试小区网络。调试应在电源、层间分配器、室外机、室内机预接线完成的条件下进行。

1）单元系统调试：使用万用表欧姆挡位，检查电源、单元主接线箱、室外机接线和层间分配器（或分线盒）的布线是否符合要求，接线是否正确。

完成线路检查，正确连接室外机后上电，检查室外机是否工作正常。进入单元门口机设置，设置单元门口机的地址，出厂时室外机的地址默认为一号。此时单元门口机的其他功能正常，然后可对室内机和层间分配器进行编码。调节单元门口机摄像头的方向不要直对强光方向，调节室外机的音量到合适状态。

检查室内机的预接线正确后，室内机摘机，会自动开始发起和室外机通话或观察单元门口机的视频图像。调整室内机铃声音量，对比度和亮度到合适。同户的多台室内机应分别设置地址。具有安防功能的室内机，应逐个对安防设备进行调试。火灾和煤气探测器报警，室内机发出声光指示。在布防状态下，红外探测器和门磁报警时发出声光提示。紧急按钮按下时室内机不会发出报警声，红灯闪烁。

2）小区联网系统调试：检查管理中心、小区门口机、联网器、视频放大器布线是否符合要求，接线是否正确。

进入联网器地址设置状态，设置有三位楼号和联网单元号。

设置完成后，可通过室外机呼叫管理中心，也可以在管理中心监视室外机，当图像和声音不清晰时，应检查线路。

三、任务实施

1. 某小区单元楼房门禁系统安装调试

（1）施工准备

1）设备与材料。

前端设备：主要包括门禁主机、计算机（内置系统管理软件）、打印机、不间断电源等。

终端设备：主要包括门禁控制器、电控锁、电磁锁、出门按钮、读卡器、密码键盘等。

设备安装前应根据使用说明书进行全部检查方可安装。

管线材料：镀锌钢管、镀锌线槽、金属膨胀螺栓、金属软管、各种规格的线缆。

其他材料：塑料膨胀管、机螺钉、平垫、弹簧垫圈、接线端子、钻头、焊锡、焊剂、绝缘胶布、塑料胶布、各类接头等。

2）机具设备：手电钻、冲击钻、梯子、水平尺、拉线、线坠、钳子、剥线钳、电工刀、电烙铁、一字螺钉旋具、十字螺钉旋具、尖嘴钳、偏口钳、250V兆欧表、500V兆欧表。

3）作业条件：管理室内土建工程应装修完毕，门、窗、门锁装配齐全、完整；管理室内、弱电竖井、建筑内其他公共部分及外围的布线线缆沟、槽、管、箱、盒施工完毕；各预留孔洞、预埋件的位置，线管的管径、管路的敷设位置等均应符合设计施工要求。

(2) 安装

1) 工艺流程。

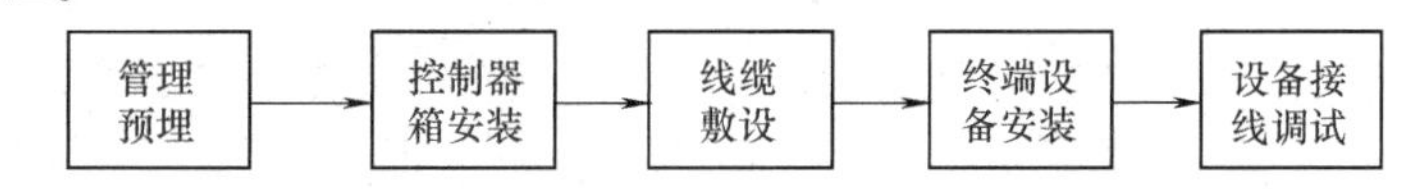

2) 施工。

① 环境：施工前必须先看好环境，确定系统每一条线路及每一设备安装位置，设计出完整工程图。

② 埋管/布线：先按工程图将每个门与控制器及控制器之间的管埋好，然后布线（操作过程中不可用力过大将线芯拉断，每条线作上标记，以备安装时辨别，并检测每条线的通信状态）。网络系统的布线可采用综合布线系统，符合 ISO/IEC 11801 综合布线标准。

③ 安装：每个工程人员必须先掌握整个工程过程（设备安装位置，安装方法等），熟知每个施工环节方可上岗操作，尽量减少工程的安装、调试复杂性。

3) 线材选用。

读卡器线：读卡器到控制器端口之间的线建议用 8 芯屏蔽多股双绞网线，建议采用线径 $0.5mm^2$ 以上，最长不可以超过 100m，屏蔽线接控制器的 GND 端。

出门按钮线：出门按钮到控制器端口之间的线，建议采用两芯线，线径在 $1.0mm^2$ 以上。

电锁线：电锁到控制器端口之间的线，建议使用两芯电源线，线径在 $1.0mm^2$ 以上。如果超过 50m 用更粗的线，或者多股并联，或者通过电源的微调按钮，调高输出电压到 14V 左右，最长不要超过 100m。

门磁线：门磁到控制器端口之间的线，建议选择两芯线，线径在 $0.5mm^2$ 以上。

4) 读卡器的安装：读卡器安装示意图如图3-31所示。

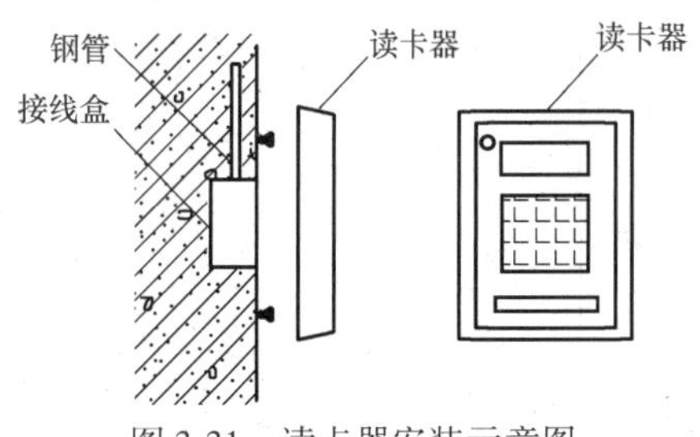

图 3-31 读卡器安装示意图

各类识读装置的安装高度离地不宜高于 1.5m，安装应牢固。根据施工平面图检查读卡器的位置。读卡器一般安装在门外右侧，距地高度 1.4m，距门框 3～5cm，以读卡人的习惯方便为原则。感应式读卡机在安装时应注意可感应范围，不得靠近高频、强磁场。

安装底盒或底盒在施工安装时已预留后，将连接电缆穿入读卡器安装底盒，根据读卡器接线图焊接读卡器线缆，采用电工胶布进行绝缘处理，固定读卡器在底盒上。

5) 读卡器的接线：识读设备接线图如图 3-32 所示。

清理接线盒内的杂物，用刀片与斜口钳将各芯线绝缘层剥去 5mm，使各芯线铜芯裸露。在铜芯上均匀镀锡。利用电缆各线颜色，定义线缆用途，并做好记录与标记。采用电烙铁将识读设备与多芯线焊接，连接完毕，用热缩管或电工绝缘胶布包扎。

图 3-32 识读设备接线图

6) 控制设备安装与接线：根据系统布线及施工平面图纸的图示，在管线敷设完成的情况下，检查安装位置。按照控制设备安装高度要求来安装控制设备机箱并固定牢固。根据接线图，引入、连接接线电缆，如图3-33所示。

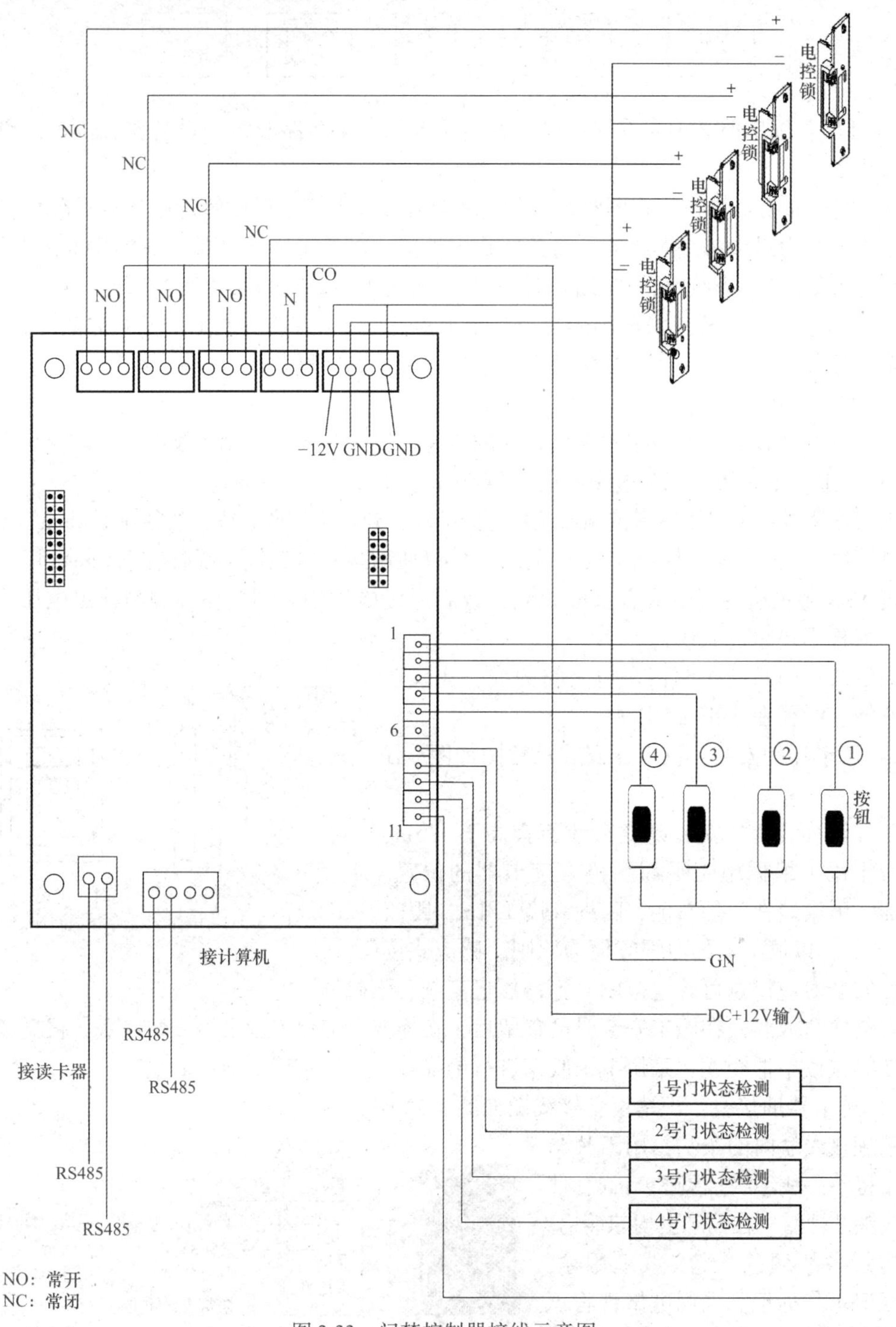

图3-33 门禁控制器接线示意图

7）阳极电控锁（木门、金属门）、阴极锁的安装与接线：将电磁锁的固定平板和衬板分别安装在门框和门扇上，然后将电磁锁推入固定平板的插槽内，即可固定螺钉，按图连接导线。

在金属门框安装电控锁，导线可穿软塑料管沿门框敷设，在门框顶部进入接线盒。木门框可在电控锁外门框的外侧安装接线盒及钢管。图 3-34 所示为阳极电控锁安装步骤图。图 3-35所示为木门阳极电控锁安装示意图。图 3-36 所示为阴极电控锁安装示意图。

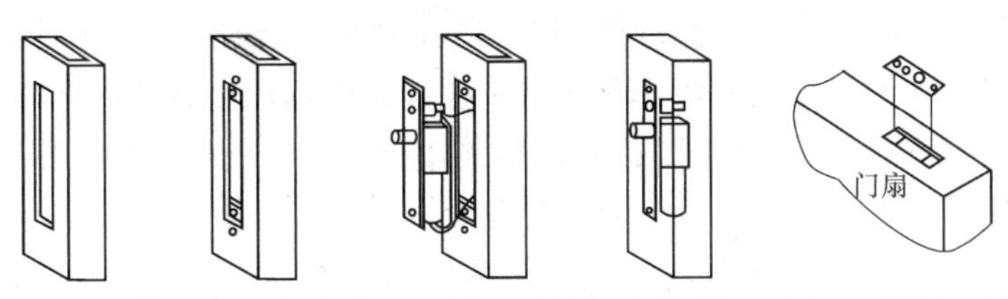

图 3-34　阳极电控锁安装步骤图

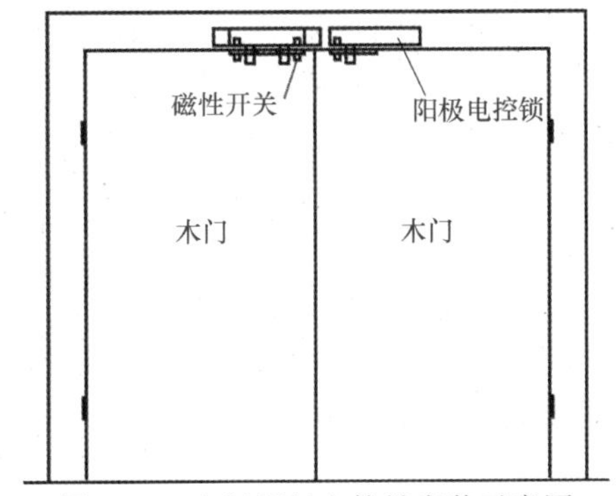

图 3-35　木门阳极电控锁安装示意图

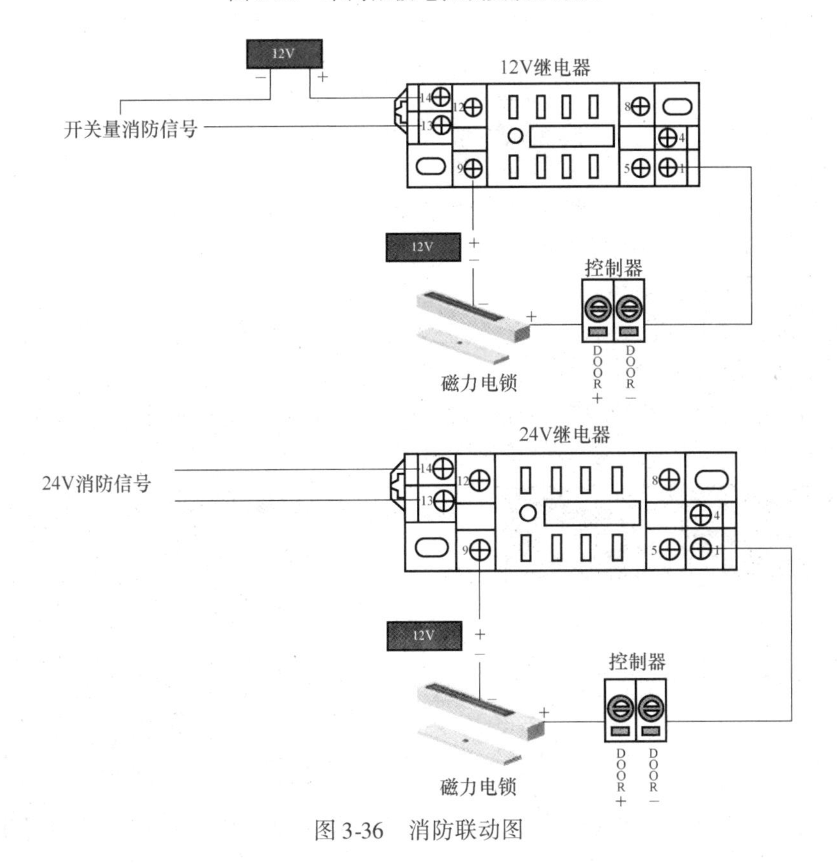

图 3-36　消防联动图

消防联动对接的要求，就是当消防信号过来，能联动门禁系统控制门的开闭。主要有两种联动方式：软件联动和硬件联动，一般情况下我们都按硬件联动的方式来实现对接。简单介绍下硬件联动方式下的关键元器件：继电器。目前最常用的继电器为电磁继电器，NO（动合）状态：不通电的情况下，继电器为断开状态；NC（动断）状态：不通电的情况下，继电器为闭合状态。硬件联动的基本原理，就是通过继电器让电锁的电源回路断路，即切断电锁供电，从而使门打开。所以，只需要将消防继电器接入电锁的电源回路即可。

8）出门按钮的安装：图3-37所示为出门按钮接线图。安装时，根据施工平面图检查出门按钮的位置，开门按钮安装在室内门内侧，高度与读卡器平齐。安装底盒，穿入连接线缆，焊接并进行绝缘处理，固定面板。

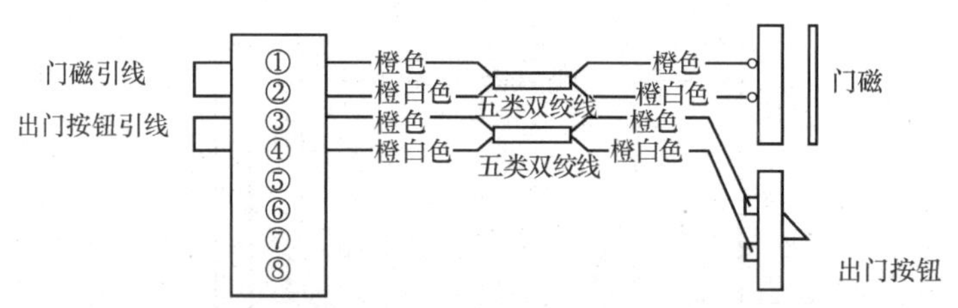

图3-37 出门按钮接线图

9）通信网络连接：将计算机的RS232口与转换器（RS485转RS232）连接。将出入口控制器的RS485总线接口与转换器（RS485转RS232）连接，如图3-38所示。

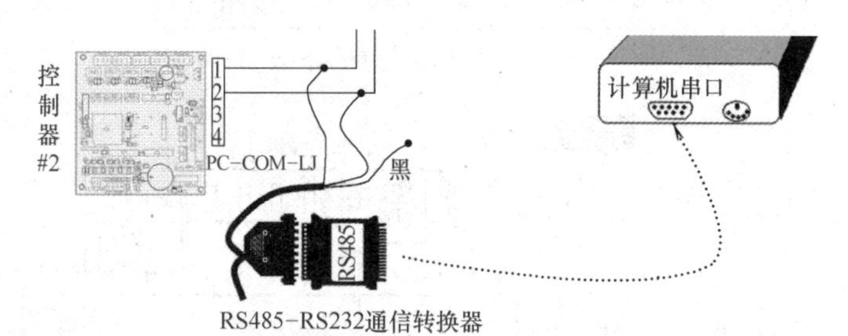

图3-38 控制器总线与计算机连接图

10）出入口系统软件安装。

数据库安装：放入SQL Server 2000安装光盘，自动运行后，选择安装SQL Server 2000组件，如图3-39所示。

重启计算机后，打开开始菜单→Microsoft SQL Server→服务管理器，如图3-40所示，选中“当启动OS时自动启动服务”。

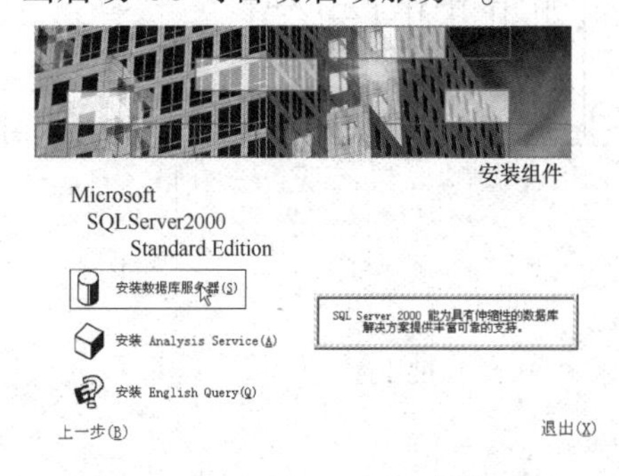

图3-39 SQL Server 2000安装界面

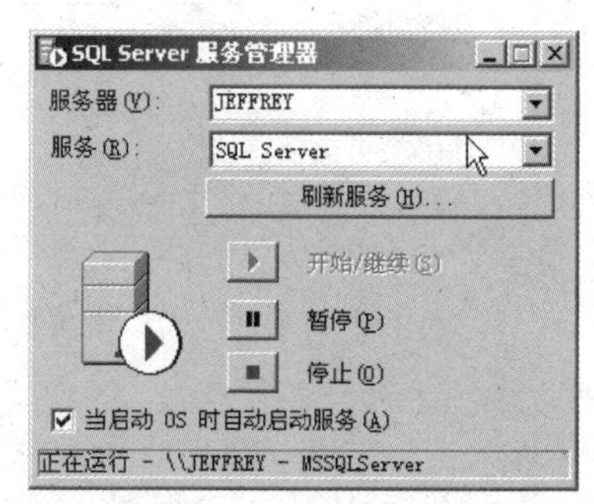

图3-40 SQL Server服务管理器对话框

然后选择服务中的“SQL Server Agent”，然后单击“开始/继续”，同时选择“当启动 OS 时自动启动服务”，如图 3-41 所示。

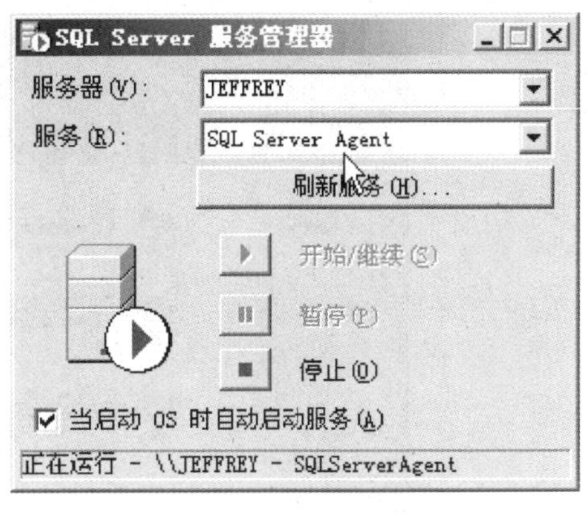

图 3-41　SQL Server 服务管理器对话框

出入口系统软件的安装，将光盘放入光驱中，光盘会自动运行安装程序，或直接到光盘中双击“setup. exe”。安装软件后，要开始使用系统，必须做以下操作：首先检查 MS SQL Server 2000 数据库是否已经启动，在服务器屏幕右下角的 SQL Server 图标是否变成绿色的图标；另外要检查局域网是否通信正常。

（3）调试

1）检查线路无误后通电，读卡器蜂鸣器应该发出提示音，控制器和读卡器的运行灯 LED 应该闪亮。若无上述现象请立即断电检查。

2）读卡器上有一旋钮的数码开关，用小一字螺钉旋具旋动使箭头指向的数字为地址号数，进行这一操作一定要做好记录，记下所有读卡器的地址号和所属控制器以及对应的安装位置，以确保在软件中设置正确。

3）用卡感应读卡器，测试读卡器能否识别信号以及执行何种后续动作。

4）按下开门按钮，门应该立即打开，如果未打开，则检查按钮线路和接线。

5）启动消防报警设备（用一根铜线短接 FIRE、GND 脚，因为是开关量输入，闭合表示消防报警），所有门应该同时打开，并且报警驱动输出接通 LED1 灯点亮。

6）启动防拆开关，报警输出处于通、断状态，同时 LED1 灯闪亮。

7）门禁控制器的地址码设置，在主板上有一 8 位拨码开关，每一个开关有两种状态“ON”和“OFF”，这样即组成一个二进制数，将此二进制数转换为十进制数即为此设备的设备号。进行这一操作一定要做好记录，将门禁控制器的设备号跟安装位置的对应关系记录下来，并在门禁控制器上贴好标签，注明该设备的设备号。在同一控制器下所有读卡器的地址号不能重复，而且地址号不能超出对应控制器门数的范围，也不能为 0，否则与控制器通信不成功。

8）系统首先打开登录窗口。正确设置系统参数（如通信端口、波特率、读卡器类型等），添加门禁控制器，并检测通过。通过出入口控制软件可实现以下功能。图 3-42 所示为系统软件主操作界面。

① 实时监控。进入实时监控界面，在读卡器上读一次卡，这时在界面上就应该出现卡号、门号、控制器号、时间等相关信息。可实时监控进入持卡者、外出持卡者、警报状态、进出资料、通信失败资料、控制器目前时间、门位状态、遥控状态等窗口。能给已发行用户卡片授权通过门禁，在实时监控界面中可查看读卡情况。

② 添加用户。能添加一个用户，并能给该用户发行卡片。

③ 根据需求产生报表。根据工作情况产生卡片资料异动表、进出资料异动表、通信故障异动表、警报资料异动表、遥控状况查询报表、自动生效/作废查询报表。

④ 闹钟功能。可设定 48 个闹钟，方便管理门区。

⑤ 遥控功能。系统可指定遥控开门、可调节开门状态为永远开启、永远关闭、恢复自控等功能。

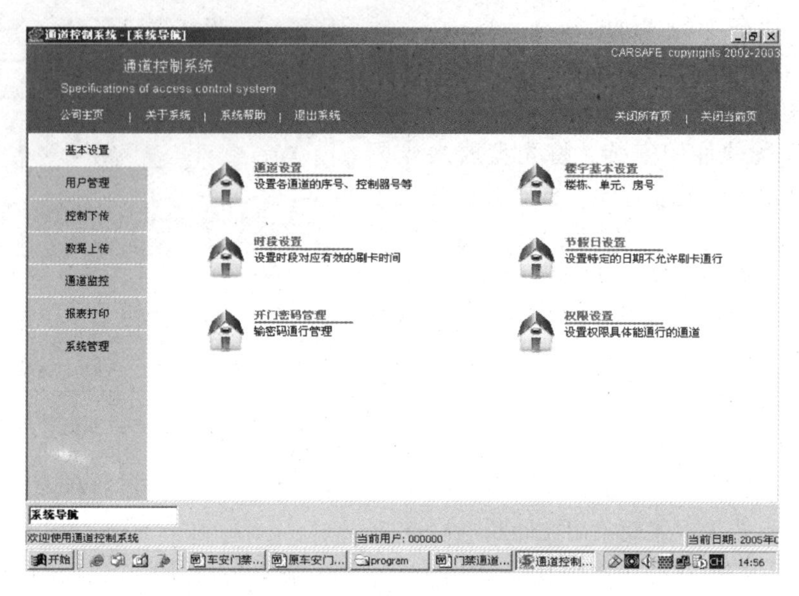

图3-42 系统软件主操作界面

⑥ 紧急事件处理。当紧急事件发生时，可设定门区全部打开并发出指定警报声响。

⑦ 灵活设定功能。灵活设定功能包括以下功能设定：

设定控制器资料：设定控制器模组、进出时段、时区、假日管制、应用群组。

设定部门资料：设定部门编号、部门名称。

设定卡片资料：可查询全部卡片、已领卡片、未领卡片、未使用卡片、读取卡片内码、设定卡片使用者。

设定紧急门区：可设定10个紧急门区以及其独立的警报设置（分为控制器警报和系统警报）和紧急开门快捷按钮等。

设定警报类型：分为防盗警报、紧急求助警报、火灾警报、瓦斯警报、强行进入警报、反胁迫警报等。

设定系统参数：自动侦测模组。

节假日设定：可根据要求灵活设定假日。

按设计要求，调试出入口控制系统与报警、电子巡查等系统间的联动或集成功能。

（4）成品保护　安装终端设备时，应注意保持吊顶、墙面整洁。其他工种作业时，应注意不得损坏系统设备。机房内应采取防尘、防潮、防污染及防水措施。为了防止损坏设备和丢失零部件，应及时关好门窗，上锁并派专人负责。

（5）应注意的质量问题　设备之间、干线与端子之间连接不牢固，应及时检查并将松动处紧牢固。使用屏蔽电缆时，应避免外铜网与芯线相碰，按要求外铜网应与芯线分开，压接应特别注意。用焊油焊接时，若非焊接处被污染，焊接后应及时用棉丝（布条）擦去焊油。由于屏蔽线或设备未接地，会造成干扰，应按要求将屏蔽线和设备的地线压接好。

2. 某住宅小区访客（可视）对讲系统的安装与调试

（1）访客（可视）对讲系统安装注意事项。

1）安装前，认真阅读系统安装书，以确保系统正确安装。

2）不可将访客（可视）对讲系统安装在直接太阳曝晒、高温、雨雪、化学物质腐蚀、潮湿、灰尘较多的地方。

3）将室内机、门口机安装在良好的水平目视位置。

4）在安装过程中严禁带电操作。

5）联网线采用屏蔽线，并且屏蔽线的屏蔽金属层与系统接地连接。

6）访客（可视）对讲系统布线时，应与强电缆保持 50mm 的距离，这样可防止不必要的干扰。

7）所有联机线接好后，应反复检查安装无误后才可通电。

8）在通电时，如发现不正常情况，应立即切断电源，排除故障。

（2）管线敷设　访客（可视）对讲系统建议使用以下线材型号。表 3-13 为访客（可视）对讲系统布线表。

表 3-13　访客（可视）对讲系统布线表

连接设备	使用线材型号	通信距离
管理员机—视频切换器	RVV2 ×0.75 + SYKV – 75 – 5	<400m
管理员机—门口主机	2 × RVVP2 ×0.75	<2000m
门口主机—解码器	RVV4 ×0.75 + RVVP2 ×0.75 + SYKV – 75 – 3	<80m
门口主机—电控锁	RVV2 ×0.75	<20m
住户分机—解码器	RVV7 ×0.3 + SYKV – 75 – 3	<60m
交流 220V 接入—电源	RVV2 ×0.75	<100m

干线可采用金属管或金属线槽敷设，支线可采用配管敷设，导线敷设时注意与强电线缆的距离，保护不受电磁干扰。安装盒内线缆留有足够连接长度，并做好电缆功能标注。为保证系统的长期、正常运行，减少故障的发生，需要在连接过程中对设备的接头加以焊接，并做好接头的绝缘处理。

（3）室内分机安装与接线

1）首先安装支架，如图 3-43 所示，室内分机的安装位置宜选择在住户室内的墙上，将室内机支架放置在安装墙面或固定件上，支架中心线距离地面宜为 1.4m，调整平直，按照支架安装孔位用记号笔做标记。安装应牢固。

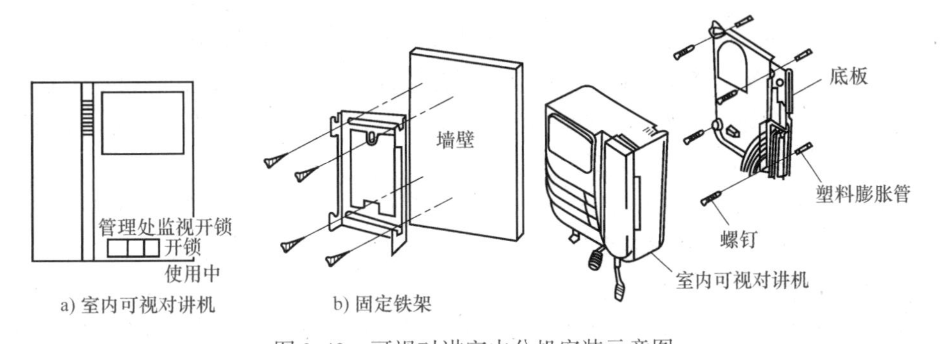

图 3-43　可视对讲室内分机安装示意图

2）按照可视对讲室内机使用说明书接线，选择对应的分机号码连接数据线、视频线、电源线等线缆。若连接线缆为端子压接式，将数据线、视频线、电源线剥头镀锡后可靠压接在相应的端子上。若连接线缆为插头插接式，将线缆与随机配置的接插件可靠焊接并用电工绝缘胶带绑扎牢固，将对应的插头可靠插接。

3）将室内机底板上的挂接槽与支架上的挂钩对正，将室内机贴紧支架并轻轻下压到位，使室内机可靠卡接在支架上。

（4）层间分配器安装与调试

1）层间分配器采用壁挂式安装在墙壁上，一般安装于楼层的弱电井内，安装高度以距地1.4～1.5m为宜。图3-44所示为层间分配器安装示意图。

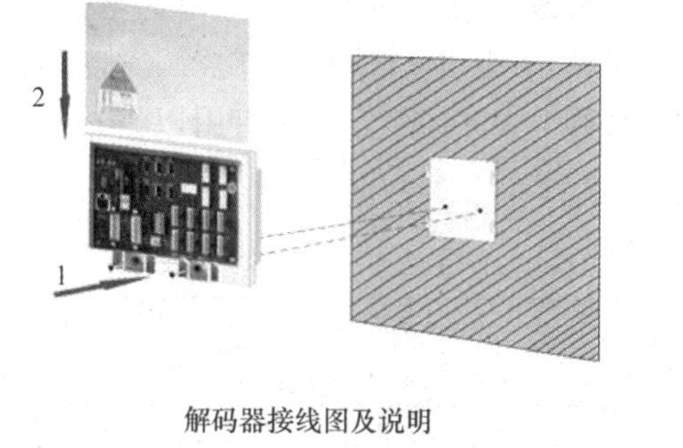

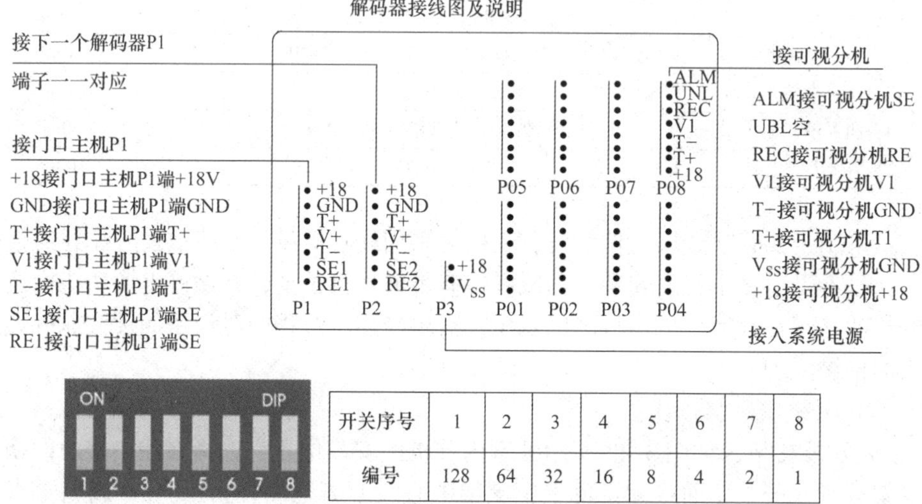

开关序号	1	2	3	4	5	6	7	8
编号	128	64	32	16	8	4	2	1

图3-44　层间分配器安装示意图

2）按照说明书接线图，连接数据线、视频线、电源线等线缆。

3）开关拨向“ON”位置时编号有效，解码器的编号就是所有拨向“ON”位置的编号的总和。编号10：将开关“5、7”拨向“ON”位置，“1、2、3、4、6、8”拨向“数字”位置。

（5）安装电源箱

1）电源安装在设备附近，采用壁挂方式安装在墙壁上，安装高度建议为距离地面1.5～2m（安装完毕注意上锁，以免造成触电伤人）。

2）按照说明书接线图，连接电源线等线缆。安装方法如图3-45所示。

3）供电、防雷与接地。供电设计除应符合现行国家标准《安全防范工程技术规范》GB50348的有关规定外，还应符合下列规定：

① 主电源可使用市电或电池。备用电源可使用二次电池及充电器、UPS电源、发电机。如果系统的执行部分为闭锁装置，且该装置的工作模式为断电开启，B、C级的控制设备必

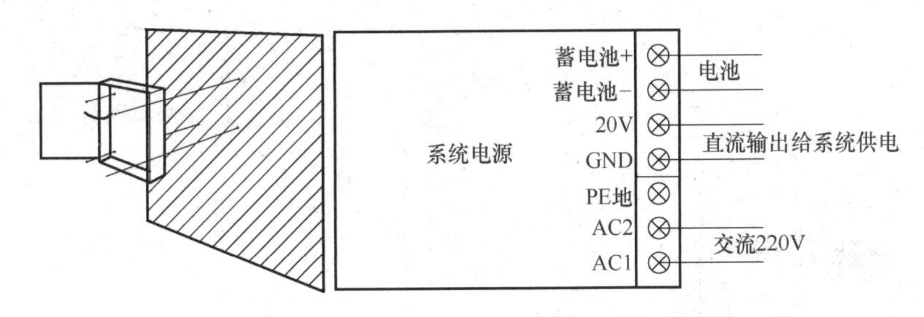

图 3-45　电源箱安装示意图

须配置备用电源。

② 当电池作为主电源时，其容量应保证系统正常开启 10000 次以上。

③ 备用电源应保证系统连续工作不少于 48h，且执行设备能开启 50 次以上。

防雷与接地除应符合现行国家标准《安全防范工程技术规范》GB 50348 的相关规定外，还应符合下列规定：

① 置于室外的设备输入、输出端口宜设置信号线路浪涌保护器。

② 室外的交流供电线路、控制信号线路宜有金属屏蔽层并穿钢管埋地敷设，钢管两端应接地。

③ 置于室外的设备宜具有防雷保护措施。

（6）可视对讲门口机安装与调试

1）可视对讲门口机可安装在单元防护门上或墙体，主机预埋盒内，（可视）对讲主机操作面板的安装高度不宜高于离地 1.5m，操作面板应面向访客，便于操作。

2）调整可视对讲主机内置摄像机的方位和视角于最佳位置，对不具备逆光补偿的摄像机，宜做环境亮度处理。

3）室外露天安装时，安装面与支架之间的胶圈必须完整且紧压，必要时应在门口机四周打密封胶，防止漏水损坏设备。

4）在墙上钻孔后装入塑料膨胀管，安装对讲门口主机底盒。

5）如图 3-46 所示，将门口机上部的挂接槽嵌入支架上部的挂钩，轻轻推压门口机下部，使门口机下部的固定孔与支架下部的固定孔螺口对准，用随机配置的内六角螺钉紧固。

6）按说明书接线图进行线缆连接。

7）门口机和电控锁的测试。

① 呼叫住户和管理机的功能。

② CCD 红外夜视（可视对讲系统）功能。

③ 门口机的防水、防尘、防震、防拆等功能。

④ 密码开锁功能，对电锁的控制功能。

⑤ 在有火警等紧急情况下电控锁应处于释放状态。

（7）小区管理机的安装

1）联网型（可视）对讲系统的管理机宜安装在监控中心或小区出入口的值班室内，安装应牢固、稳定。

2）按说明书接线图进行线缆连接，连接各设备与电源，如图 3-47 所示。

3）小区管理机的测试。

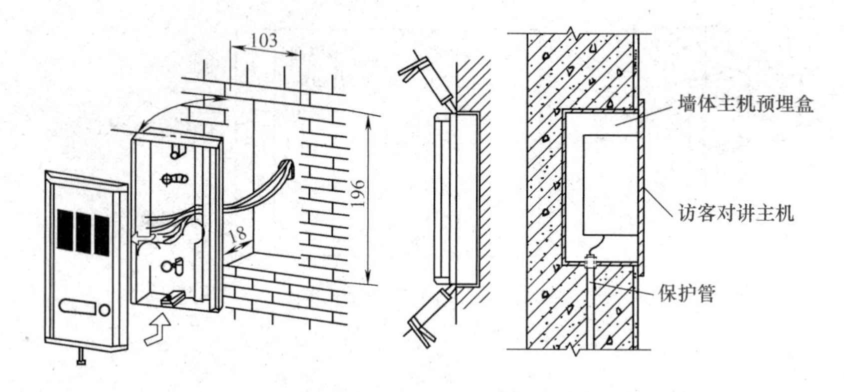

端口名称	端子定义	联接的设备
P1	18V、GND、T+、VI、T-、SE、RE	解码器P1
P2	18V、GND、T+、VI、T-、SE、RE	门口副机P1
P3	S+、S-、M-T+、M-T-、M-out、M-in	管理员机
P4	+18V、GND	接电源
P5	Lock、GND	接电锁

图3-46 访客对讲主机安装示意图

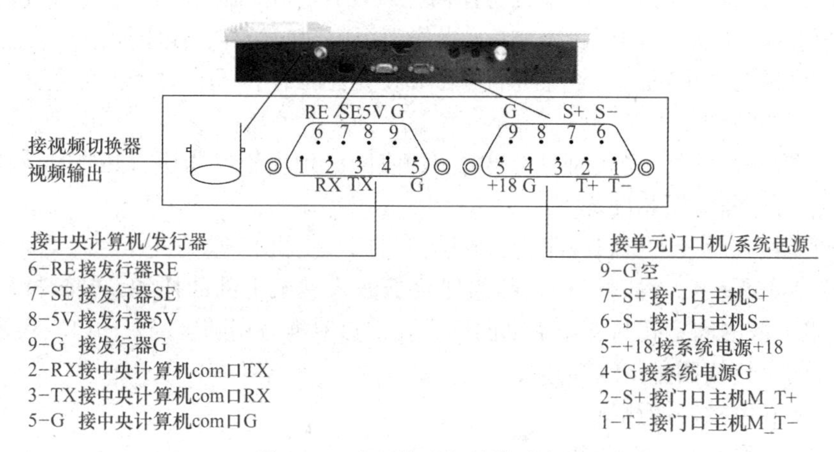

图3-47 小区管理机接线示意图

① 与门口机的通信是否正常，联网管理功能。

② 与任一门口机、任一室内机互相呼叫和通话的功能。

③ 管理中心机自检功能。

④ 音频部分的检测。

⑤ 设置地址的检测。

⑥ 设置管理中心机地址的检测。

⑦ 设置联网器地址的检测。

⑧ 配置的检测，包括回读、删除和联调。

（8）单元门口机的调试　接线完后反复检查无误才可通电！注意：电源线不要接反。

1）对解码器端子的编程。在门口主机所接入的解码器都具有唯一的编号，而每个解码器上都有 8 个端子可以接入分机，因此编程就是指定每个解码器的每个端子所对应的实际房号。进入对应解码器的编程状态后，可在相应参数编号单元输入解码器对应端子的层号和房号。

2）解码器端子编程举例。

假如要对 6 号解码器编程，假设 6 号解码器的 8 个端子对应住户房号为：

1#—06A　　2#—06B　　3#—06C　　4#—06D

5#—06E　　6#—06F　　7#—06G　　8#—06H

则编程为：（窗口显示 x 表示内容不确定）

按：＊ 1 2 3 4 0 6 # 进入 6 号解码器编程，窗口显示为：xx60

按：0 6 0 1 1 # 端子设定为 06A，窗口显示为：xx62

按：0 6 0 2 2 # 端子设定为 06B，窗口显示为：xx64

按：0 6 0 3 3 # 端子设定为 06C，窗口显示为：xx66

按：0 6 0 4 4 # 端子设定为 06D，窗口显示为：xx68

按：0 6 0 5 5 # 端子设定为 06E，窗口显示为：xx6A

按：0 6 0 6 6 # 端子设定为 06F，窗口显示为：xx6C

设定完毕，按 9 退出编程。其他设备的编程以此类推。

（9）小区管理机的设置　设置过程如图 3-48 所示。

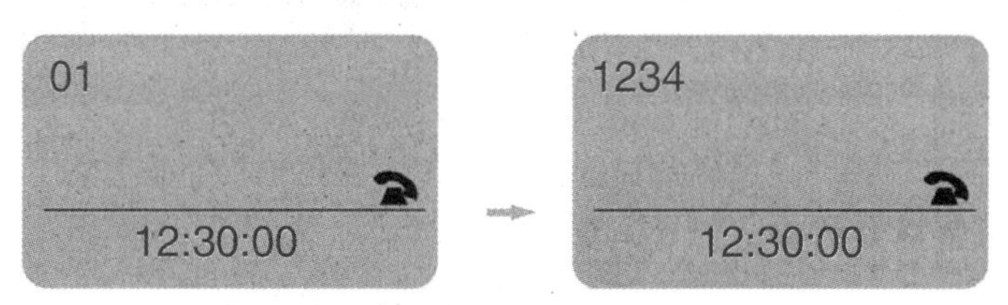

a) 设置门口主机开锁密码

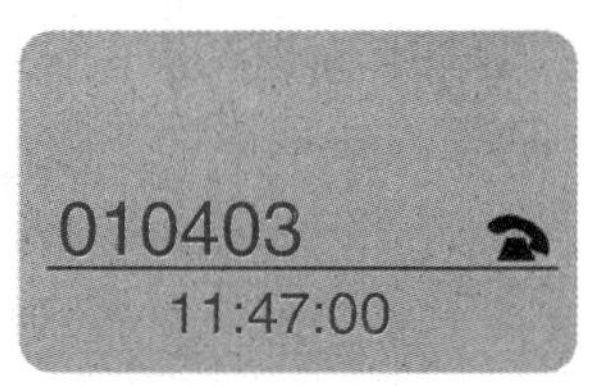

b) 呼叫用户分机

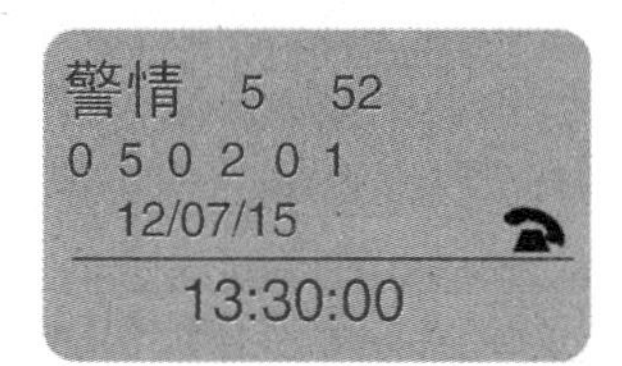

c) 管理员机报警查询

图 3-48　小区管理机

1）门口主机密码修改。

按“免提”键；

输入门口机号，例如“01”；

显示屏显示如图3-48a左图所示；

按“密码”键，输入四位密码1234显示屏显示如图3-48a右图所示；

设置完成，此时01号门口主机密码已修改为：1234。

2）呼叫住户分机（例如：呼叫010403号分机）。

按“免提”键或摘机；

输入“010403”显示如图3-48b所示；

听到话机回铃声，待对方摘机即可通话。

3）查询。

按“免提”键或摘机，按“1”键；

按“查询”键显示屏显示如图3-48c所示；

显示窗口为当前报警窗口。

第一排表示警情为5，警情序号为52；

第二排050201表示接收到的报警来自5单元2层1号房；

第三排12/07/15表示报警的时间为12：07：15；

第四排13：30：00为管理员时钟。

4）用“↑”键和“↓”键可向上下查询记录。

（10）实训考核 表3-14为访客（可视）对讲系统安装与调试评分表。

表3-14 访客（可视）对讲系统安装与调试评分表

序 号	考核内容	考核要点与标准	配分	扣分	得分
1	室内可视分机、单元门口机、楼层解码器、小区管理机、电控锁、电源的安装	无法完成安装，其中一项扣4分	20分		
2	单元门口机、楼层解码器、室内可视分机、电控锁、小区管理机、电源接线	无法完成正确连接，其中一项扣4分	20分		
3	功能实现：选呼功能、通话功能、电控开锁功能、夜间操作功能、通话功能、可视功能、报警功能	无法完成正常功能，其中一项扣10分	50分		
4	安全文明生产	违反安全操作规程、损坏设备、无职业素养作零分处理； 超过时间，每30min扣10分	10分		
合计			100分		

评分人：________

四、任务总结

出入口控制系统安装时要特别注意防电磁干扰，其安装位置应离开强电源30cm以上，并用屏蔽线缆良好接地。门锁和控制器应分开供电。电源的安装尽可能靠近用电设备，以避免受到干扰和产生传输损耗。在安装磁力锁时，一定要使锁体和衔铁板能紧密结合，否则会出现吸力不够的情况。在安装电插锁时如果需要开插孔，注意孔径一定要够大，深度一定要够深，能让锁舌完全插入。如果锁舌不能完全插入，锁门后会出现锁舌不停跳动或工作电流一直很大，引起锁体发烫的现象。

五、效果测评

1）在电锁两端为何并上一只续流二极管？

2）思考阴极门锁、电插门锁、磁力门锁这三种锁有何区别？

3）网络门禁管理系统有何优缺点？

4）网络门禁管理系统与一拖一门禁管理系统有何区别？

任务4 出入口控制系统检测与验收

一、任务描述

出入口控制系统在系统试运行后，竣工验收前必须对施工质量、系统功能、系统安全性和电磁兼容等项目进行检测。竣工后，必须进行工程验收。出入口控制系统检测与验收，是一项严肃的、重要的、技术性很强的工作，也是对工程质量好坏和是否符合各项要求作出客观、公正评价的关键性工作，所以了解和掌握出入口控制系统的检测与验收，是十分必要的。通过本任务的学习，熟悉出入口控制系统检测和验收的基本知识，如检验和验收的内容、程序、组织管理等。

二、任务信息

出入口控制系统检测任务由除建设单位和施工方以外的第三方（经授权）机构完成，并出具检测报告，检测内容应合格，判据应执行国家公共安全行业的相关规范与标准。出入口控制系统验收的任务是从施工质量、技术质量及设计资料的准确、完整、规范等方面提出竣工验收的基本要求。

1. 出入口控制系统的检测

（1）进行检测的基本程序

1）检测部门受工程建设单位的委托。

2）工程建设单位或设计、施工单位向检测部门报送与工程检测有关的文件资料（主要有系统构成框图、设备器材清单、前/后端设备的型号与技术性能指标、工程合同等）。所报送的文件资料应能反映竣工后的真实情况。

3）根据报送的文件资料进行检测工作。

4）检测完毕后出具检测报告。

（2）检测的具体步骤和内容

1）一般是先检测所有设备器材的数量、型号、安装位置、安装质量与外观情况等。设备器材的数量、型号和生产厂家应符合所报送文件资料标明的要求。

2）然后检测管线敷设情况，管线的接地情况等。

3）最后是逐一检测设备器材的质量情况、技术指标情况等（有多台同种型号的设备和器材可抽样检测，抽样数量不应少于该种设备的20%，只有单台设备或某种型号设备数量很少时，应全部逐一检测）。检测的结果应符合该种设备或器材说明书给出的技术指标和其他技术质量情况。

（3）功能检测项目、要求及测试方法

1）出入目标识读装置功能检测：出入目标识读装置的性能应符合相应产品标准的技术要求。目标识读装置的识读功能有效性应满足 GB 50396 的要求。

2）信息处理/控制设备功能检测：信息处理、控制、管理功能应满足 GB 50396 的要求。对各类不同的通行对象及其准入级别应具有实时控制和多级程序控制功能，不同级别的入口应有不同的识别密码，以确定不同级别证卡的有效进入。有效证卡应有防止使用同类设备非法复制的密码系统，密码系统应能修改。控制设备对执行机构的控制应准确、可靠，对于每次有效进入，都应自动存储该进入人员的相关信息和进入时间，并能进行有效统计和记录存档，可对出入口数据进行统计、筛选等数据处理。应具有多级系统密码管理功能，对系统中任何操作均应有记录。出入口控制系统应能独立运行，当处于集成系统中时，应可与监控中心联网。应有应急开启功能。

3）执行机构功能检验：执行机构的动作应实时、安全、可靠。执行机构的一次有效操作只能产生一次有效动作。

4）报警功能检测：出现非授权进入、超时开启时应能发出报警信号，应能显示出非授权进入、超时开启发生的时间、区域或部位，应与授权进入有明显显示区别。当识读装置和执行机构被破坏时，应能发出报警。

5）其他项目检测：具体工程中具有的而以上功能中未涉及的项目，其检测要求应符合相应标准、工程合同及正式设计文件的要求。

6）访客（可视）对讲电控防盗门系统功能检测：室外机与室内机应能实现双向通话，声音应清晰，无明显噪声。室内机的开锁机构应灵活、有效。电控防盗门及防盗门锁具应符合相关标准要求，具有有效的质量证明文件。电控开锁、手动开锁及用钥匙开锁，均应正常可靠，具有报警功能的访客对讲系统报警功能应正常。关门噪声应符合设计要求。可视对讲系统的图像应清晰、稳定，图像质量应符合设计要求。

2. 出入口控制系统的验收

（1）检测及验收依据

1）要进行检测的通行门、通道、电梯、停车场出入口等控制点的风险等级。

2）标明文件或合同中由甲方明确规定的技术和应用要求。

3）供货方和项目施工方所提供的，由甲方和设计方共同确认的检测验收程序文档和施工设计图纸。

4）其他依据及参考的标准和规范如下：

① GB 50166—2007《火灾自动报警系统及验收规范》。

② YD/T 926—2001《大楼通信综合布线系统》。

③ GBJ 79—1985《工业企业通信接地设计规范》。

④《智能化建筑弱电工程设计施工图集》09X700。

⑤ 软件工程国家标准。

⑥ 现有先进、成熟、实用的智能建筑电气产品和技术资料。

（2）验收条件

1）工程初步设计论证通过，并按照正式设计文件施工。

2）工程经试运行达到设计、使用要求并为建设单位认可，出具系统试运行报告。

3）依据合同有关条款对有关人员进行培训。

4）符合竣工要求，出具竣工报告。

5）初验合格，出具初验报告。

6）工程检测合格并出具工程检测报告。

7）工程正式验收前，设计、施工单位应向工程验收小组（委员会）提交验收资料，包括设计任务书，工程合同，工程初步设计论证意见（并附方案评审小组或评审委员会名单）及设计、施工单位与建设单位共同签署的设计整改落实意见，正式设计文件与相关图样资料（系统原理图、平面布置图、器材配置表、线槽管道布线图、监控中心布局图），器材设备清单以及系统选用的主要设备器材的检测报告或认证证书等，系统试运行报告，工程竣工报告，系统使用说明书（含操作和日常维护说明），工程竣工核算报告，工程初验报告，工程检测报告。

（3）验收内容　验收内容包括施工验收、技术验收、资料审查。

1）施工验收：施工验收由验收小组（验收委员会）指定的施工验收组负责检查验收。施工验收主要验收出入口控制系统工程施工质量，包括设备安装质量和管线敷设质量。

2）技术验收：技术验收主要是出入口控制系统的抽查与验收。对照正式设计文件和工程检验报告，复核系统的主要技术指标，应符合国家现行标准《出入口控制系统工程设计规范》的规定，检查系统存储通行目标的相关信息，应满足设计与使用要求，对非正常通行应具有报警功能，检查出入口控制系统的报警部分，是否能与报警系统联动。

访客（可视）对讲系统的抽查与验收。对照正式设计文件和工程检验报告，复核访客（可视）对讲系统的主要技术指标，应符合国家现行标准《楼寓对讲电控防盗门通用技术条件》和《黑白可视对讲系统》的相关要求，复核电控开锁是否有自我保护功能，可视对讲系统的图像应能辨别来访者。

① 软件的检测及验收。

a. 审定由软件提供方提供的审定验收测试计划，检查全套软件跟程序清单及文件。

b. 演示验收软件的所有功能，以证明软件功能与任务书或合同要求一致。

c. 根据需求说明书中规定的性能要求，包括：精度、时间、适应性、稳定性、安全性、易用性及图形化界面友好程度，对所验收的软件逐项进行测试，或检查已有测试结果。

d. 对所检测软件按 GJB 437—1988《军用软件开发规范》中要求进行强度测试与降级测试。

e. 在软件测试的基础上，对被验收的软件进行综合评审，给出综合评价，包括：

软件设计与需求的一致性。

程序与软件设计的一致性。

文档（含培训软件、教材和说明书）描述与程序的一致性、完整性、准确性和标准化程度等。

② 硬件的检测及验收。

a. 检查系统主机与区域控制之间的信息传输及数据加密功能。

b. 检测系统主机在离线的情况下，区域控制器独立工作的准确实时性和储存信息的功能。

c. 检测掉电后系统启用电源应急工作的准确实时性及信息的存储和恢复能力。

d. 通过系统主机、区域控制器及其他控制终端，使用电子地图实时监控出入控制点的人员，并有防止重复迂回出入的功能及控制开闭的功能。

e. 系统有及时接收任何类型报警信息的能力，包括非法强行入侵、非法进入系统、非法操作、硬件失败与本系统联动的其他系统报警输入。

f. 系统操作的安全性，包括系统操作人员的分级授权及系统操作人员信息的详细只读存储记录。

g. 检测系统与综合管理系统、防盗及消防系统的联网联动性能。

3）资料审查：资料审查由工程验收小组（验收委员会）指定的资料审查组负责审查。工程正式验收时，设计、施工单位应按要求提供全套验收资料。验收资料应保证质量，做到内容齐全、标记正确、文字清楚、数据准确、图文表一致，图样的绘制应符合国家标准的有关规定。

（4）验收结论与整改 验收小组（验收委员会）根据施工验收、技术验收和资料审查的结果，认真如实地作出验收结论。对验收通过或基本通过的工程，设计、施工单位应根据验收结论写出经建设单位认可的整改方案。建设单位上级主管部门、公安技防管理部门和公安业务主管部门应督促、协调与检查整改方案的落实。验收结论分通过、基本通过和不通过三种。

三、任务实施

1. 出入口控制系统试运行阶段

出入口控制系统检验前，系统应试运行一个月，在检验时必须提交出入口控制系统的系统试运行记录。表3-15为系统试运行记录表。

表3-15 系统试运行记录

系统名称：出入口控制系统　　建设（使用）单位：×××××××大厦

施工单位：××××××××××公司　　设计工单位：××××××××设计有限公司

日期/时间	试运行内容	系统运行情况	备 注	值 班 人
2010-2-5 8：00	出入口控制系统	正常		×××
2010-2-6 8：00	出入口控制系统	4号电磁门锁有些松动，其他均正常	要求立即修复	×××
2010-2-7 8：00	出入口控制系统	正常		×××
2010-2-8 8：00	出入口控制系统	新员工×××的卡不能使用无法开门，其他均正常	由人事部门出具证明，重新办理	×××
2010-2-9 8：00	出入口控制系统	正常		×××
2010-2-10 8：00	出入口控制系统	正常		×××
值班长签名：×××			建设单位代表签名：×××	

注：系统运行情况栏中，注明正常/不正常，每班至少填写一次；不正常的在备注栏内简要说明情况（包括修复日期）。

在完成试运行后，必须由第三方进行功能检测。表3-16为出入口控制（门禁）系统分项工程质量功能检测记录表。表3-17为住宅（小区）智能化分项工程质量功能检测记录表

(Ⅱ)。表 3-18 为出入口控制系统检验项目、检验要求及测试方法。

表 3-16 出入口控制（门禁）系统分项工程质量功能检测记录表

<table>
<tr><td colspan="3">单位（子单位）工程名称</td><td>北京××大厦</td><td>子分部工程</td><td>安全防范系统</td></tr>
<tr><td colspan="3">分项工程名称</td><td>出入口控制（门禁）系统</td><td>验收部位</td><td>首层一区</td></tr>
<tr><td colspan="2">施工单位</td><td colspan="2">北京××建设集团</td><td>项目经理</td><td>×××</td></tr>
<tr><td colspan="3">施工执行标准名称及编号</td><td colspan="3">智能建筑工程质量验收规范 GB 50339—2013</td></tr>
<tr><td colspan="2">分包单位</td><td colspan="2">北京××机电安装工程公司</td><td>分包项目经理</td><td>×××</td></tr>
<tr><td colspan="4">检测项目（主控项目）
（执行规范第 19.0.8 条的规定）</td><td>检查评定记录</td><td>备　注</td></tr>
<tr><td rowspan="3">1</td><td rowspan="3">控制器独立工作时</td><td colspan="2">准确性</td><td>完全准确</td><td rowspan="22">控制器抽检数量不低于 20% 且不少于 3 台；各项系统功能和软件功能全部检测并符合设计要求时为合格，合格率 100% 时系统检测合格</td></tr>
<tr><td colspan="2">实时性</td><td>实时性好</td></tr>
<tr><td colspan="2">信息存储</td><td>正确存储，能调用</td></tr>
<tr><td rowspan="2">2</td><td rowspan="2">系统主机接入时</td><td colspan="2">控制器工作情况</td><td>控制正常</td></tr>
<tr><td colspan="2">信息传输功能</td><td>传输准确</td></tr>
<tr><td rowspan="3">3</td><td rowspan="3">备用电源启动</td><td colspan="2">准确性</td><td>能启动备用电源</td></tr>
<tr><td colspan="2">实时性</td><td>能及时启动备用电源</td></tr>
<tr><td colspan="2">信息的存储和恢复</td><td>正常</td></tr>
<tr><td>4</td><td>系统报警功能</td><td colspan="2">非法强行入侵报警</td><td>能对非法强行入侵报警</td></tr>
<tr><td rowspan="2">5</td><td rowspan="2">现场设备状态</td><td colspan="2">接入率</td><td>符合技术文件产品指标要求</td></tr>
<tr><td colspan="2">完好率</td><td>符合技术文件产品指标要求</td></tr>
<tr><td rowspan="2">6</td><td rowspan="2">出入口管理系统</td><td colspan="2">软件功能</td><td>实施无问题</td></tr>
<tr><td colspan="2">数据存储记录</td><td>数据存储记录保存时间满足物业管理要求</td></tr>
<tr><td rowspan="3">7</td><td rowspan="3">系统性能要求</td><td colspan="2">实时性</td><td>出入口控制系统具有实时性</td></tr>
<tr><td colspan="2">稳定性</td><td>出入口控制系统具有稳定性</td></tr>
<tr><td colspan="2">图形化界面</td><td>界面丰富，人性化设计，易操作</td></tr>
<tr><td rowspan="2">8</td><td rowspan="2">系统安全性</td><td colspan="2">分级授权</td><td>对系统操作人员实行分级授权管理</td></tr>
<tr><td colspan="2">操作信息记录</td><td>操作信息记录完整</td></tr>
<tr><td rowspan="2">9</td><td rowspan="2">软件综合评审</td><td colspan="2">需求一致性</td><td>一致</td></tr>
<tr><td colspan="2">文档资料标准化</td><td>文档满足要求</td></tr>
<tr><td>10</td><td>联动功能</td><td colspan="2">是否符合设计要求</td><td>达到设计要求</td></tr>
<tr><td colspan="6">检测意见：主控项目符合《建筑电气工程质量验收规范》（GB 50303—2015）、《智能建筑工程质量验收规范》（GB 50339—2013）标准及施工图设计要求，检查合格。

监理工程师签字：×××　　检测机构负责人签字：×××
（建设单位项目专业技术负责人）
日期：20××年××月××日　　日期：20××年××月××日</td></tr>
</table>

表 3-17 住宅（小区）智能化分项工程质量功能检测记录表（Ⅱ）

<table>
<tr><td colspan="3">单位（子单位）工程名称</td><td>杭州××小区</td><td>子分部工程</td><td>住宅（小区）智能化</td></tr>
<tr><td colspan="3">分项工程名称</td><td>安全防范系统</td><td>验收部位</td><td>首层一区</td></tr>
<tr><td colspan="2">施工单位</td><td colspan="2">北京××建设集团</td><td>项目经理</td><td>×××</td></tr>
<tr><td colspan="3">施工执行标准名称及编号</td><td colspan="3">智能建筑工程质量验收规范 GB 50339—2013</td></tr>
<tr><td colspan="2">分包单位</td><td colspan="2">北京××机电安装工程公司</td><td>分包项目经理</td><td>×××</td></tr>
<tr><td colspan="3">检测项目
（执行本规范第 13.4 节的规定）</td><td colspan="2">检查评定记录</td><td>备 注</td></tr>
<tr><td>1</td><td colspan="2">视频安防监控系统、入侵报警系统、出入口控制系统、巡查管理系统符合规范第 8 章有关规定（规范 13.4.1 条规定）</td><td colspan="2"></td><td></td></tr>
<tr><td rowspan="10">2</td><td rowspan="10">访客对讲系统（主控项目）（规范 13.4.2 条规定）</td><td>室内机门铃及双方通话清晰度</td><td colspan="2">通话清晰</td><td rowspan="13">满足设计要求及本规范规定时为检测合格</td></tr>
<tr><td>通话保密性</td><td colspan="2">通话保密</td></tr>
<tr><td>开锁</td><td colspan="2">室内机能开锁</td></tr>
<tr><td>呼叫</td><td colspan="2">门口机能呼叫室内机</td></tr>
<tr><td>可视对讲夜视效果</td><td colspan="2">清晰</td></tr>
<tr><td>密码开锁</td><td colspan="2">能用密码开锁</td></tr>
<tr><td>紧急情况电控锁释放</td><td colspan="2">准确释放</td></tr>
<tr><td>通信及联网管理</td><td colspan="2">能与管理中心联网通信</td></tr>
<tr><td>备用电源工作 8h</td><td colspan="2">超过 8h</td></tr>
<tr><td>管理员机与门口机、室内机呼叫与通话</td><td colspan="2">可以通话</td></tr>
<tr><td rowspan="3">3</td><td rowspan="3">访客对讲系统（一般项目）（规范 13.4.3 条规定）</td><td>定时关机</td><td colspan="2">能定时关机</td></tr>
<tr><td>可视图像清晰</td><td colspan="2">图像清晰</td></tr>
<tr><td>对门口机图像可监视</td><td colspan="2">能监视门口机前图像</td></tr>
<tr><td colspan="6">检测意见：主控项目符合《建筑电气工程质量验收规范》（GB 50303—2015）、《智能建筑工程质量验收规范》（GB 50339—2013）标准及施工图设计要求，检查合格。

监理工程师签字：××× 检测机构负责人签字：×××
（建设单位项目专业技术负责人）
日期：20××年××月××日 日期：20××年××月××日</td></tr>
</table>

表 3-18 出入口控制系统检验项目、检验要求及测试方法

序号	检 验 项 目	检验要求及测试方法
1	出入目标识读功能检验	1. 出入目标识读装置的性能应符合相应产品标准的技术要求 2. 目标识读装置的识读功能有效性应满足 GA/T 394 的要求
2	信息处理/控制设备功能检验	1. 信息处理/控制/管理功能应满足 GA/T 394 的要求 2. 对各类不同的同行对象及其准入级别，应具有实时控制和多级程序控制功能 3. 不同级别的入口应有不同的识别密码，以确定不同级别证卡的有效进入 4. 有效证卡应有防止使用同类设备非法复制的密码系统。密码系统应能修改 5. 控制设备对执行机构的控制应准确、可靠 6. 对于每次有效进入，都应自动存储该进入人员的相关信息和进入时间，并能进行有效统计和记录存档。可对出入口数据进行统计、筛选等数据处理 7. 应具有多级系统密码管理功能，对系统中任何操作均应有记录 8. 出入口控制系统应能独立运行。当处于集成系统中时，应可与监控中心联网 9. 应有应急开启功能

（续）

序号	检验项目	检验要求及测试方法
3	执行机构功能检验	1. 执行机构的动作应实时、安全、可靠 2. 执行机构的一次有效操作，只能产生一次有效动作
4	报警功能检验	1. 出现非授权进入、超时开启时应能发出报警信号（报警信号应为声光提示。GB 50396 中5.1.4款），应能显示出非授权进入、超时开启发生的时间、区域或部位，应与授权进入显示有明显区别 2. 当识读装置（GB 50396 附录B中的B、C级）和执行机构被破坏时，应能发出报警（报警信号应为声光提示。GB 50396 中5.1.4款） 3. 当B、C级的主电源被切断或短路时，系统应报警（GB 50396 中5.1.5款第5条） 4. 当C级的网络型系统的网络传输发生故障时，系统应报警（GB 50396 中5.1.5款第6条）
5	访客（可视）对讲电控防盗门系统功能检验	1. 室外机与室内机应能实现双向通话，声音应清晰，应无明显噪声 2. 室内机的开锁机构应灵活、有效 3. 电控防盗门及防盗门锁具应符合GA/T 72等相关标准要求，应具有有效的质量证明文件；电控开锁、手动开锁及用钥匙开锁，均应正确可靠 4. 具有报警功能的访客对讲系统报警功能应符合入侵报警系统相关要求 5. 关门噪声应符合设计要求（GA/T 72 第6.7条规定应≤75dB（A）） 6. 可视对讲系统的图像应清晰、稳定。图像质量应符合设计要求： GA/T 269—2001 第5.4.2.3和5.4.2.4条规定： 黑白监视器（中心水平）分辨力应≥320TVL 黑白灰度等级≥8
6	其他项目检验	具体工程中具有的而以上功能中未涉及的项目，其检验要求应符合相应标准、工程合同及设计任务书的要求

2. 出入口控制系统验收

出入口控制系统在验收时应符合GB 50348—2004中第8.3.2条第10款和第11款的要求。具体验收表格包括施工质量抽查验收记录表、技术验收记录表、资料验收审查记录表和验收结论汇总表，见学习情境1中表1-21～表1-24。

3. 出入口控制系统的抽查与验收

1）系统工作是否正常，并按正式设计方案达到相关功能要求；

2）系统存储通行目标的相关信息，对非正常通行是否具有报警功能；

3）楼宇对讲电控防盗门作为一种出入口控制系统是否能正常工作；开锁继电器是否有自我保护功能，可视对讲系统的图像是否能辨别来访者；

4）出入口控制的联网报警部分，是否符合相关技术要求。

四、任务总结

出入口控制（门禁）系统的检测和验收是十分重要的工作，是系统质量保证的重要环节。通过本任务的学习，希望能够掌握检测与验收的程序、要求、手段和方法，同时能够了解任务执行过程中，需要填写的工程资料，并分析判断资料是否正确。

五、效果测评

1）试完成以下简答题：

① 描述门禁控制系统的检测主要包含哪些内容。

② 楼宇对讲系统检查时应包含哪些项目？

2）填写住宅小区智能化安全防范系统检验审批质量验收记录表，见表3-19。

表3-19 住宅小区智能化安全防范系统检验审批质量验收记录

<table>
<tr><td colspan="3">工程名称</td><td colspan="2"></td><td>分项工程名称</td><td></td><td>项目经理</td><td></td></tr>
<tr><td colspan="3">施工单位</td><td colspan="2"></td><td>验收部位</td><td></td><td></td><td></td></tr>
<tr><td colspan="3">施工执行标准
名称及编号</td><td colspan="4"></td><td>专业工长
（施工员）</td><td></td></tr>
<tr><td colspan="3">分包单位</td><td colspan="2"></td><td>分包项目经理</td><td></td><td>施工班组长</td><td></td></tr>
<tr><td colspan="5">质量验收规范的规定</td><td colspan="2">施工单位自检记录</td><td colspan="2">监理（建设）单位验收记录</td></tr>
<tr><td rowspan="4">主控项目</td><td>1</td><td colspan="2">室内机门铃提示、访客通话及与管理员通话应清晰，通话保密功能与室内开启单元门的开锁功能应符合设计要求</td><td>13.4.2-1条</td><td colspan="2"></td><td colspan="2"></td></tr>
<tr><td>2</td><td colspan="2">门口机呼叫住户和管理员机的功能、CCD红外夜视（可视对讲）功能、电控锁密码开锁功能、在火警等紧急情况下电控锁的自动释放功能应符合设计要求</td><td>13.4.2-2条</td><td colspan="2"></td><td colspan="2"></td></tr>
<tr><td>3</td><td colspan="2">管理员机与门口机的通信及联网管理功能，管理员机与门口机、室内机互相呼叫和通话的功能应符合设计要求</td><td>13.4.2-3条</td><td colspan="2"></td><td colspan="2"></td></tr>
<tr><td>4</td><td colspan="2">市电掉电后，备用电源应能保证系统正常工作8h以上</td><td>13.4.2-4条</td><td colspan="2"></td><td colspan="2"></td></tr>
<tr><td>一般项目</td><td></td><td colspan="2">访客对讲系统室内机应具有自动定时关机功能，可视访客图像应清晰，管理员机对门口机的图像可进行监视</td><td>13.4.3条</td><td colspan="2"></td><td colspan="2"></td></tr>
<tr><td colspan="5">施工操作依据</td><td colspan="2"></td><td colspan="2"></td></tr>
<tr><td colspan="5">质量检查记录</td><td colspan="2"></td><td colspan="2"></td></tr>
<tr><td colspan="4">施工单位检查
结果评定</td><td colspan="5">项目专业
质量检查员（签名）：　　项目专业
技术负责人（签名）：
年　月　日</td></tr>
<tr><td colspan="4">监理（建设）
单位验收结论</td><td colspan="5">专业监理工程师（签名）：
（建设单位项目专业技术负责人）
年　月　日</td></tr>
</table>

学习情境4　电子巡查系统

情境描述

在大型楼宇中，出入口很多，来往人员复杂，必须有专人巡逻，较为重要的地点应设检查站。电子巡查系统是安防中的必备系统，目前已经从传统的人工方式向电子化、自动化方式转变。它是对保安巡查人员的巡查路线方式及过程进行管理和控制的电子系统。它将特制的巡查点安置于指定的巡检线路上，保安沿途巡检时，只需用巡查棒依次采集（感应）巡查点。管理人员通过计算机来解读巡查棒中的信息，便可随时了解保安的整个巡检活动，取得真实的依据，有效地督促保安工作。同时，将巡检资料储存在计算机中，作为日后分析评估保安工作的材料。

任务分析

根据电子巡查系统工程实施的需要，对电子巡查系统学习情境配置了 2 个任务，分别是：

1）电子巡查系统的识图、安装与调试。

2）电子巡查系统的检测与验收。

任务1　电子巡查系统识图、安装与调试

一、任务描述

电子巡查系统施工图样有各种示意图、系统图以及设计说明，它们是电子巡查系统安装与调试的技术文件，通过本任务的学习（操作），要求能识读电子巡查系统施工图样，正确理解关于电子巡查系统规范的要求，并且能够根据施工图样的设计要求，掌握电子巡查系统设备安装，完成系统调试。

二、任务信息

1. 电子巡查系统概述

（1）电子巡查系统的功能　系统应能根据建筑物的使用功能和安全防范管理的要求，按照预先编制的保安人员巡查程序，通过信息识读器或其他方式对保安人员巡逻的工作状态（是否准时、是否遵守顺序等）进行监督、记录，并能针对意外情况及时报警。

（2）电子巡查系统的要求

1）应能编制巡查程序，应能在预先设定的巡查路线中，用信息识读器或其他方式，对人员的巡查活动状态进行监督和记录。在线式电子巡查系统，应对在巡查过程中发生的意外情况及时报警。

2）系统可独立设置，也可与出入口控制系统或入侵报警系统联合设置。独立设置的电子巡查系统应能与安全防范系统的安全管理系统联网，满足安全管理系统对该系统管理的相关要求。

3）巡查点的数量根据现场需要确定，巡查点的设置应以不漏巡为原则，安装位置应尽可能隐蔽。

4）在规定时间内指定巡查点未发出“到位”信号时，应发出报警信号，以联动相关区域的各类探测、摄像、声控装置。

（3）电子巡查系统的组成　电子巡查系统的常见形式有3种：在线巡查系统、离线巡查系统和复合巡查系统。

1）在线式电子巡查系统：对巡查实时性要求高的建筑物，宜采用在线式电子巡查系统。在线式电子巡查系统由计算机、网络收发器、前端控制器、巡查点开关等设备组成。巡逻人员把自己的信息输入控制器并送到控制中心，在线式电子巡查系统应在巡查过程发生意外情况时及时报警。在线式电子巡查系统的信息采集方式有多种形式，如数字巡查机、IC卡等，图4-1所示是数字巡查机，图4-2所示是用IC卡采集信息时所用的巡查读卡器。

图4-1　数字巡查机

图4-2　巡查读卡器

采用IC卡作为巡查卡，IC卡读头作为巡查点，巡查员携巡查卡，按预先排好的巡查班次、时间间隔、线路到各点巡视。巡查点读取有关信息，实时上传至管理中心，供分析、处理。在线巡查控制器与巡查读卡器之间的通信方式为RS485，系统可采用一台在线巡查控制器接8或16个巡查读卡器的连接方式。

图4-3所示为某在线巡查控制器。它负责将巡查信息实时传送至管理计算机。

2）离线式电子巡查系统：离线式电子巡查系统中的巡查点与管理监控中心没有距离限制，应用场所相当灵活。离线式电子巡查系统由计算机、数据发送器、信息采集器、信息钮等设备组成。巡查人员携带手持式巡查器到各个指定的巡查点，采集巡查信息，完成数据采集。当采用离线式电子巡查系统时，巡查人员应配备无线对讲系统，并且到达每一个巡查点后，立即与监控中心作巡查报到。图4-4所示为某离线式电子巡查系统数据发送器，用来采集巡查棒数据并送给计算机。

巡查棒巡查时由巡查员携带，用来采集巡查地点和时间，采集完毕后，通过数据发送器把数据导入计算机。巡查棒如图4-5所示。

图4-3　在线巡查控制器

巡查信息钮是信息记忆体，用于放置巡查的地址信息，实质是不锈钢防水外壳信息存储芯片，具有全球唯一不可重复的序列码。巡查信息钮如图4-6所示。

图4-4　数据发送器

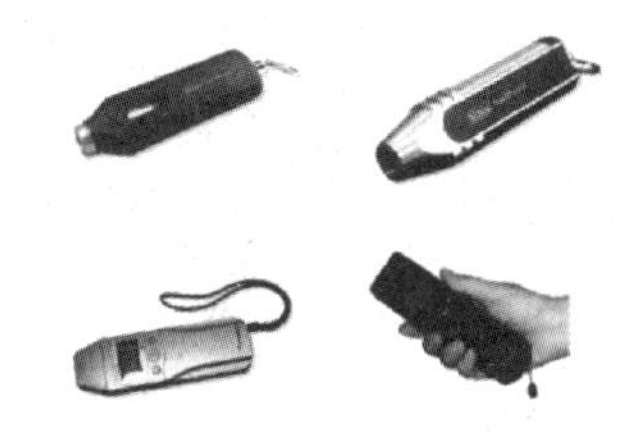

图4-5　巡查棒（信息采集器）

图4-6　巡查信息钮

3）复合巡查系统：利用防盗报警系统部分设备，在巡查点设置微波红外双鉴探测器，保安人员到达各巡查点时，将双鉴探测器信号送到计算机。

2. 电子巡查系统识图

（1）图例　电子巡查系统的图例比较简单，主要是巡查点的图形符号。

（2）电子巡查系统相关图样

1）巡查路线图：图4-7是某工厂的厂区巡查路线图（如图中虚线所示），按照图中15个巡查点的顺序巡查。巡查路线图展示了巡查点平面安装的位置和巡查的路线。

2）电子巡查系统图：电子巡查系统图展现了巡查系统的组成及各个部分之间的相互关系，如图4-8、图4-9所示。

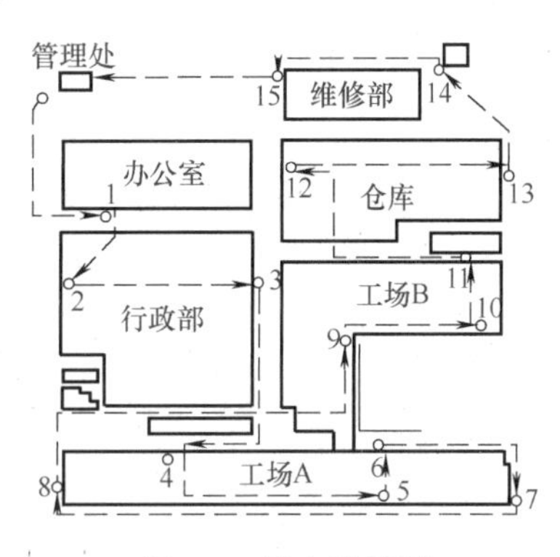

图4-7　巡查路线图

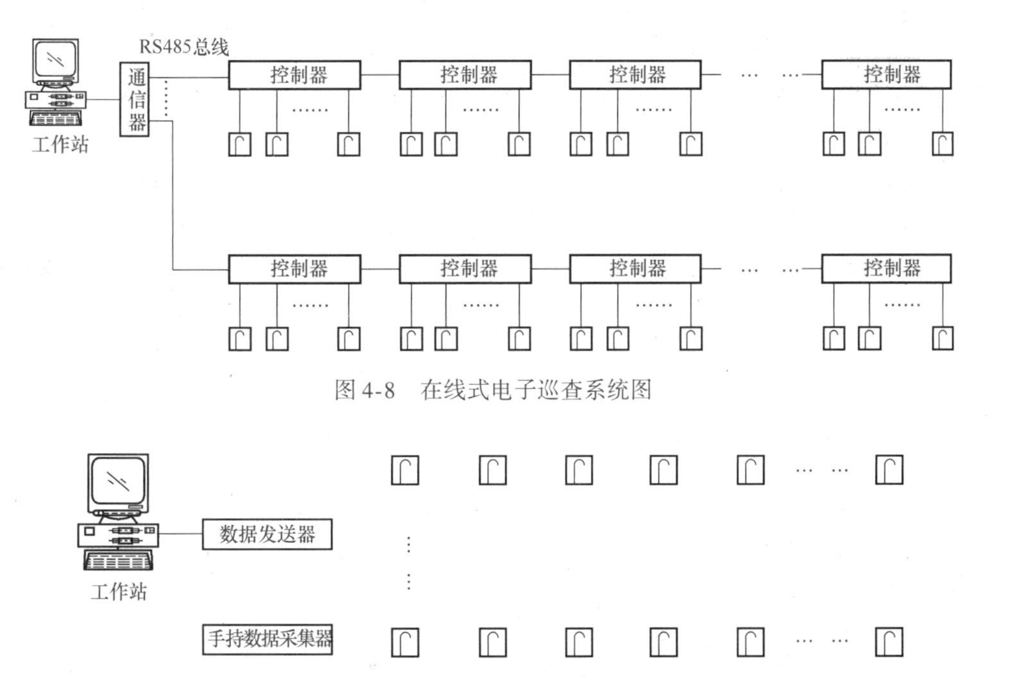

图4-8　在线式电子巡查系统图

图4-9　离线式电子巡查系统图

3）安装示意图：如图4-10所示，安装示意图表明了巡查点安装要求和方法。

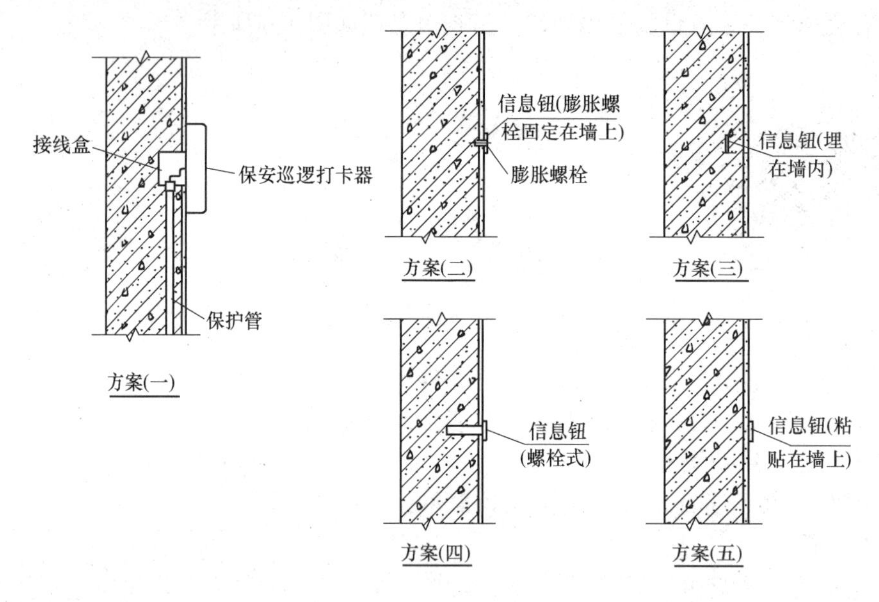

图4-10 信息钮安装图

注：
1. 方案（一）为在线式电子巡查系统前端设备安装示意图。
2. 方案（二）~方案（五）为离线式电子巡查系统前端设备安装示意图。
3. 感应式信息钮应尽量远离金属物安装。
4. 信息钮（螺栓式）安装方式：在被安装的墙体上打一个直径、长度与产品外形相符的孔，将信息钮（螺栓式）装入孔内。

3. 电子巡查系统的安装

巡查站点应设置在建筑物出入口、楼梯前室、电梯前室、停车库（场）、重点防范部位附近、主要通道及其他需要设置的地方。巡查站点设置的数量应根据现场情况确定。巡查站点识读器的安装位置宜隐蔽，其安装高度离地1.3~1.5m；安装应牢固，注意防破坏。在线式电子巡查系统的管线宜采用暗敷。

4. 电子巡查系统的调试

调试系统组成部分的各设备是否工作正常。检查在线式信息采集点读值的可靠性、实时巡查与预置巡查的一致性，并查看记录、存储信息以及在发生不到位时的即时报警功能；检查离线式电子巡查系统，确保信息钮的信息数据正确。

巡查管理主机应利用软件，实现对巡查路线的设置、查改等管理，并对未巡查、未按规定路线巡查、未按时巡查等情况进行记录、报警。图4-11所示为巡查系统管理软件分析统计界面。

三、任务实施

1. 电子巡查系统施工图的识读

（1）设计说明识读　某科研办公楼安全防范系统中设计有电子巡查子系统，其施工图中关于电子巡查的设计说明如下。

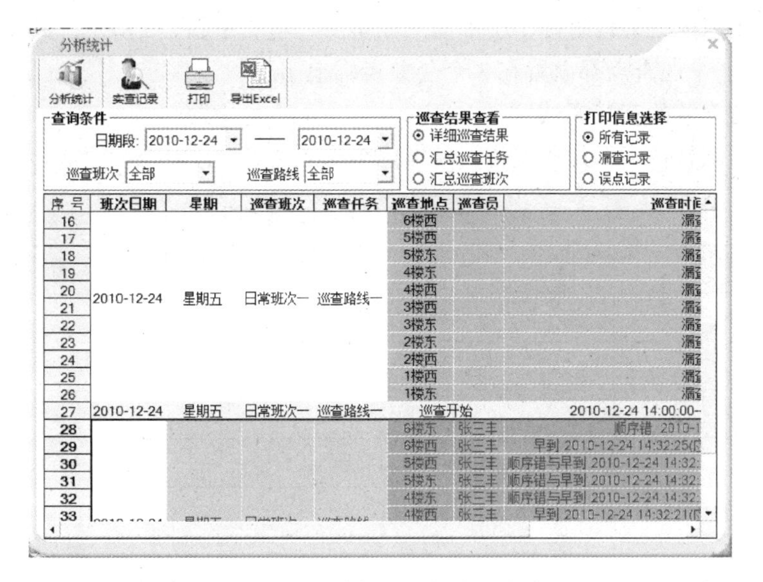

图4-11　巡查系统管理软件分析统计界面

电子巡查系统。

本系统采用离线式电子巡查系统。

在本建筑物内的主要通道处、重要场所设置巡查点，在巡查点设置信息钮。

（2）设备材料表识读　表4-1为某科研办公楼电子巡查系统设备材料表。

表4-1　某科研办公楼电子巡查系统设备材料表

序　　号	设备材料	单　　位	数　　量
1	电子巡查工作站	台	1
2	数据发送器	个	1
3	手持数据采集器	个	1
4	信息钮	个	15

（3）系统图识读　电子巡查系统的系统图也非常简单，如图4-12所示。

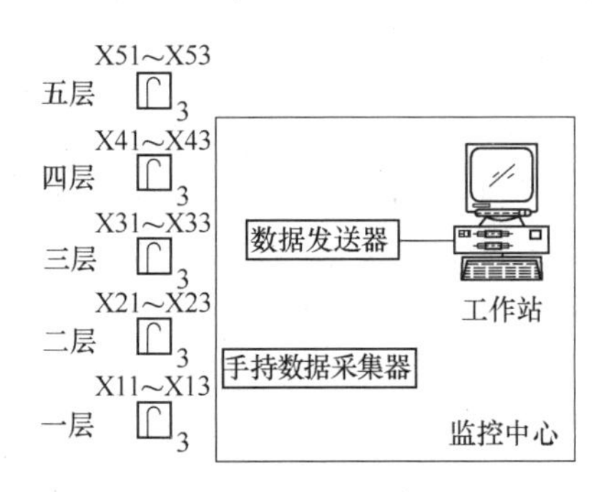

图4-12　某科研楼离线式电子巡查系统图

（4）平面图识读　某科研楼5层平面图如学习情境2中图2-3所示。某科研楼5层设置了3个巡查点，3个巡查点都设置在3个公共走廊上。

2. 电子巡查系统的安装调试

（1）安装调试材料、工具和设备　具体内容见表4-2。

表4-2　安装调试材料、工具和设备

序　号	设备名称	数　量
1	离线巡查棒	1根
2	巡查点	10台
3	巡查管理软件	1套
4	小号一字螺钉旋具	1把
5	万用表	1只
6	跳线	0.2m×4根

（2）操作步骤

1）按照规范要求安装各信息钮。

2）将离线式数据传输器连接到计算机，即RS232接口与COM2相连。

3）连接线路无误后，通电观察各设备工作状态。

4）在计算机上安装巡查软件。

（3）电子巡查系统的调试

1）巡查棒使用：巡查人员手持巡查棒与巡查钮垂直接触，听到“滴”的一声，同时巡查棒的指示灯闪3次，表示采集成功。巡查完以后在采集次数小于4095次的情况下通过传输器将数据传输到计算机中。在采集次数大于4095次时，巡查棒将自动清空以前所有数据。

2）传输器使用：传输器在接通电源后电源指示灯（Power）常亮，将巡查棒垂直插入传输器的插座中，使用电子巡查软件的数据读入功能将巡查棒内的巡查数据读入到计算机中，软件自动清空巡查棒内的数据。

3）打开计算机上的巡查软件，进行修改密码、数据读入、数据查询等操作，调试巡查系统。也可以对巡查棒进行清理、校时、设置等操作。如需要可打印、保存系统巡查资料。

四、任务总结

通过该任务的学习，熟悉了电子巡查系统的组成，系统的主要形式及功能；阅读了电子巡查系统各类图纸；熟悉了电子巡查系统安装与调试的各项规范要求。但要求注意以下几个事项：

1）应充分做好准备工作。准备好工具、安装材料、说明书和相关图纸等，以便安装时所需。

2）安装时，应注意安装顺序，避免因安装顺序的错误，造成材料、时间等的浪费，避免因此而耽误工期。

五、效果测评

1）试比较在线式和离线式巡查系统的异同点。

2）结合自身实训条件，安装并调试电子巡查系统。

任务 2 电子巡查系统的检测与验收

一、任务描述

电子巡查系统按设计图施工完毕后，必须经过第三方的检验和多方参与的验收后，方可投入使用。本任务主要通过学习电子巡查系统的检验与验收相关规范，掌握电子巡查系统的检验项目、检验要求及测试方法，抽查与验收的程序与手段，并能运用相关规范，填写检验与验收报告。

二、任务信息

1. 电子巡查系统的检测

（1）检测内容

1）按照巡查路线图检查系统的巡查终端、读卡机的响应功能。

2）现场设备的接入率及完好率测试。

3）检查巡查管理系统编程、修改功能以及撤防、布防功能。

4）检查系统的运行状态、信息传输、故障报警和指示故障位置的功能。

5）检查巡查管理系统对巡查人员的监督和记录情况、安全保障措施和对意外情况及时报警的处理手段。

6）对在线联网式巡查管理系统还需要检查电子地图上的显示信息，遇有故障时的报警信号以及和视频安防监控系统等的联动功能。

7）巡查系统的数据存储记录保存时间应满足管理要求。

（2）巡查终端抽检 抽检数量应不低于 20% 且不少于 3 台，探测器数量少于 3 台时应全部检测，被抽检设备的合格率为 100% 时为合格；系统功能全部检测，功能符合设计要求为合格，合格率 100% 时为系统功能检测合格。

2. 电子巡查系统的验收

电子巡查系统的验收应对照正式设计文件和工程检测报告，复核系统应具有巡查时间、地点、人员和顺序等数据的显示、归档、查询、打印等功能。复核在线式电子巡查系统，应具有即时报警功能。

三、任务实施

1. 电子巡查系统的检测

作为第三方检测机构的专业检测人员，必须掌握电子巡查系统各监测项目的检测要求和检测方法，这样才能保质保量地完成检测工作。表 4-3 为电子巡查系统检测项目、检测要求及测试方法。表 4-4 是巡查管理系统分项工程质量验收记录表。

表4-3　电子巡查系统检测项目、检测要求及测试方法

序号	检测项目	检测要求及测试方法
1	巡查设置功能检测	在线式的电子巡查系统应能设置保安人员、巡查程序，应能对保安人员巡逻的工作状态（是否准时、是否遵守顺序等）进行实时监督和记录。当保安人员未到位时，应有报警功能。当与入侵报警系统、出入口控制系统联动时，应保证对联动设备的控制准确、可靠。离线式的电子巡查系统应能保证信息识读准确、可靠
2	记录打印功能检测	应能记录打印执行器编号，执行时间与设置程序的比对等信息
3	管理功能检测	应能有多级系统管理密码，对系统中的各种状态均应有记录
4	其他项目检测	具体工程中具有的而以上功能中未涉及的项目，其检验要求应符合相应标准，工程合同及正式设计文件的要求

表4-4　巡查管理系统分项工程质量验收记录表

<table>
<tr><td colspan="2">单位（子单位）工程名称</td><td colspan="2">北京××大厦</td><td>子分部工程</td><td>安全防范系统</td></tr>
<tr><td colspan="2">分项工程名称</td><td colspan="2">巡查管理系统</td><td>验收部位</td><td>首层一区</td></tr>
<tr><td>施工单位</td><td colspan="3">北京××建设集团</td><td>项目经理</td><td>×××</td></tr>
<tr><td colspan="3">施工执行标准名称及编号</td><td colspan="3">智能建筑工程质量验收规范 GB 50339—2013</td></tr>
<tr><td>分包单位</td><td colspan="3">北京××机电安装工程公司</td><td>分包项目经理</td><td>×××</td></tr>
<tr><td colspan="3">检测项目（主控项目）
（执行规范第19.0.9条的规定）</td><td colspan="2">检查评定记录</td><td>备注</td></tr>
<tr><td rowspan="2">1</td><td rowspan="2">系统设备功能</td><td>巡查终端</td><td colspan="2">符合设计要求</td><td rowspan="15">巡查终端、读卡器抽检数量不低于20%且不少于3台，抽检设备合格率100%时为合格；各项系统功能和软件功能全部检测，功能符合设计要求为合格，合格率为100%时系统检测合格</td></tr>
<tr><td>读卡器</td><td colspan="2">符合设计要求</td></tr>
<tr><td rowspan="2">2</td><td rowspan="2">现场设备</td><td>接入率</td><td colspan="2">符合设计要求</td></tr>
<tr><td>完好率</td><td colspan="2">符合设计要求</td></tr>
<tr><td rowspan="8">3</td><td rowspan="8">巡查管理系统</td><td>编程、修改功能</td><td colspan="2">符合设计要求</td></tr>
<tr><td>撤防、布防功能</td><td colspan="2">符合设计要求</td></tr>
<tr><td>系统运行状态</td><td colspan="2">符合设计要求</td></tr>
<tr><td>信息传输</td><td colspan="2">符合设计要求</td></tr>
<tr><td>故障报警及准确性</td><td colspan="2">符合设计要求</td></tr>
<tr><td>对巡查人员的监督和记录</td><td colspan="2">符合设计要求</td></tr>
<tr><td>安全保障措施</td><td colspan="2">符合设计要求</td></tr>
<tr><td>报警处理手段</td><td colspan="2">符合设计要求</td></tr>
<tr><td rowspan="2">4</td><td rowspan="2">联网巡查管理系统</td><td>电子地图显示</td><td colspan="2">符合设计要求</td></tr>
<tr><td>报警信号指示</td><td colspan="2">符合设计要求</td></tr>
<tr><td>5</td><td colspan="2">联动功能</td><td colspan="2">符合设计要求</td></tr>
<tr><td colspan="6">检测意见：经检查，主控项目符合《建筑电气工程质量验收规范》（GB 503003—2015）、《智能建筑工程质量验收规范》（GB 50339—2013）标准及施工图设计要求检查合格。

监理工程师签字：×××　　　　检测机构负责人签字：×××
（建设单位项目专业技术负责人）
日期：20××年××月××日　　　　日期：20××年××月××日</td></tr>
</table>

2. 电子巡查系统的验收

在进行工程验收时，不仅要对系统的功能、性能等进行验收，同时对工程施工质量的检查也是必不可少的，而且很重要，因此必须熟悉施工质量检查的项目、内容及检查的一般方法。当然，资料验收审查也是验收内容之一。电子巡查系统验收应符合 GB 50348—2004 规范中第 8. 3. 2 条第 12 款的规定。具体验收表格见学习情境 1 中表 1-21 ~ 表 1-24。

四、任务总结

电子巡查系统的检测、验收是为了有效保证系统的质量和后续的运行维护，因此，必须引起重视。必须熟悉系统检查和验收前必须具备的条件，必须熟悉检测和验收的程序、步骤和方法。在进行系统检测和验收时，要恪守自己的职业道德，以高度的责任心，认真细致地去完成工作。

五、效果测评

电子巡查系统的检测、验收是十分重要的工作，是系统质量的重要保证。试完成以下简答题。

1）简述电子巡查系统的检验项目。

2）简述电子巡查系统联动功能验收的方法。

学习情境5　停车场（库）管理系统

情境描述

根据建筑设计规范，大型建筑必须设置汽车停车场（库），以满足交通组织需要，保障车辆安全，方便公众使用。当停车场（库）内车位数超过50个时，往往考虑建设停车场（库）管理系统，以提高停车场的管理质量、效益和安全性。

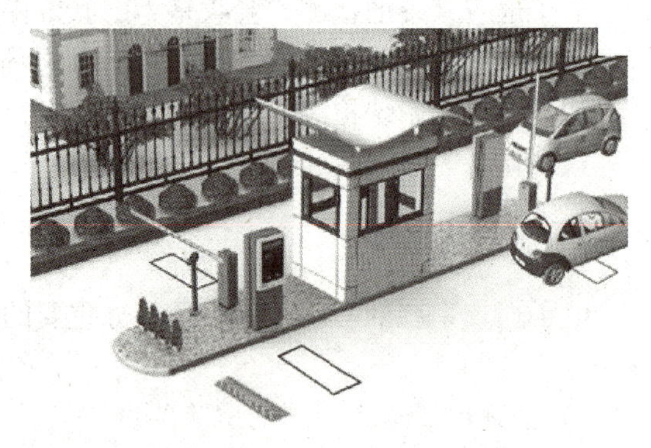

图5-1　某停车场系统示意图

现代停车场越来越向大型化、复杂化和高科技化方向发展。面对日益复杂的停车场，一些新的管理技术不断引入，使停车场（库）管理更加灵活、方便与安全，如图5-1所示，车辆管理系统也向更开放与更灵活的方向发展。

任务分析

根据停车场（库）管理系统的工程实践，对停车场管理系统学习情境配置4个学习任务，分别是：

1）停车场管理系统工程识图。

2）停车场管理系统配置。

3）停车场管理系统安装与调试。

4）停车场管理系统检测与验收。

任务1　停车场管理系统工程识图

一、任务描述

停车场管理系统的工程图纸相对比较简单，主要是系统图、管线敷设图和系统设备安装定位图。对于停车场管理系统工程图纸中所涉及的图形符号，在安全防范行业标准（《安全防范系统通用图形符号》GA/T 74—2000）中没有明确规定，因此，在识图时涉及的设备图形符号可以参看设计说明或其他图纸说明性文字材料。

通过本任务的学习，要达到的学习目标为：

1）能理解停车场管理系统的组成。

2）了解系统采用的线缆材料、线缆敷设方法。

3）熟悉设备定位图。

二、任务信息

1. 停车场管理系统的基本组成

停车场管理系统本质上是一个分布式的集散控制系统，主要由管理控制中心、进口设备、出口设备三大部分构成。

管理控制中心由高性能工控机、打印机、停车场系统管理软件组成，主要负责处理进、出口设备采集的信息，并对信息进行加工处理，控制外围设备，将信息处理成合乎要求的报表，供管理部门使用。

进口设备由车牌自动识别系统、智能补光、控制地感线圈、入口控制器、入口道闸等组成，主要负责对进入停车场的内部车辆进行自动识别、身份验证并自动起落道闸；对外来车辆进行自动识别车牌号码、实时抓拍记录进入时间等车辆信息并自动起落道闸。

出口设备由车牌自动识别系统、智能补光、控制地感线圈、出口控制器、出口道闸等组成，主要负责对驶出停车场的内部车辆进行自动识别、身份验证并自动起落道闸；对外来车辆进行自动识别车牌号码、匹配驶入时间等车辆信息、自动计费、收费后自动起落道闸。

2. 停车场管理系统的电气线缆与管材

（1）不同用途的线缆　停车场管理系统中一般有 4 种用途的线缆，分别是电源线、数据线、视频线、控制线。停车场管理系统所用线缆及对应设备见表 5-1。

表 5-1　停车场管理系统所用线缆及对应设备

名　称	中文标识符
电源线（P）	入口控制机；入口道闸；出口控制机；出口道闸；入口摄像机；车位显示屏；入口长距离读卡器；出口摄像机；收费显示屏；出口长距离读卡器
数据线（D）	入口控制机通信；出口控制机通信；车位显示屏通信；入口长距离读卡器通信；收费显示屏通信；出口长距离读卡器通信
控制线（C）	入口道闸手动控制；出口道闸手动控制
视频线（V）	入口；出口

（2）线管的分类　线管有 PVC 材料和镀锌铁管两种，管的大小可根据穿线的多少来选择各种型号，如 $\phi25/\phi20/\phi32$ 等。一般情况下建议采用镀锌铁管。

（3）线缆的敷设　停车库管理系统的设备一般安装在安全岛上，因此，线缆一般采用穿管暗埋。

3. 设备定位

设备定位是一项看似简单但实际操作起来又比较复杂的工作。由于现场情况各不相同，要真正达到方便、实用，最好是开车到现场勘测，以方便车辆的进出为第一原则。

三、任务实施

1. 停车场管理系统图识读

图 5-2 所示是某停车场管理系统的系统图。从图中可以获取以下信息：

（1）系统设备组成　系统主要由三部分组成，分别是出口收费亭、入口设备和出口设备。在出口收费亭中，配置有系统管理计算机、道闸手动按钮、收费读卡器、总线控制器、票据打印机等。从图中还可以看出，系统的外围设备电源由出口收费亭统一提供，电压等级为AC220V；入口设备中，主要包含入口控制器、入口摄像机、控制地感线圈、入口道闸等设备；出口设备中，主要包含出口控制器、出口摄像机、控制地感线圈、出口道闸等设备。系统通过LAN局域网集成至管理中心。

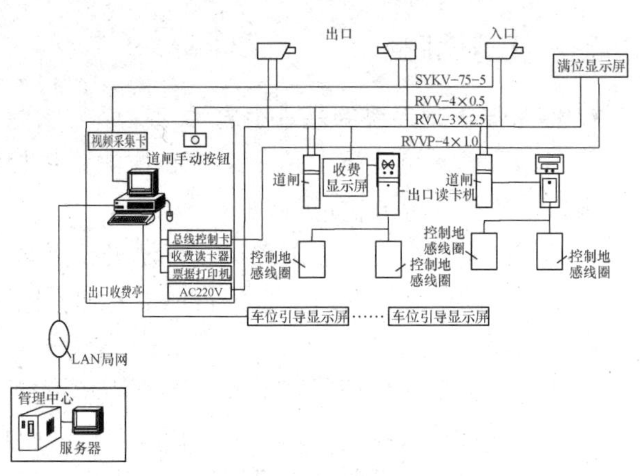

图5-2 某停车场管理系统的系统图

（2）系统主要线缆 在该停车场管理系统中，电源线采用RVV2.5mm² 软线，数据线采用RVVP1mm² 屏蔽软线，控制线采用RVV0.5mm² 软线，视频线采用SYKV－75－5同轴电缆。

（3）辅助设备 该停车场管理系统还配有车位引导显示屏、满位显示屏和收费显示屏等辅助设备。

2. 停车场管理系统管线安装敷设图识读

图5-3、图5-4所示是某小区停车场管理系统的布线图和管线图。该停车库管理系统的设备配置和图5-2中的停车库管理系统的配置基本相同，相比而言，多了对讲设备，方便了工作人员和车主之间的沟通。线缆采用RVV普通聚氯乙烯护套软线或RVVP型带屏蔽的普通聚氯乙烯护套软线，线径根据用途不同有所不同。所有缆线均穿钢管敷设，根据线缆根数的多少，选择相应的管径。

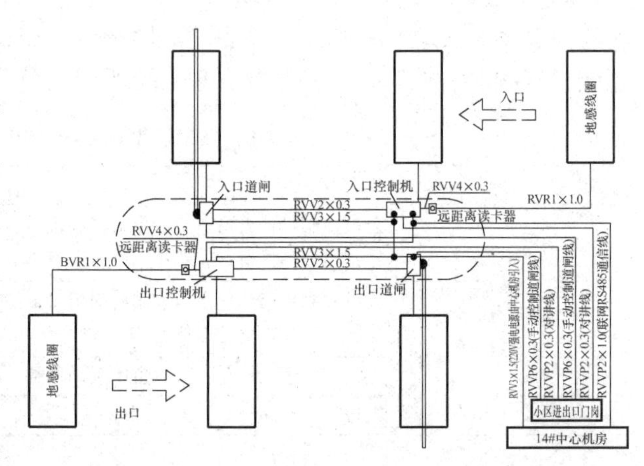

图5-3 某小区的停车场管理系统的布线图

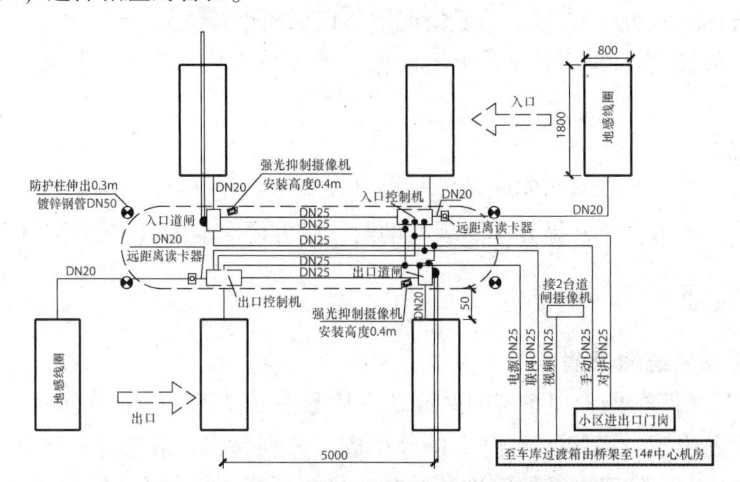

图5-4 某小区的停车场管理系统的管线图

3. 停车场管理系统设备定位图识读

停车场管理系统设备定位主要涉及安全岛上入口设备、出口设备的定位以及入口车道和出口车道上的地感线圈的位置定位等。图5-5所示是某停车场系统的设备定位图，图中的尺寸单位为毫米（mm），这些尺寸标注的是设备的相对位置。

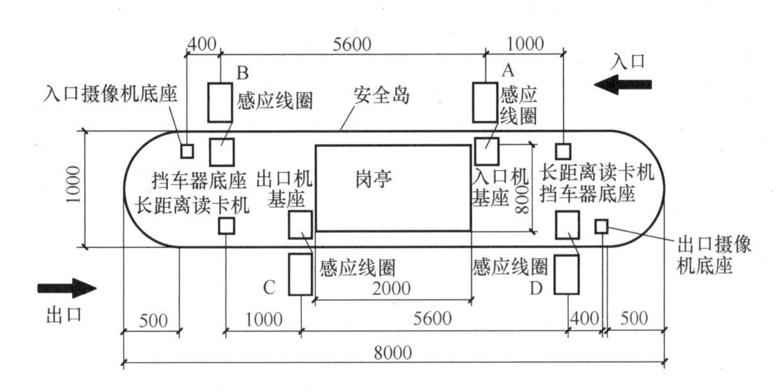

图5-5　某停车场系统的设备定位图

四、任务总结

停车库管理系统的识图比较简单，涉及的内容比较少。无论哪一种停车库管理系统，它们的组成、施工方法都大同小异，因此，图纸的内容也相差不大。

五、效果测评

图5-6所示是某停车库管理系统线缆示意图，请对照示意图完成以下问题：

1）说明本系统的设备组成。

2）说明本系统的线缆使用情况。

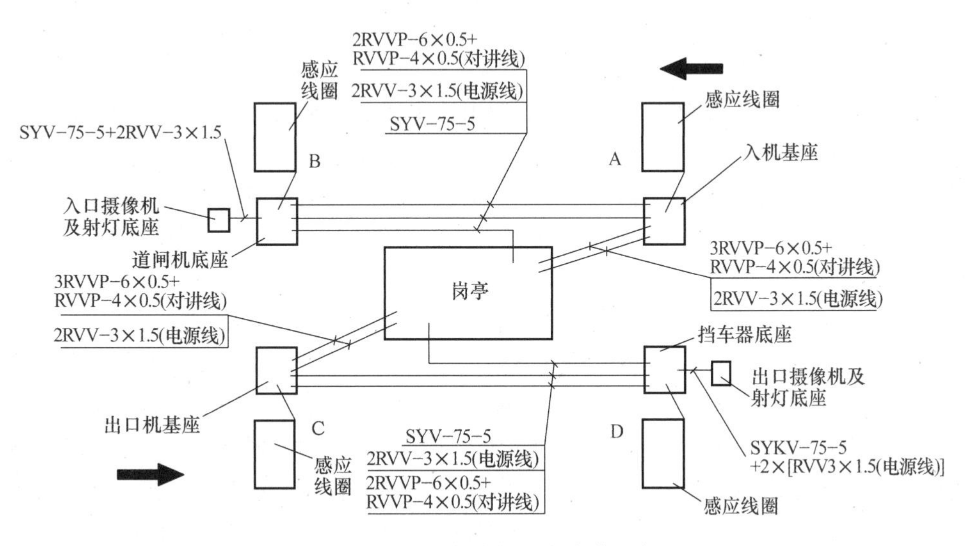

图5-6　某停车库管理系统线缆示意图

任务2 停车场管理系统配置

一、任务描述

了解停车场管理系统的基本组成、功能与设备配置，对于掌握停车场管理系统的基本知识是十分重要的。停车场管理系统的基本组成在前一个任务中已经有讲解，这里不再重复。在这个任务中，主要让大家了解停车场管理系统的功能、设备的性能与特点。

通过本任务的学习，要达到的学习目标为：

1）掌握停车场管理系统的功能。

2）了解停车场管理系统的设备配置。

二、任务信息

1. 停车场管理系统的基本功能

停车场管理系统的基本功能可分为三个方面：

（1）停车场入场控制　包括以下内容：

停车车位显示：LED 提示停车场内有无空余车位；

停车区域引导：LED 提示来车停到哪一个区域；

停车位引导：LED 提示来车停到哪一个停车位；

语音 + LED 显示：语音及 LED 显示礼貌用语、操作提示或其他信息；

身份辨别：辨别车主所刷的卡是否为本系统卡；

自动出卡：临时车主按键取临时停车卡（无车不发卡，取卡即起闸）；

停车信息记录：记录所读卡的时间、卡号、卡类型等信息；

停车图像抓拍：抓拍进场车辆的图片，供出场对比。

（2）停车场出场控制　包括以下内容：

车辆确认：读卡时显示入场时间、卡号、车牌号等并确认是否与储存的入场卡是同一张卡；

图像对比：拍摄出场车辆图片，并自动调出该卡对应车辆入场图片进行对比，确认是否同一车辆；

停车自动计费：临时卡和储值卡读卡后根据收费标准和泊车时间自动计算费用，并显示在收费显示屏上；

收卡：临时车在完成收费后自动或人工收回临时卡；

语音 + LED 显示：语音及 LED 显示礼貌用语、操作提示或其他信息。

（3）停车场管理系统控制中心　停车场智能管理系统可以实现以授权形式管理用户卡片，管理者可以对岗位操作点收费标准、智能卡的发行等进行功能设定，系统一经设定后，岗位的权限范围和职责也得到规定；卡的期限等均在管理者的掌握之中，持卡者驾车出场时计算机便会按规定标准合理收费。管理者可以随时查用、打印车场动作情况，如整个停车场收款情况、某岗位收款情况、某操作员收款情况、场内车辆（某卡）的进出次数（时间、卡内余款及更改各种收费标准）等。在停车场管理系统控制中心计算机上装有系统管理软件，实现系统管理。

2. 停车场管理系统设备配置

停车场管理系统设备配置可分为简易型、标准型和加强型。图5-7所示为一进一出停车场设备加强型配置系统框图。

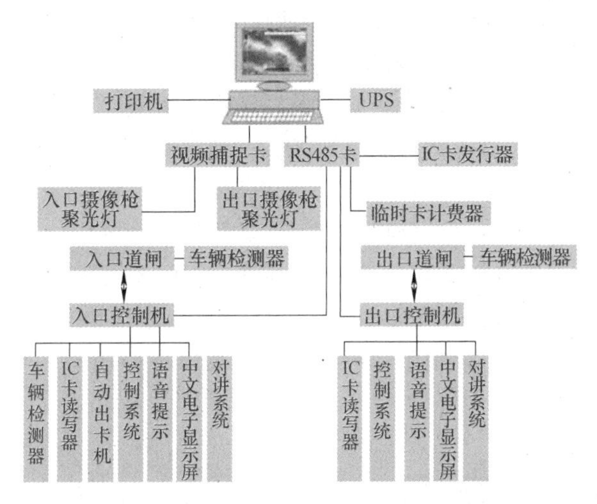

图5-7 一进一出停车场设备加强型配置系统框图

(1) 入口控制机 入口控制机是由入口控制器、自动出卡机构、读写系统、中文显示屏、语音系统、车辆检测系统、对讲分机、专用线性电源八大部分组成，如图5-8所示。

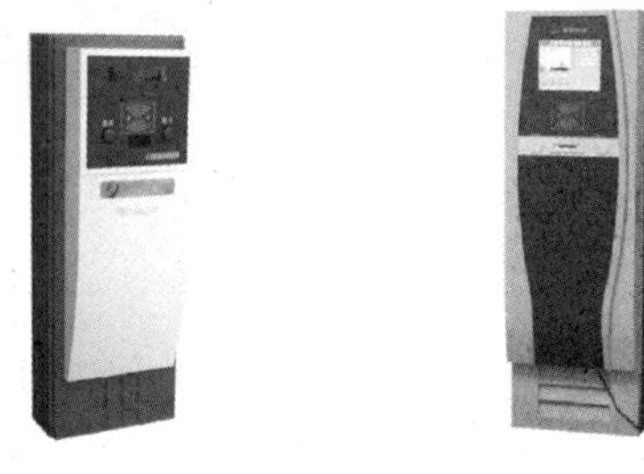

图5-8 入口控制机

1) 入口控制器：入口控制器是停车场系统的中枢，是停车场系统的核心部件，通过它与主机信息的相互交换处理，负责整个入口控制部分的输入、输出信息的处理、储存和控制等。

2) 自动出卡机构：顾名思义就是实现自动发卡。具有取卡开闸功能、少卡报警功能以及自动区分月卡用户和临时用户、一车一卡、满位锁定等功能。

3) 读写系统：读写系统主要是由天线、IC/ID模块组成，负责读取卡片中的数据信息，并将这些信息传送到入口控制器。

4) 中文显示屏：入口中文显示屏主要是用来提示直观信息，例如停车场名称、年月日、车场信息、操作提示、问候语等信息。

5) 语音系统：将中文显示屏上的提示信息通过语音发出，并使用礼貌用语，让入口控制机成为一个会说话的智能化操作系统。例如：本卡无效、欢迎光临等。

6) 车辆检测系统：主要由车辆检测器和地感线圈组成，用于车辆的存在检测，其输出信号用于通知停车场系统中的控制器，配合自动出卡机构，实现一车一卡一闸功能。

7) 对讲分机：对讲系统分主机和分机，分别装接在车场中心和控制机中，及时将车主遇到的问题反馈到车场管理员处，让管理员及时、有效地处理。

(2) 出口控制机 出口控制机是由出口控制器、收卡机构、读写系统、中文显示屏、语音系统、车辆检测系统、对讲分机、专用线性电源八大部分组成。

1）控制器：出口控制机控制器也是与主机信息进行交换处理，负责整个出口控制部分的输入、输出信息的处理、储存和控制等。

2）读写系统：读写系统主要是由天线、IC/ID 模块组成，负责读取卡片中的数据信息，并将这些信息传送到出口控制器，然后通过处理。

3）中文显示屏：功能同入口控制机中文显示屏。

4）语音系统：与入口的语音系统相同，可提示本卡无效、谢谢惠顾等信息。

5）车辆检测系统：与入口车辆检测系统相同，负责用于车辆存在检测，其输出信号可用来通知停车场系统中的控制器，配合自动收卡机使用。

6）对讲分机：功能与入口对讲分机相同。

（3）管理中心　主要作为停车场管理的终端管理，是整个管理系统的数据服务和管理中心，是为停车场管理中心和收费终端提供数据接口的地方，如图 5-9 所示。

1）工业控制计算机：它主要用于与入口控制器和出口控制器之间的数据处理、信息交换等方面，如图 5-10 所示。

图 5-9　管理中心

图 5-10　工业控制计算机

2）图像识别系统：车辆进出通道时自动抓拍图像并保存在指定路径下。对于固定车辆，如果抓拍到的图像与保存在计算机中的车辆图像不符，管理员可拒绝车辆进入。车辆外出时，如果抓拍到的图片与进入通道时抓拍到的图片不符，管理员可拒绝车辆外出，保证停放车辆的安全。

3）对讲主机：对讲主机最重要的作用是实现车主和车场管理员之间在有限的通信距离（300m 以内）内相互通话、互传信息。

4）收费显示屏：为车主实现收费信息提示，并带有问候语。

（4）道闸机　利用电动机、减速机构、曲柄连杆传动机构来实现闸杆的升降，利用霍尔光电检测装置实现水平、垂直两极限位置的自动定位。包含一体化电动机、控制器、车辆检测系统等。图 5-11 所示为各种形式道闸机及闸杆。

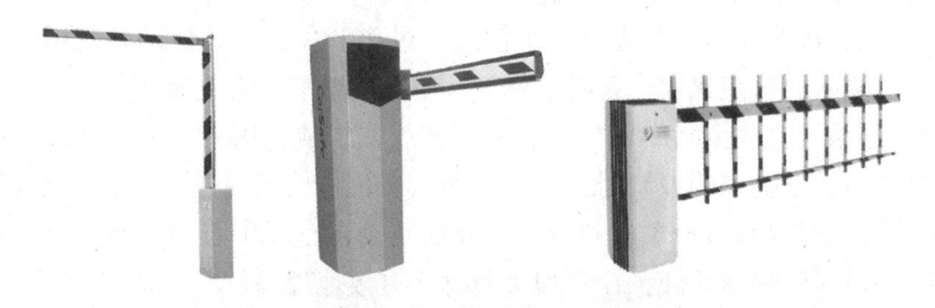

图 5-11　道闸机及闸杆

3. 停车场车位引导系统配置

停车场车位引导系统，解决了大型停车场内停车难问题，减少了管理人员数量，提高了车位使用率。驾驶员在进入停车场时根据主入口的引导屏，可立刻了解到想去的停车区域有没有空车位，并且在到达停车区域后根据车位指示灯可以非常方便地找到停车位。无须再茫然地来回找停车位，大大减少了停车时间。

智能车位引导系统可由以下几个系统组成：

1）有线超声波车位探测系统。有线超声波探测器实时探测车位上是否有车辆停放，通过数据采集器和节点控制器将数据实时发送到主控器和管理计算机，由主控器及时更新各个交叉路口引导屏的空车位数，指引客户停车。同时根据车位使用情况控制车位指示灯亮不同的颜色，红色为占用，绿色为空位，客户在50m外即可看到。根据车位指示灯的颜色，客户可很快找到车位。系统由车位探测器、车位指示灯、数据采集器等组成，利用超声波反射回波检测反射物距检测器的距离，从而判断车位上是否有车辆停放。图5-12所示为车位探测及车位指示示意图。

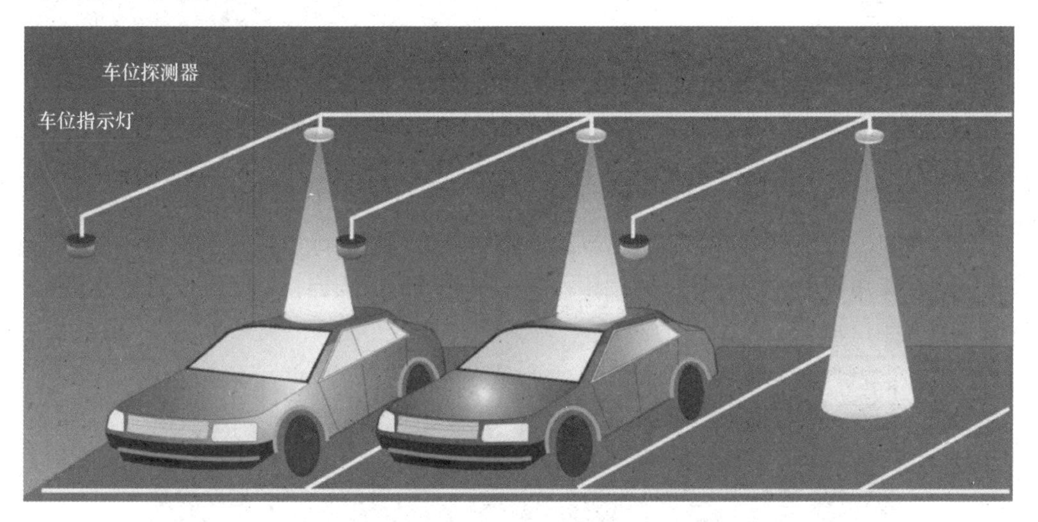

图5-12 车位探测及车位指示示意图

对于固定车位（已售车位、长期租用车位、内部使用车位等）可以不用安装车位探测器和车位指示灯，在车位上安装一个车牌显示屏，用于显示该车位的车牌号码“京A88888”，或者显示“VIP车位”“私家车位”“固定车位”等信息，告知该车位为固定车辆停放车位，其他车辆不可停放。

如果在固定车位上安装车辆探测器，则当其他车辆占用固定车位时，系统软件会报警，提示管理人员进行人工干预。

2）无线超声波车位探测系统。无线超声波探测器主要用于升降横移立体车位的探测和显示。立体车库是升降横移式，每一个车位在空间上不是固定的，普通的有线车位探测器无法满足移动需求。探测器贴装在每个立体车库的钢结构载车板的中央，探测车位有无车辆停放。

在每组立体车库安放一个控制器，对组内的无线探测器进行控制。同时用红绿灯显示该组立体车库是否有空车位，绿灯表示有一个以上的空位，红灯表示无空车位。

系统最终通过将无线控制器集成连接到节点控制器，再连接到主控器和计算机，实现无线车位探测系统。图5-13所示为无线超声探测器安装示意图，图5-14为无线超声探测器应用。

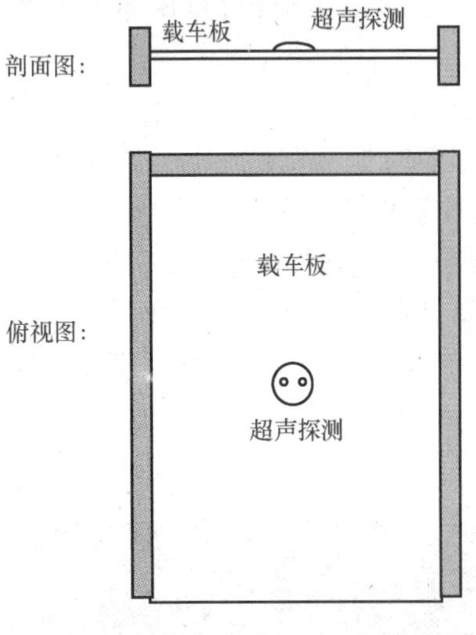

图5-13　无线超声探测器安装示意图

图5-14　无线超声探测器应用

3）地磁车位探测系统。用于露天的地面停车场，安装在每个车位的中心，探测车位上有没有车辆存在。由于露天不能使用超声波传感器，而普通的地感线圈也不能测量静止车辆的状态，所以要用地磁探测器。探测器和区域控制器可以无线连接，也可以有线连接。室外的车位检测及车位指示如图5-15所示。

图5-15　室外的车位检测及车位指示

4）车库数据集成。系统需要通过联网和数据交换，实时地把自动库的空车位数传到引导系统，通过引导屏发布空车位信息，引导车辆来到自动库的入口。

5）信息显示系统。信息显示系统动态实时显示行车路线指引信息和停车场车位数变化信息，电子引导牌显示车牌号码和行车路线指引信息；主入口引导屏显示整个车场空车位数；区位引导屏显示该区域的空车位数；交叉路口引导屏显示行车方向上的空车位数。电子引导牌可与收费管理系统无缝连接，通过显示车牌号码和行车路线引导用户到相应车位。车位信息由主控器实时发布。引导屏采用灯箱与LED结合的方式，LED采用亮度点阵模块，在阳光直射下依然清晰可辨。固定信息为中英文显示，采用灯箱模式，并可选配自动测光控制功能，在光线变暗时自动点亮灯管，以保证夜间效果，当光线足够亮时自动关闭，达到节能的目的。户外引导屏密封落地安装，在日晒雨淋下保证使用功能，并防潮、不变色。室内屏采用吊装方式。引导屏的显示数据可由管理计算机通过引导系统软件进行设置、修改。图5-16所示为入口综合引导屏，图5-17所示为区域引导屏。

图5-16 入口综合引导屏

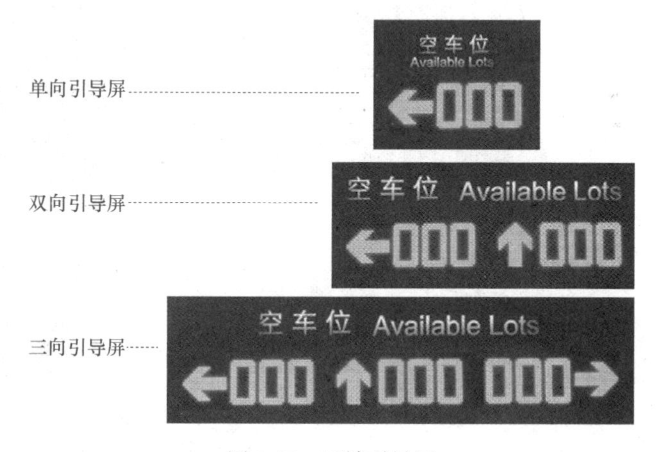

图5-17 区域引导屏

6）控制系统。控制系统是整个引导系统的核心，完成所有数据的采集、传输、控制，计算车位数的变化，实时更新各个引导屏的车位数，并将数据实时上传到管理计算机，在电子地图上直观反映车位使用情况。

控制系统由主控器、节点控制器、数据采集器组成，实时采集车位探测器、车流量检测器的状态，对车位数进行运算，并将运算结果发送到引导屏和管理计算机。控制系统具有自检功能，对故障设备可发出报警信息，提示设备故障，通过管理软件可查出具体位置，方便维修人员进行系统维护。

引导控制系统和出入口管理系统可以联动，数据共享，使得停车卡和车位托盘可以及时对应。当车辆入场时，可以及时找到空置的车位。当车辆缴费离场时，可以提前把待离场车辆放到底层，方便车辆及时离开。

7）车位引导系统管理软件。车位引导系统管理软件具有以下功能：

① 电子地图显示车位状况。

② 停车超时报警和设备故障报警。

③ VIP 车位管理。

④ 事件记录表。

⑤ 历史记录表。

⑥ 行政管理。

⑦ 图表方式报告表。

车位引导系统图，如图 5-18 所示。

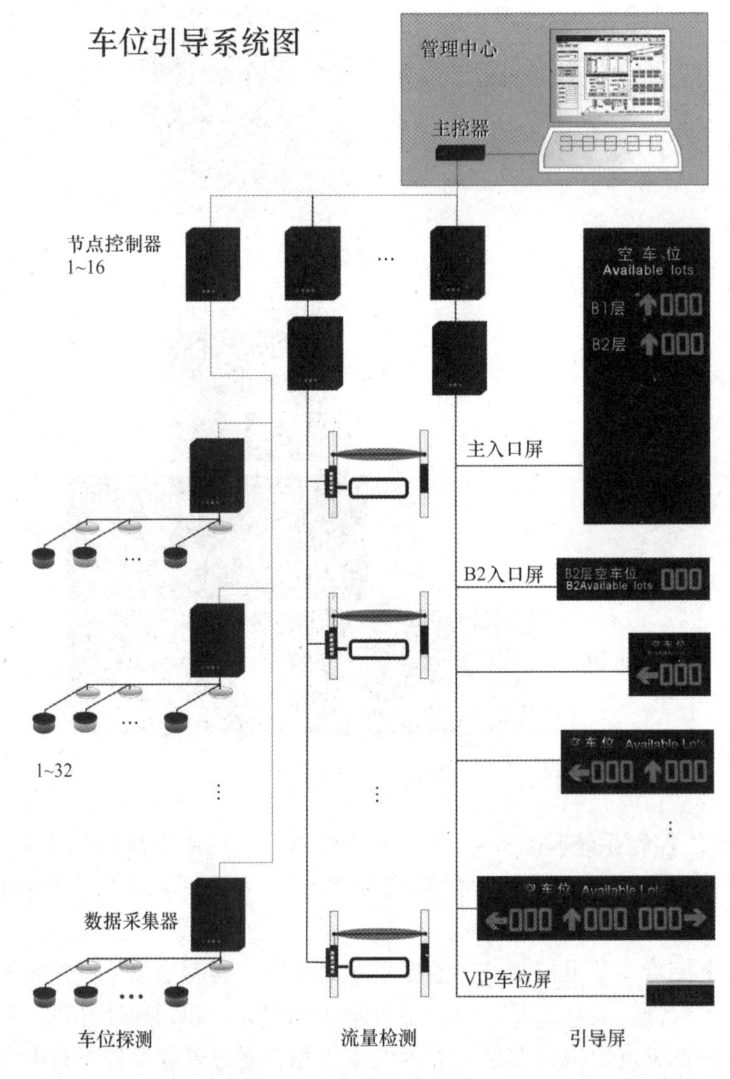

图 5-18 车位引导系统图

三、任务实施

1. 需求分析

某小区建设停车场管理系统，如图 5-19 所示。该小区有三个出入口，分别是南门、北门和西门。本停车场方案设置为：一进一出全配置标准停车场集中式（即进出口同道）收费管理系统。其主要功能包括中文 LED 显示屏、临时车收费等功能；固定车辆凭一张经授权发行的感应式 ID 卡，只需在车库入出口读卡控制机上的读卡区内感应一下，便可自由进出泊车。临时车辆进入地下车库时，只需在入口的管理处领一张 ID 卡，便可进入车库停车，出口由计算机自动计费。

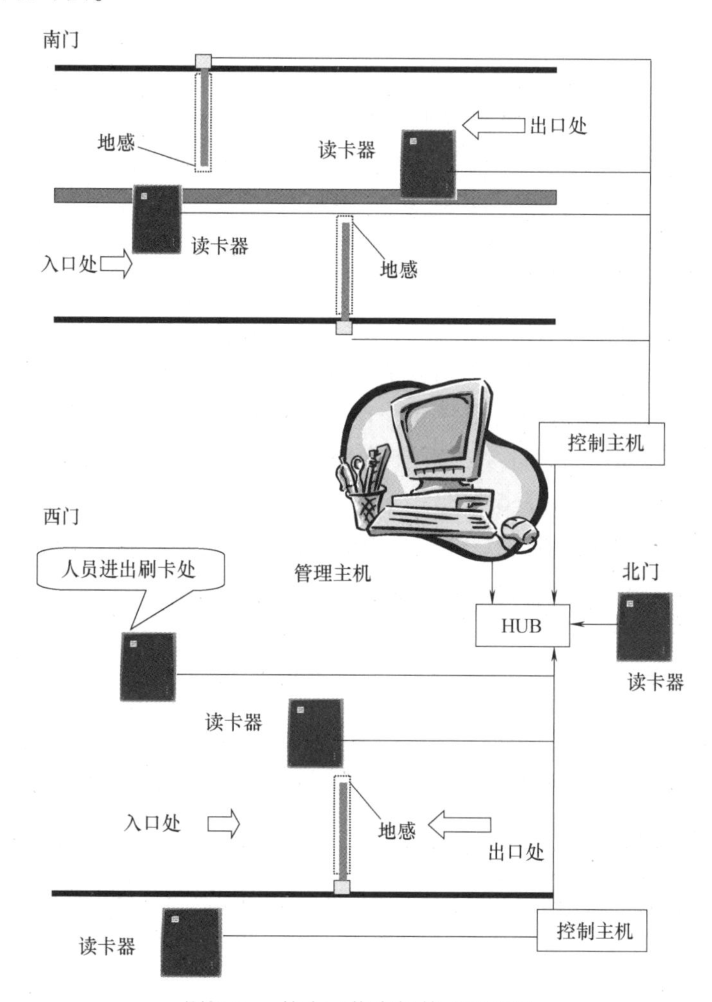

图 5-19　某小区停车场管理系统图

客户需要在西门采用一个道闸、在南门采用两个道闸，地感根据客户需要，使用一个或两个。南门与西门联成网络，这样，由系统管理计算机可以随时看到车辆是从西门进出还是从南门进出。

2. 一进一出标准停车场管理系统组成

（1）系统管理中心　包含系统管理计算机、系统收费管理软件、HUB（集线器）、ID

卡读卡器、控制主机、报表打印机/票据打印机、UPS 不间断电源等。

（2）入口管理设备　自动挡车道闸、入口读卡控制机（含：ID 卡读写装置、中文 LED 显示屏、机箱）。

（3）出口管理设备　自动挡车道闸、出口读卡控制机（含：ID 卡读写装置、中文 LED 显示屏、机箱）。

（4）系统拓扑图　系统拓扑图如图 5-20所示。

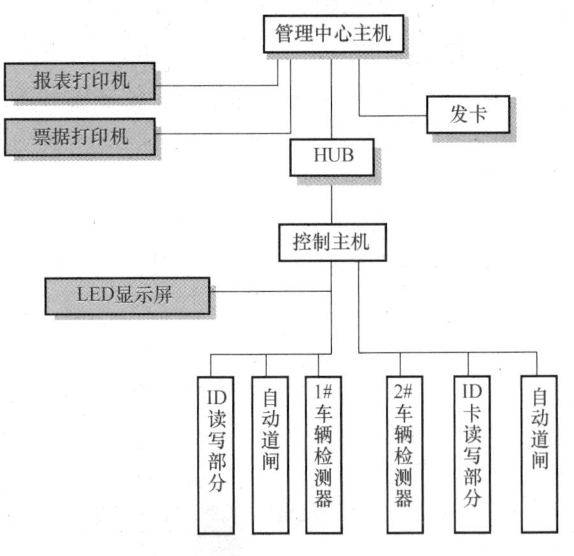

图 5-20　停车场管理系统拓扑图

3. 系统主要设备配置

（1）控制主机（型号：well2001/TC）采用工控机对道闸、读卡、地感进行控制。采用工控机的好处是存储量大；稳定性高、可靠性高、安全性强；可脱机运行；可接多种读卡器；通信方式采用 TCP/IP，采用此通信方式的好处是通信稳定、抗干扰性强等。

（2）出入读卡器/支架　智能卡读写器（型号：well2001/ID）是智能卡与系统沟通的桥梁，用于对 ID 卡进行读写操作。主要特点有：可在线运行，也可脱机运行；可对卡的有效性进行自动识别；可与自动道闸实现联动，当读到有效卡时，可控制道闸自动打开；对储值卡自动扣费，对临时卡自动计费，对有效月卡，在有效的时间范围内可无限次出入。well2001/ID 读卡器技术参数见表 5-2。

支架：密封设计，防雨、防尘，外观采用交通标准色，精工制作。

表 5-2　well2001/ID 读卡器技术参数

读卡器通信接口	RS485	环境温度	-35 ~ 70℃
感应卡	ID 卡	环境湿度	10% ~ 95%
读写时间	<0.1s	单机动态功耗	1.8W
读写距离	不大于 10cm	抗静电干扰能力	15kV
数据掉电保存	永久		

（3）ID 卡发行器　本发行器提供一路 RS485 通信接口与计算机或其他系统连接。主要技术参数：读卡距离 2cm；带有 RS485 通信接口；电源为 12V/450mA；工作相对温度为 -25 ~ 60℃；工作相对湿度小于 95%。

（4）自动挡车道闸　道闸具有感应自控和按钮控制等多种方式。快速自动道闸安装在停车场的出入口处，距离读卡器支架 3m 左右。由箱体、电动机、离合器、机械传动部分、闸杆、电子控制部分等组成。

（5）车辆检测器　检测器由一组环绕线圈和电流感应数字电路板组成，与道闸或控制机配合使用，线圈埋于闸杆前后地下 20cm 处，只要路面上有车辆经过，线圈产生感应电流信号，经过车辆检测器处理后发出控制信号控制道闸。

四、任务总结

停车场管理系统设备配置关键在于掌握不同配置等级（简易型、标准型和加强型）下，系统设备的组成及各设备的功能与性能特点。

五、效果测评

请回答以下问题：

1）请说明停车库管理系统的一般组成。

2）请查阅资料，找出停车库管理系统不同配置等级下设备配置情况。

任务3　停车场管理系统安装与调试

一、任务描述

停车场管理系统的安装与调试是一个十分重要的环节，对于系统稳定、可靠地运行有十分重要的意义。通过本任务的学习，要达到的学习目标为：

1）掌握停车场管理系统主要设备的安装方法。

2）了解停车场管理系统的安装注意事项。

3）熟悉停车场管理系统调试的一般要求。

二、任务信息

1. 布线、调试的注意事项

（1）系统接线要规范　现场的接线尽量统一、标准，做好永久标记，杜绝误接线导致人员和设备的伤害。接头绝缘胶布要牢固、美观。

（2）系统通信线处理　RS485/RS422 通信线的正负，尽量分颜色标识。为避免被干扰，应尽可能采用屏蔽线，线径越粗越好，一条总线统一一种线材。

（3）穿管布线　要求现场布线一律穿管，走管尽量横平竖直。强电、弱电分开布线，两管相隔要求大于 20cm。

（4）设备通电调试　设备通电调试时，一台一台通电测试，注意可能存在短路和断路的情况，通电时做好相关安全措施。通电前用万用表测试各强、弱电电源线，防止短接。

（5）接头处理　通信线、视频线最好中间不要接头，特殊情况（如大于 300m）除外，且接头处要安装接线盒并标识清楚。

（6）所有线必须布到位，并预留有足够的长度（1.5～2.0m）。

（7）每根管内的线不要穿得太多，一般应留有 40% 的空间。

2. 地感线圈安装应符合以下要求

1）感应线圈应在管路敷设时预埋，安装前应检查线圈规格型号、安装位置以及预埋深度是否符合设计要求。

2）距离感应线圈水平 0.5m、垂直 0.1m 范围内不应有任何金属物或其他电气线缆。

3）相邻线圈距离宜大于1m。

4）感应线圈至机箱处的电缆应采用金属管保护。

3. 出入口控制机、闸门机（挡车器）和满位指示设备安装

1）根据设备安装尺寸制作混凝土基础。

2）混凝土基础中埋入地脚螺栓。

3）将设备固定在地脚螺栓上，固定应牢固，平直不倾斜。

4）满位指示设备安装高度不低于2.2m。

4. 摄像机、射灯安装

摄像机的安装高度为50cm，在特别的情况下，比如逆光时，应尽量避免摄像机镜头直接指向太阳，应和太阳光避开一定角度安装。射灯安装高度约为80cm。

三、任务实施

1. 停车库管理系统主要设备安装

（1）满位显示器安装　在停车场入口处可设置满位显示器，当停车场停满时，满位显示器点亮。满位显示器与计算机管理系统及车辆计数器连接。满位显示器为全天候运行应带遮阳罩，在土建施工时，应预埋电气配管。图5-21所示为满位显示器尺寸和安装方法。

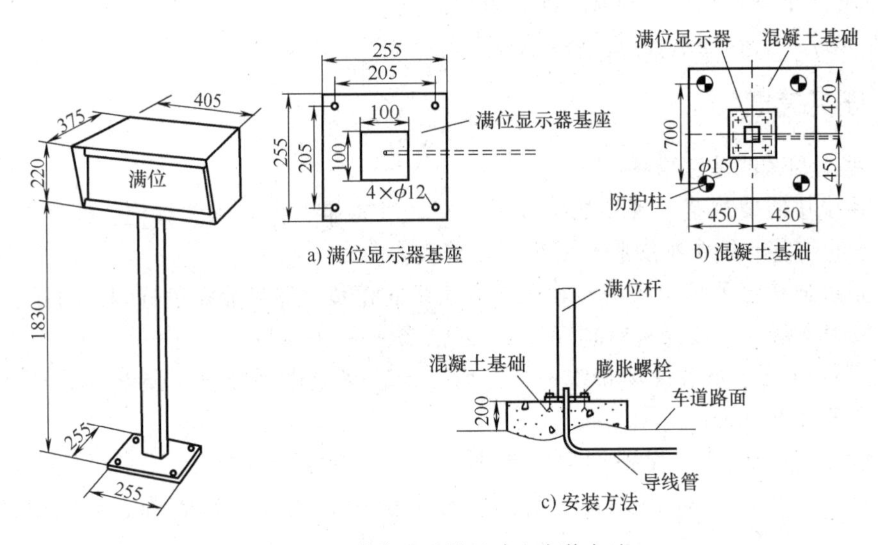

图5-21　满位显示器尺寸和安装方法

（2）自动出票机的安装　自动出票机安装在停车场入口处，时租车辆驶入时，按出票按钮，出票机打印出票给顾客，挡车器开闸放行，票券上记录车辆进场时间及计算机登记号等信息，便于车辆离场时交费。月租车辆驶入时，插入月卡后退卡给顾客，挡车器开闸放行，计算机记录进场时间等信息。图5-22所示为自动出票机尺寸及安装方法。

在许多场所中，自动出票机已经被入口控制机所取代，入口控制机包括入口读卡器、临时卡吐卡机构、对讲部分等，其安装方法基本同自动出票机的安装方法。

（3）挡车器的安装　挡车器边上可安装防护柱进行保护。当车道宽度大于6m时，可在两侧同时安装两台挡车器。当车道高度低于栏杆的抬起高度时，应选用折杆式挡车器。图5-23所示为直杆式、折杆式挡车器安装及挡车器预埋基础。

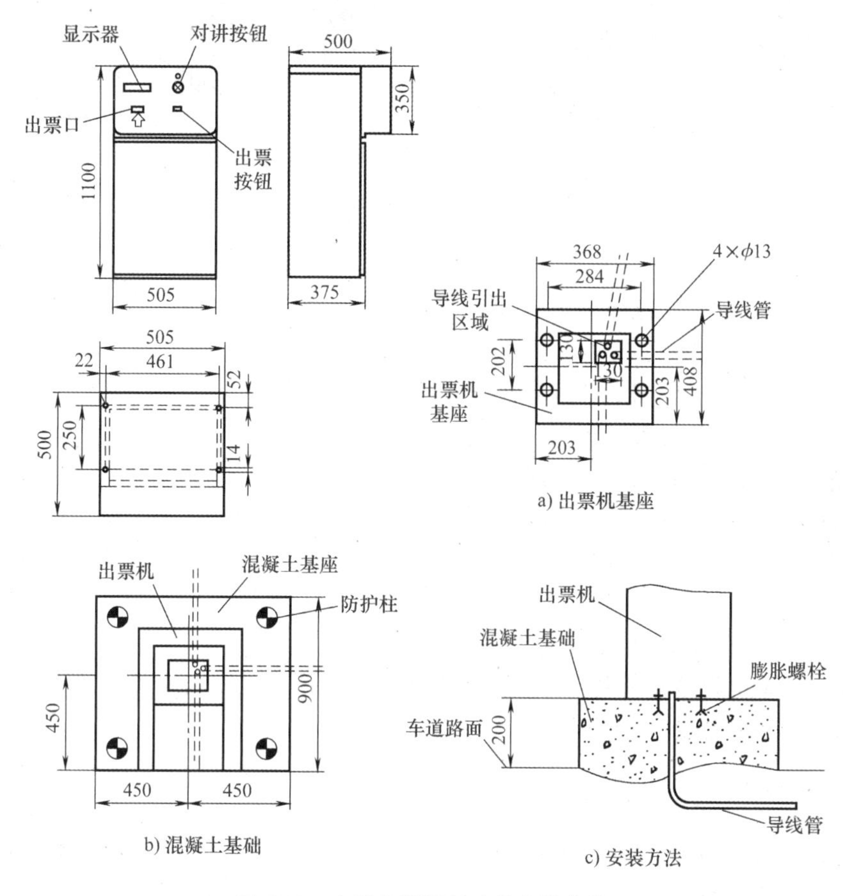

图5-22　自动出票机尺寸及安装方法

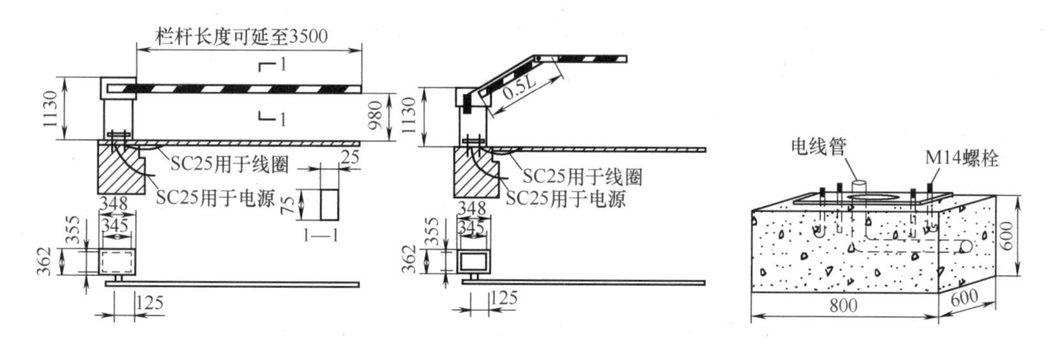

图5-23　直杆式、折杆式挡车器安装及挡车器预埋基础

（4）感应线圈安装　感应线圈由多股铜丝软绝缘线构成，铜丝截面积为1.5mm^2，感应线圈的头尾部分扭绞起来可作为馈线使用。感应线圈安装完毕后，线圈槽使用黑色环氧树脂混合物或热沥青或水泥封闭。图5-24所示为感应线圈及感应线圈安装沟槽。

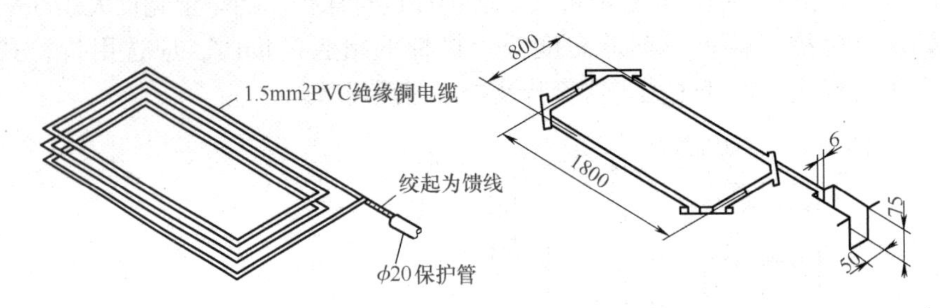

图 5-24 感应线圈及感应线圈安装沟槽

2. 系统调试

停车库管理系统调试应分别对出入口设备和管理系统的功能进行调试，调试内容如下：

1）检查并调整读卡机刷卡的有效性及其响应速度。

2）调整电感线圈的位置及响应速度。

3）调整挡车器开放和关闭动作时间。

4）调整系统的车辆进出、分类收费、收费指示牌、导向指示、挡车器工作、车牌号复核或车型复核等功能。

四、任务总结

停车场管理系统设备安装时要特别注意设备的电气特性、安装规范，另外设备安装一定要牢固可靠，安装位置要符合设计要求。

五、效果测评

请对任务实施中的4个安装项目分别写出安装报告，要求有设备尺寸和土建基础尺寸描述，安装中应用的材料、工具的说明，管线走向等全面信息的描述。

任务4 停车场管理系统检测与验收

一、任务描述

停车场管理系统的检测与验收是系统工程实施过程中的重要环节，对保证工程质量和后续设备维护有着十分重要的意义。

通过本任务的学习，要达到的学习目标为：

1）了解停车场管理系统的检测内容。

2）熟悉停车场管理系统的验收要求。

二、任务信息

1. 停车场（库）管理系统检测

（1）检测内容 停车场（库）管理系统功能检测应分别对入口管理系统、出口管理系统和管理中心的功能进行检测。

1）车辆探测器对出入车辆的探测灵敏度检测，抗干扰性能检测。

2）自动栅栏升降功能检测，防砸车功能检测。

3）读卡器功能检测，对无效卡的识别功能检测；对非接触IC卡读卡器还应检测读卡距离和灵敏度；发卡（票）器功能检测，吐卡功能是否正常，入场日期、时间等记录是否正确。

4）管理中心的计费、显示、收费、统计、信息储存等功能的检测。

5）出/入口管理监控站及与管理中心站的通信是否正常。

6）管理系统的其他功能，如“防折返”功能检测。

7）对具有图像对比功能的停车场（库）管理系统应分别检测出/入口车牌和车辆图像记录的清晰度、调用图像信息的符合情况。

8）检测停车场（库）管理系统与消防系统报警时的联动功能，电视监控系统摄像机对进出车库车辆的监视等。

9）空车位及收费显示；满位显示器功能是否正常。

10）管理中心监控站的车辆出入数据记录保存时间应满足管理要求。

（2）检测标准　停车场（库）管理系统功能应全部检测，功能符合设计要求为合格，合格率100%时为系统功能检测合格。其中，车牌识别系统对车牌的识别率达98%时为合格。

2. 停车场管理系统的验收

停车场管理系统的验收应符合《安防系统验收规则》和《安全防范工程技术规范》。

三、任务实施

1. 停车场（库）管理系统检测

停车场（库）管理系统的检测项目、检测要求及测试方法见表5-3。表5-4为停车场（库）管理系统分项工程质量验收记录表。

表5-3　停车场（库）管理系统的检测项目、检测要求及测试方法

序　号	检验项目	检测要求及测试方法
1	识别功能检测	对车型、车号的识别应符合设计要求，识别应准确、可靠
2	控制功能检测	应能自动控制出入挡车器，并避免损害出入目标
3	报警功能检测	当有意外情况发生时，应能报警
4	出票验票功能检测	在停车场（库）的入口区、出口区设置的出票装置、验票装置，应符合设计要求，出票验票均应准确、无误
5	管理功能检测	应能进行整个停车场的收费统计和管理（包括多个出入口的联网和监控管理），应能独立运行，应能与安防监控中心联网
6	显示功能检测	应能明确显示车位，应有出入口及场内通道的行车指示，应有自动计费与收费金额显示
7	其他项目检测	具体工程中有而以上功能中未涉及的项目，其检验要求应符合相应标准、工程合同及设计任务书的要求

表5-4 停车场（库）管理系统分项工程质量验收记录表

<table>
<tr><td colspan="2">单位（子单位）工程名称</td><td colspan="2">北京××大厦</td><td>子分部工程</td><td>安全防范系统</td></tr>
<tr><td colspan="2">分项工程名称</td><td colspan="2">停车场（库）管理系统</td><td>验收部位</td><td>地下二层车库</td></tr>
<tr><td>施工单位</td><td colspan="3">北京××建设集团工程总承包部</td><td>项目经理</td><td>×××</td></tr>
<tr><td colspan="2">施工执行标准名称及编号</td><td colspan="4">《智能建筑工程质量验收规范》（GB 50339—2013）</td></tr>
<tr><td>分包单位</td><td colspan="3">北京××机电安装工程公司</td><td>分包项目经理</td><td>×××</td></tr>
<tr><td colspan="3">检测项目（主控项目）
（执行本规范第19.0.10条的规定）</td><td colspan="2">检查评定记录</td><td>备注</td></tr>
<tr><td rowspan="2">1</td><td rowspan="2">车辆探测器</td><td>出入车辆灵敏度</td><td colspan="2">车辆探测器灵敏度高</td><td rowspan="22">各项系统功能和软件功能全部检测，功能符合设计要求为合格，合格率为100%时，系统功能检测合格</td></tr>
<tr><td>抗干扰性能</td><td colspan="2">车辆探测器抗干扰强</td></tr>
<tr><td rowspan="2">2</td><td rowspan="2">自动栅栏</td><td>升降功能</td><td colspan="2">自动栅栏升降功能安全可靠</td></tr>
<tr><td>防砸车功能</td><td colspan="2">自动栅栏防砸车功能安全可靠</td></tr>
<tr><td rowspan="2">3</td><td rowspan="2">读卡器</td><td>无效卡识别</td><td colspan="2">准确无误</td></tr>
<tr><td>非接触卡读卡距</td><td colspan="2">满足设计要求</td></tr>
<tr><td rowspan="2">4</td><td rowspan="2">发卡（票）器</td><td>吐卡功能</td><td colspan="2">正常</td></tr>
<tr><td>入场日期及时间</td><td colspan="2">正确</td></tr>
<tr><td>5</td><td>满位显示器</td><td>功能是否正常</td><td colspan="2">正常</td></tr>
<tr><td rowspan="9">6</td><td rowspan="9">管理中心</td><td>计费</td><td colspan="2">准确</td></tr>
<tr><td>显示</td><td colspan="2">正常</td></tr>
<tr><td>收费</td><td colspan="2">准确</td></tr>
<tr><td>统计</td><td colspan="2">正确</td></tr>
<tr><td>信息存储记录</td><td colspan="2">满足技术文件产品指标要求</td></tr>
<tr><td>与监控站通信</td><td colspan="2">正常</td></tr>
<tr><td>防折返</td><td colspan="2">正常</td></tr>
<tr><td>空车位显示</td><td colspan="2">正常</td></tr>
<tr><td>数据记录</td><td colspan="2">正常</td></tr>
<tr><td rowspan="2">7</td><td rowspan="2">有图像功能的管理系统</td><td>图像记录清晰度</td><td colspan="2">图像记录清晰</td></tr>
<tr><td>调用图像情况</td><td colspan="2">可调用图像</td></tr>
<tr><td>8</td><td colspan="2">联动功能</td><td colspan="2">符合设计要求</td></tr>
<tr><td colspan="6">检测意见：
经检查，主控项目符合《建筑电气工程施工质量验收规范》（GB 50303—2015）、《智能建筑工程质量验收规范》（GB 50339—2013）标准及施工图设计要求，检查合格。

监理工程师签字：××× 检测机构负责人签字：×××
（建设单位项目专业技术负责人）
日期：20××年××月××日 日期：20××年××月××日</td></tr>
</table>

2. 停车场（库）管理系统验收

停车场（库）管理系统在验收时应符合GB 50348—2004中第8.3.2条第13款要求。具体验收表格包括施工质量抽查验收记录表、技术验收记录表、资料验收审查记录表和验收结论汇总表，见学习情境1中表1-21～表1-24。

四、任务总结

停车场（库）管理系统的检测与验收，要遵守相关的检测与验收规范，要重点把握检测的内容与检测要求，要重点把握验收的主控项目。检测与验收要公平公正，客观地看待检测与验收中存在的问题，并提出相应整改意见。

五、效果测评

请问停车场（库）管理系统验收应具备什么条件？

学习情境 6　安全防范集成管理系统

情境描述

安全防范集成管理系统（下面简称安防集成系统）是指以搭建组织机构内的安全防范管理平台为目的，利用综合布线技术、通信技术、网络互联技术、多媒体应用技术、安全防范技术、网络安全技术等将相关设备、软件进行集成设计、安装调试、界面定制开发和应用支持。通俗地讲，安全防范系统的系统集成是在统一的平台上，对视频安防监控系统、入侵报警系统、出入口控制系统、电子巡查系统及停车场（库）管理系统等子系统进行集中的控制与监测，实现全面的应用支撑，高效、有机地将上述系统集成到一个网络平台，根据各系统产生的信息变化情况，让各子系统做出相应的协调动作，使信息可以通过和跨越不同的子系统进行信息的交换、提取、共享和处理，达到系统整合与集成的目的。图 6-1 所示为安防集成系统示意图。

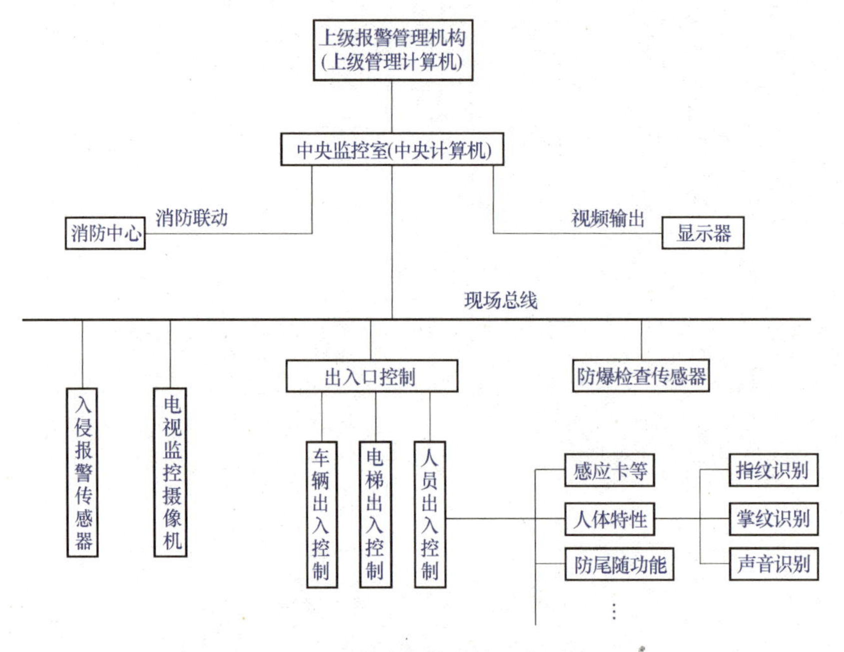

图 6-1　安防集成系统示意图

安全防范系统与智能建筑设备自动化系统（BAS）关系极为密切，相辅相成，融为一体，共同构成了智能建筑管理系统（IBMS），安防系统通过它的监控中心与其他智能建筑子系统（如消防报警及联动系统）联动，并与 IBMS 系统中央计算机联动，达到增强安全防范的能力。安防系统集成既可作为一个独立的系统集成项目，也可作为一个子系统包含在智能建筑系统集成中。目前，安全防范系统正朝着智能化、模块化、网络化的方向发展。

任务分析

根据安防集成系统工程实施的需要，对安防集成系统内容的学习配置了 3 个任务，分别是：

1）安全防范系统监控中心图纸识读。

2）安全防范集成系统安装与调试。

3）安全防范系统监控中心的检测与验收。

任务 1　安全防范系统监控中心图纸识读

一、任务描述

安防系统通常设置在禁区内（监控中心），监控中心是安防系统的神经中枢和指挥中心。监控中心各类图纸包括了平面布局、设备布置、管线敷设方式、供电方式等及其他必要的说明。监控中心既要布局合理美观，又要便于操作和维护。通过本任务的学习，能够识读监控中心的各类图纸，正确理解关于监控中心规范的要求。本任务的具体目标为：

1）掌握安全防范监控中心相关规范与要求。

2）掌握安全防范监控中心平面图的划分与布置。

3）熟悉安全防范监控中心配电系统图识读方法。

4）掌握安全防范监控中心等电位图识读方法。

5）掌握安全防范监控中心系统集成图的识读方法。

二、任务信息

1. 安全防范监控中心识图基础

安全防范系统设计说明中有关于监控中心的说明，它主要描述监控中心所在建筑物的选址位置、面积、温湿度、照明要求和设备布局。安全防范系统平面施工图中包括监控中心的平面布置图，它主要描述平面布局、设备布置、线缆敷设方式、供电要求及监控中心等电位要求。安全防范系统图中包括系统集成示意图，它主要表示与其他系统的接口关系及其集成方式。

（1）监控中心设计说明

1）监控中心的选址：监控中心应设置为禁区，宜位于防护体系的中心区域，一般不应毗邻重点防护目标，如财务室等。监控中心宜设置在建筑物一层，可与消防、BAS 等控制室合用或毗邻，合用时应有专用工作区。

2）监控中心的通信：应有保证自身安全的防护措施和进行内外联络的通信手段，并应设置紧急报警装置和留有向上一级接处警中心报警的通信接口。系统控制中心的对外联系非常重要，它是下达指挥命令和向上一级接处警中心报告的必要保证。通信手段可以是有线的，也可以是无线的。有线通信是指市网电话或报警专线，无线通信是指区域无线对讲机或移动电话。

3）面积：监控中心的面积应与安防系统的规模相适应，不宜小于 $20m^2$，应有保证值班人员正常工作的相应辅助设施。与值班室合并设置时，其专用工作区面积不宜低于 $12m^2$。

4）土建：监控中心室内地面应防静电、光滑、平整、不起尘。门的宽度不应小于0.9m，高度不应小于2.1m。

5）温度、湿度：监控中心内的温度宜为16～30℃，相对湿度宜为30%～75%。监控中心应有良好的照明，照度不低于300lx。

（2）监控中心的平面布置图

1）平面布局和设备布置：根据人机工程学原理，确定控制台、显示设备、机柜以及相应控制设备的位置、尺寸。监控中心室内设备的排列，应便于维护与操作，并应满足消防安全的规定。控制台的装机容量应根据工程需要留有扩展余地。控制台的操作部分应方便、灵活、可靠。控制台正面与墙的净距离不应小于1.2m，侧面与墙或其他设备的净距离，在主要走道不应小于1.5m，在次要走道不应小于0.8m。控制台主机安装在墙上时，其底边距地面高度宜为1.3～1.5m，其靠近门轴的侧面距墙不应小于0.5m，正面操作距离不应小于1.2m。机架前操作距离，单列布置时不应小于1.5m，双列布置时不小于2m；机架背面和侧面与墙的净距离不应小于0.8m。机架的排列长度大于4m时，其两端应设置宽度不小于1m的通道。

2）管线敷设：室内电缆、控制线的敷设宜设置地槽。当不设置地槽时，也可敷设在电缆架槽、墙上槽板内，或采用活动地板。根据机架、机柜、控制台等设备的相应位置，监控中心应设置电缆槽和进线孔，槽的高度和宽度应满足敷设电缆的容量和电缆弯曲半径的要求。标明监控中心内管线走向、开孔位置，标明设备连线和线缆的编号。

3）照明要求：监控中心应有良好的照明，照度不低于300lx。

4）供电要求：主要从供电方式与供电容量两方面来说明。电源供电制式为TN-S，供电电压为AC220V/50Hz；电源质量应满足一定要求，当不能满足要求时，应采用稳频稳压、不间断电源供电或备用发电等措施。应设置专用配电箱，配电箱的配出回路应留有裕量。

监控中心由专用线路直接供电，宜采用两路独立电源供电，并在末端自动切换，功率按总系统额定功率的1.5倍设置主电源容量。系统前端设备视工程实际情况，可由监控中心集中供电。

5）等电位要求：安防系统的电源线、信号传输线、天线馈线以及进入监控中心的架空电缆入室端，均应采取防雷电入侵及过电压保护措施。UPS输入端口一般配置第二级电源避雷器。安全防范系统的接地母线应采用铜质线，接地端子应有地线符号标记，接地电阻不得大于4Ω。监控中心内所有设备采用单点接地法，即所有地线全部接到接地汇流排上，再由汇流排与地网相连。接地汇流排采用120mm^2的铜排，各设备的接地线采用20mm^2的多股铜导线。接地线两端连接点的电气接触良好，并采用防腐防氧化处理。当采用联合接地时，接地电阻不得大于1Ω。监控中心内应设置接地汇集环或汇集排，汇集环或汇集排宜采用裸铜线，其截面积不应小于35mm^2。监控中心内控制台、监视柜等支架金属、可导电外壳应做等电位连接。

（3）环境要求　监控中心自身安全尤为重要，宜设置视频监控装置、对讲装置等，门窗应采取防护措施。舒适与便捷同样重要，监控中心宜设置值班人员卫生间和空调设备。

（4）系统集成　安全技术防范系统集成包括子系统的集成、总系统的集成、总系统与上一级管理系统的集成。

1）子系统的集成：入侵报警系统、视频安防监控系统、出入口控制系统等独立子系统的集成设计，是指它们各自主系统对其分系统的集成，如大型视频安防监控系统的设计应考虑监控中心（主控）对各分中心（分控）的集成与管理等。

2）总系统的集成：安全技术防范系统的各子系统可集成垂直管理体系，也可通过统一的通信平台和管理软件等将各子系统联网，组成一个相对完整的综合安全管理系统，即集成式安全技术防范系统。集成式安全技术防范系统宜在通用标准的软硬件平台上，实现互操作、资源共享及综合管理，应采用先进、成熟、具有简体中文界面的应用软件。

2. 各种建筑监控中心应用

高风险对象的安全防范和普通风险对象的安全防范由于防护对象风险等级不同，监控中心应用存在差异性。高风险对象的安全防范包括文物保护单位和博物馆、银行营业场所、民用机场、铁路车站、重要物资储存库等五类特殊对象的风险等级及其所需的防护级别。普通风险对象安全防范包括办公楼、宾馆、商业建筑、文化建筑（文体、会幕、娱乐）、住宅（小区）等通用型建筑物及建筑群。两种风险等级下监控中心具体的差异，由于篇幅有限，不再具体展开。

三、任务实施

1. 某综合性博物馆监控中心

某综合性博物馆有 3 个馆区，自然馆、历史文献馆和信息馆。自然馆和历史文献馆设有展厅、修复室、库房、休息室；信息馆设有图书资料室、库房、管理人员办公室等。安防系统的控制中心设置在信息馆的安保室中，中心对进出人员进行严格控制，室内安装一台彩色摄像机对值班人员进行监督，控制中心设有与外界联系的直拨电话。有报警信号传到监控中心时，监控中心确认后直接将信号传送给公安部门。进入中心禁区的门采用防盗门。

（1）监控中心平面区域说明　监控中心的区域布置应按照规范和标准进行设计，特别是对主机柜、设备区、配电区、操作区和休息区的安排。主控室按照功能可以划分为 4 个区域：显示区、操作区、设备区和配电区。图 6-2 所示为博物馆监控中心平面布置示意图。

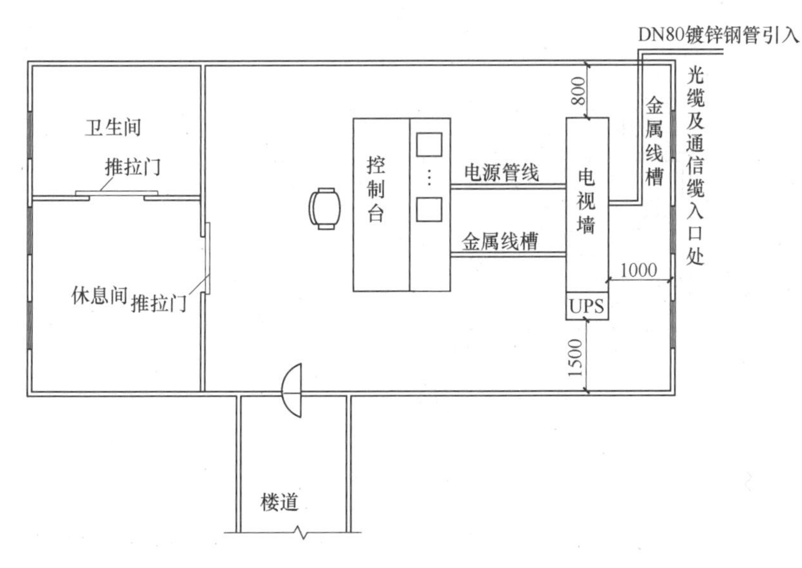

图 6-2　监控中心平面布置示意图

1）显示区：设置一组2×9的监视器墙，由18台14in的彩色专用监视器组成，分辨率为750线；显示区墙架、底座，采用黑灰色铁架定制。

2）操作区：视频监控多媒体控制主机操作台，21in彩色主监视器1台，实现对前端摄像机、云台、镜头的直观控制操作等；安装多媒体电视监控主控软件。

门禁多媒体控制系统操作台，实现对各通信回路上控制器、读卡器、门锁、出门按钮、持卡人的配置及控制，以及多种数据库、历史记录的生成和系统管理等功能；安装多媒体门禁管理软件。

报警/巡查多媒体管理系统操作台，实现对前端各类报警探测器、继电器的布撤防及控制，以及用户数据库的定义和生成、历史记录/巡查记录的生成和系统管理等功能，安装警卫中心多媒体管理软件。

视频辅助操作台，长时间录像机3台，硬盘录像机1台，彩色16画面分割器2台，21英寸彩色主监视器2台，水平分辨率为500线。

其他功能操作台，根据需要定制。

3）设备区：包括主机柜1台（含风扇等通风设备）；视频矩阵切换箱1台；视频、控制信号、电源防雷接地箱1台（保护4台室外高速球形摄像机）；报警/巡查控制主机2台；信号分配器1台；门禁控制器5台（其他6台分布于相应楼馆的设备间中）；通信器1个。

4）配电区：大功率稳压电源、不间断稳压电源、后备电池柜、配电柜。

（2）监控中心平面布置　监控中心各设备布置都要符合规范要求，图中示出了电视墙的布置位置。

2. 某智能建筑监控中心

（1）建筑设计　房间净高度（不含吊顶、防静电地板）应不低于3.5m，面积大于48m^2。图6-3所示为监控中心地面敷设平面图，图6-4所示为监控中心机房天花平面图。

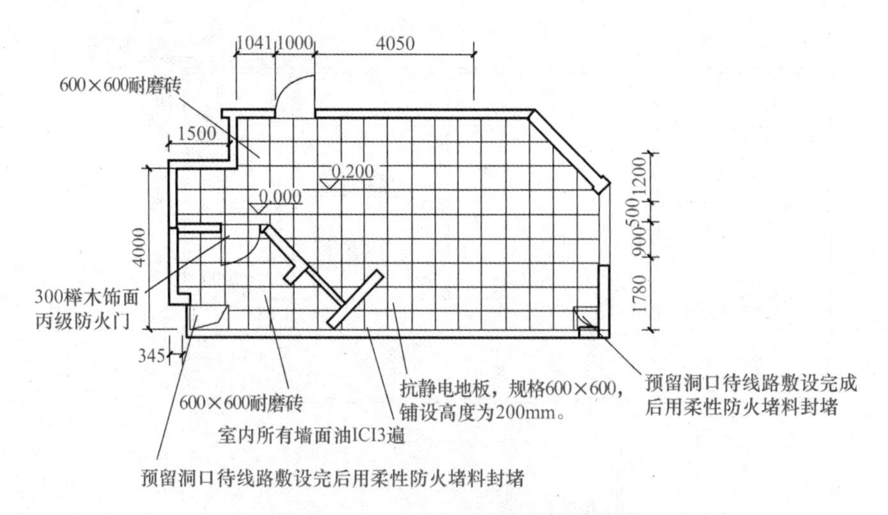

图6-3　监控中心地面敷设平面图

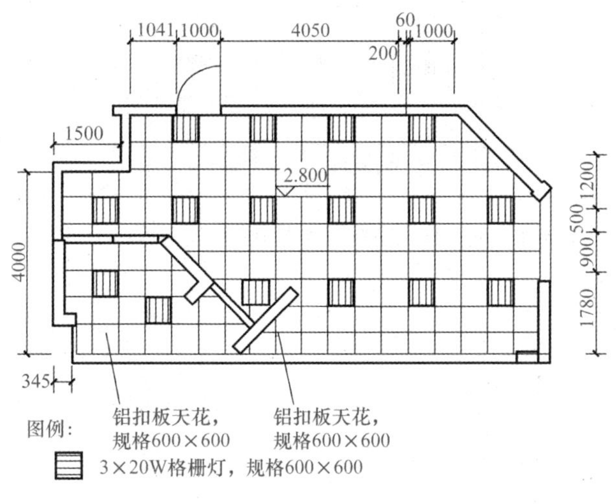

图6-4　监控中心机房天花平面图

（2）照明设计　主控室地面上方0.8m处照度应大于200lx，室内灯光照度为650lx，电视墙、PC显示器终端附近灯光照度为450lx。图6-5所示为监控中心照明平面图。

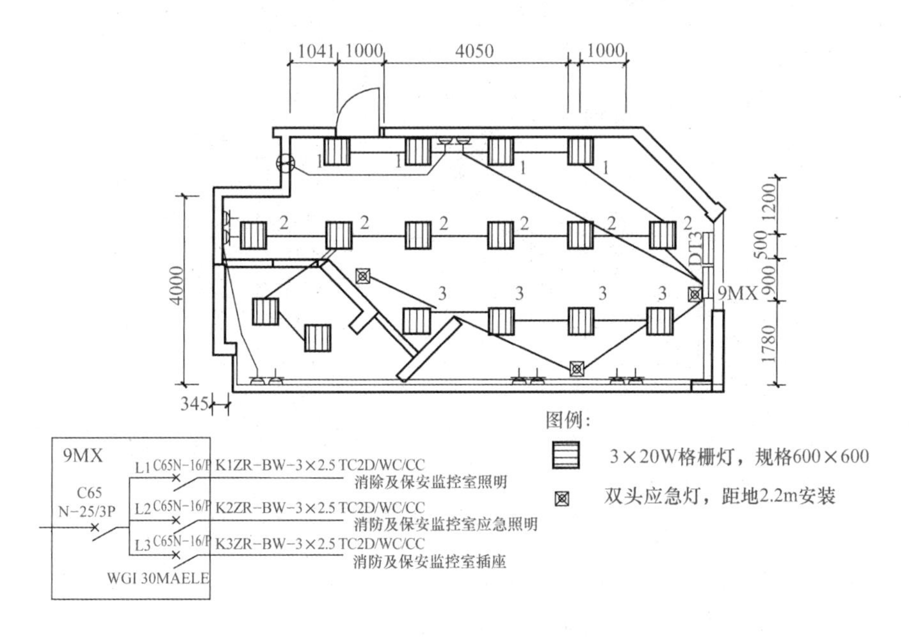

图6-5　监控中心照明平面图

（3）环境要求　温度为20～26℃；湿度为40%～75%。

（4）配电设计　安全技术防范系统的供配电设备通常有电源互投装置、UPS电源、电池柜、总配电柜（箱）、监控中心配电箱、前端设备配电箱、电源适配器（AC24V、DC12V、DC6V等）、电源接线板等。它们的连接关系如图6-6所示。图6-7所示为监控中心配电系统图。

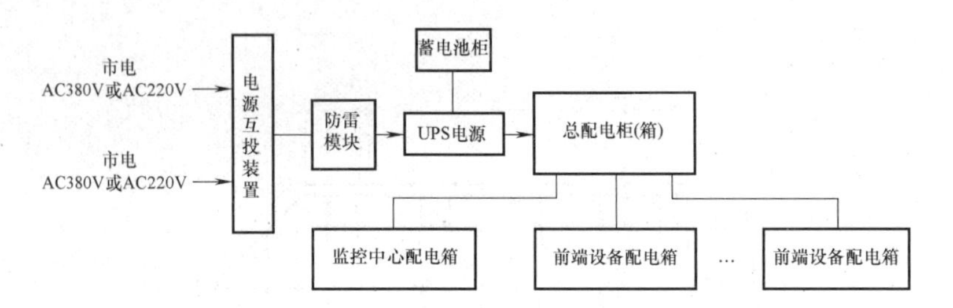

图6-6 安全技术防范系统常用配电设备连接关系图

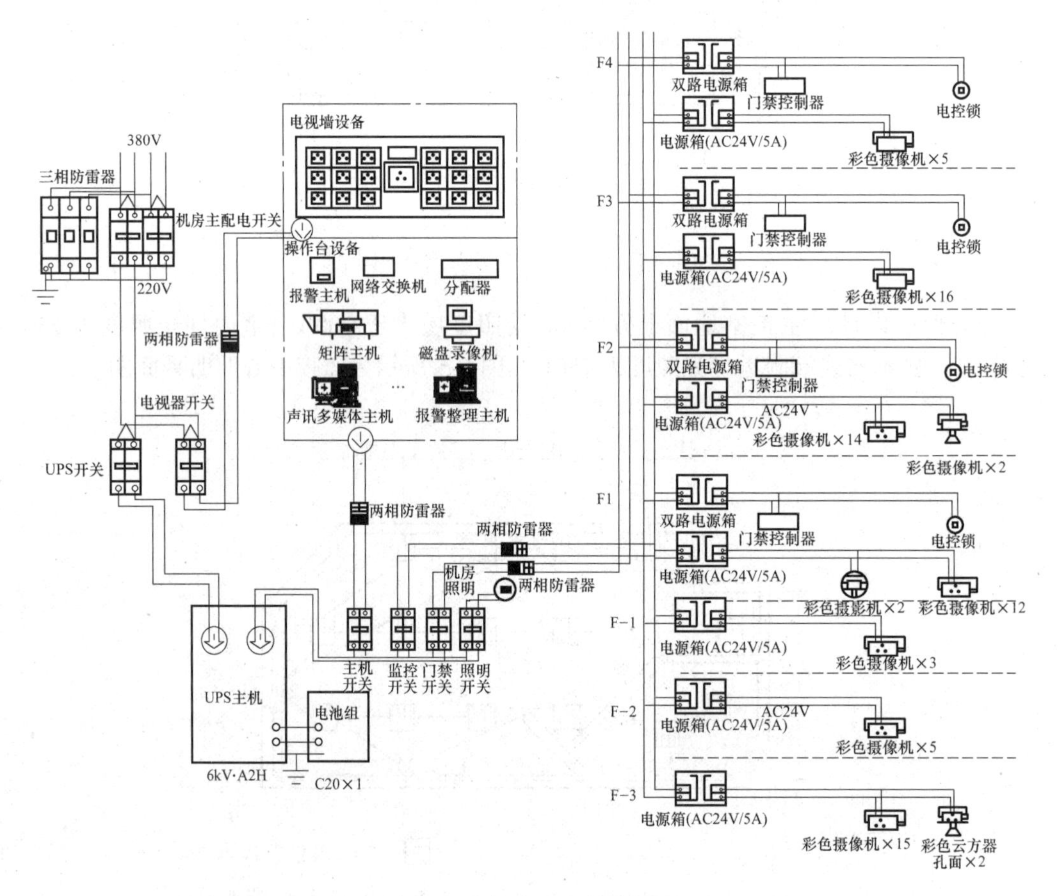

图6-7 监控中心配电系统图

通过估算监控中心电源运行所需负荷功率为3.18kW，因此选用UPS主机容量6kV·A的，外部设备的电源均经过UPS电源集中供给。空调设备、照明、控制设备单独供电，照明电分区控制，安装应急照明灯。供电电压：AC380V/AC220V，50Hz。

（5）等电位设计 图6-8所示为监控中心等电位示意图。

监控中心内应设置接地汇集环或汇集排，汇集环或汇集排宜采用裸铜线，其截面积不应小于35mm²。监控中心内控制台、监视柜等支架金属、可导电外壳应做等电位连接。监控中心内所有设备采用单点接地法，即所有地线全部接到接地汇流排上，再由汇流排与地网相连。接地汇流排采用120mm²的铜排，各设备的接地线采用20mm²的多股铜导线。接地线两端连接点的电气接触良好，并采用防腐、防氧化处理。当采用联合接地时，接地电阻不得大于 1Ω。

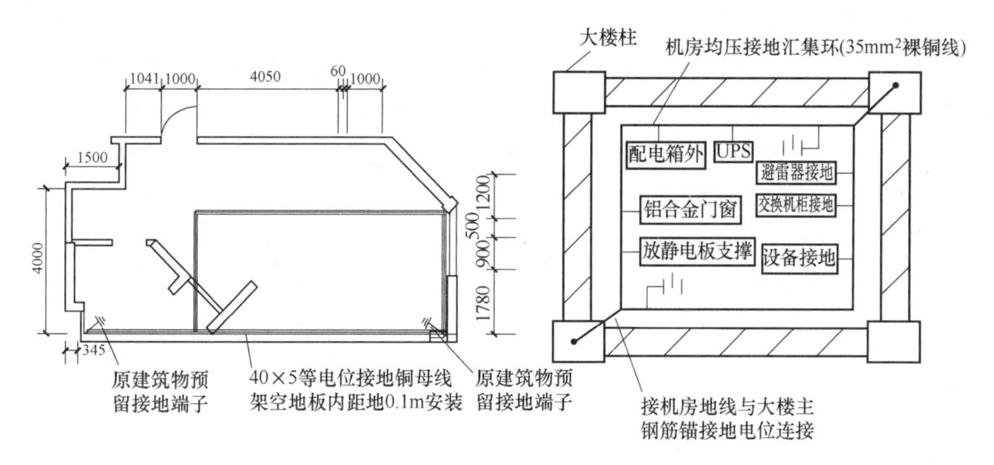

图 6-8　监控中心等电位示意图

（6）消防设计　设置火灾自动报警装置，配备灭火器材、主控室门宽不小于 1.5m。

3. 某博物馆系统集成

以一级风险大型博物馆工程进行设计为例，组成以计算机为核心的综合安全防范系统，控制室设于禁区（不允许公众出入）内。该博物馆综合安保系统由以下几部分组成：入侵报警系统、视频安防监控系统、门禁出入口控制系统、巡查系统和停车场管理系统。5 个子系统既单独运行，又相互联系，贯彻以入侵报警系统为核心，以声音复核、图像复核、视频监控为基础组成，配以门禁出入口、巡查、停车场（库）管理系统，通过系统集成，将各子系统融为一体，完成各个子系统之间必要的自动联动集成及统一管理。它们的集成关系如图 6-9 所示。

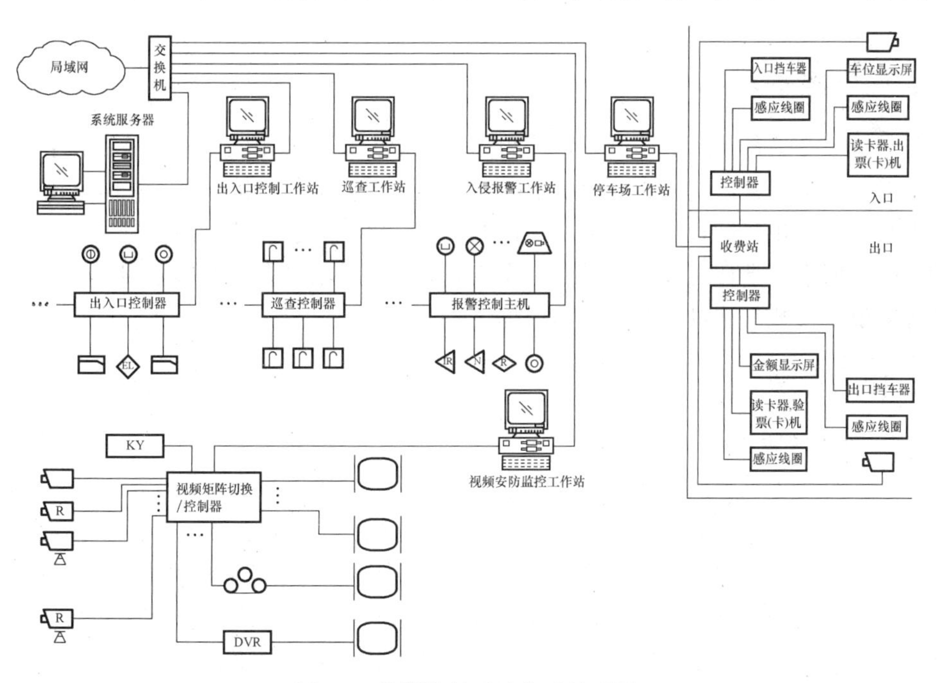

图 6-9　某博物馆系统集成关系图

四、任务总结

在识读监控中心各类图纸的过程中，应结合在选址、通信、面积、土建、环境、平面布置和安防系统集成各方面要求的相应规范。熟悉监控中心各类图纸在安防工程中发挥的作用，要对安全防范监控中心平面布置图、建筑装饰图、配电系统图、等电位图、系统集成关系图有较好的理解与掌握。了解安防监控中心从早期勘测选址，到设计、施工各阶段的工作内容，能够灵活运用并进行各类风险的建筑物安防监控中心的设计，或根据图纸为施工准备、工程量计算打下坚实的基础。

五、效果测评

查阅规范将表6-1填写完整。

表6-1　效果评测表

建筑物类型	一级防护	二级防护	三级防护
文物保护单位、博物馆			
银行营业场所			
重要物资储存库			
民用机场			
铁路车站			

任务2　安全防范系统集成安装与调试

一、任务描述

安防监控中心是各子系统控制设备较为集中的地方，主要由安全防范系统的各子系统的控制设备组成，各子系统的控制设备使用功能不同，控制方法也不同，它们之间既相对独立，又紧密联系、相互配合、互为补充。通过本任务的学习，正确理解关于安全防范系统集成各种规范、要求，掌握工程实际需要，完成安防监控中心的各种管线敷设、UPS电源、防雷接地等电位的安装与调试，为安防集成提供平台保障。

二、任务信息

1. 安全防范系统集成

（1）安全防范系统集成的类型　安全防范系统一般由安全管理系统和若干个相关子系统组成，通常是一个集成系统。安全防范系统的集成设计，主要是指其安全管理系统的设计。安全管理系统由多媒体计算机及相应的应用软件构成，以实现对系统的管理和监控。它是对入侵报警、视频安防监控、出入口控制等子系统进行组合或集成，实现对各子系统的有效联动、管理和监控的电子系统。安全防范系统的结构模式按照系统集成度的高低分为集成式、组合式、分散式三种类型。表6-2所列为不同类型安全防范系统安全管理系统要求。

表6-2　不同类型安全防范系统安全管理系统要求

安全管理系统	集成式	设置在禁区内（监控中心），能通过统一的通信平台和管理软件将监控中心设备与各子系统设备联网，实现由监控中心对各子系统的自动化管理与监控，安全管理系统的故障应不影响各子系统的运行，某一子系统的故障也应不影响其他子系统的运行
		能对各子系统的运行状态进行监测和控制，能对系统运行状况和报警信息等数据进行记录和显示，设置足够容量的数据库
		应建立以有线传输为主、无线传输为辅的信息传输系统，能对信息传输系统进行检测，并能与所有重要部位进行有线或无线通信联络
		设置紧急报警装置，留有向接处警中心联网的通信接口
		留有多个数据输入、输出接口，能连接各子系统的主机，能连接上位管理计算机，以实现更大规模的系统集成
	组合式	设置在禁区内（监控中心），能通过统一的管理软件实现监控中心对各子系统的联动管理与控制，安全管理系统故障应不影响各子系统的运行，某一子系统的故障应不影响其他子系统的运行
		能对各子系统的运行状态进行监测和控制，能对系统运行状况和报警信息等数据进行记录和显示，设置必要的数据库
		能对信息传输系统进行检测，并能与所有重要部位进行有线或无线通信联络
		设置紧急报警装置，留有向接处警中心联网的通信接口
		留有多个数据输入、输出接口，能连接各子系统的主机
	分散式	相关子系统独立设置，独立运行。系统主机应设置在禁区内（值班室），系统应设置联动接口，以实现与其他子系统的联动
		各子系统能单独对其运行状态进行监测和控制，并能提供可靠的监测数据和管理所需要的报警信息
		各子系统能对其运行状况和重要报警信息进行记录，并能向管理部门提供决策所需的主要信息
		应设置紧急报警装置，留有向接处警中心报警的通信接口

（2）安全防范系统联动

1）联动定义及意义：联动即联锁动作。安全防范联动控制是当警情发生时，中央控制室与下层子系统之间、同等层次系统之间、与上层管理系统或外部公安机构等系统的相关部位设备联锁动作，实现集中监视和集中管理。联动控制属于低级集成，但它对于保障系统的有效运行又是必不可少的。联动控制的实施可以为被防护对象创造一个安全可靠的技术条件和环境，安全防范系统的联动控制对较高防护级别的要求起到关键作用。

2）安防各子系统联动的规定：根据安全管理的要求，出入口控制系统必须考虑与消防报警系统的联动，打开相关疏散通道的安全门或预先设定的门，保证火灾情况下的紧急逃生。视频安防监控系统宜与火灾自动报警系统联动，可自动将监视画面切换至现场，监视火灾趋势，向消防人员提供必要信息。

根据实际需要，电子巡查系统可与出入口控制系统或入侵报警系统进行联动或组合。

入侵报警系统应与视频监控系统联动，一旦发生报警，视频监控系统立即启动进行监视，同时自动进行实时录像。

出入口控制系统还应与视频监控系统及入侵报警系统联动，警情发生时，系统可立即封锁相关通道。

图6-10所示为消防报警系统与安全防范系统集成案例。

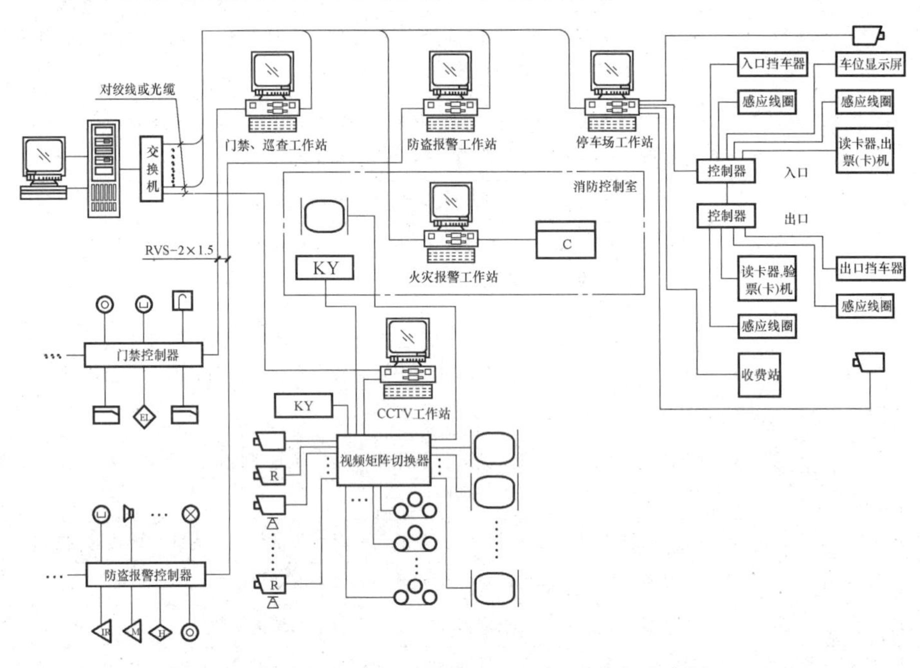

图6-10 消防报警系统与安全防范系统集成案例

集成式安全防范系统应具有与上一级管理系统（BMS）实现更高层次应用集成的能力。通常将楼宇自动化系统、安防系统和消防系统的集成称为BMS。BMS提供与安保控制中心室互联所必需的标准通信接口和特殊接口协议。在BMS的平台上，能实时观察到视频监控系统、入侵报警系统、出入口控制系统、电子巡查系统、停车场（库）管理系统及消防值勤报警、控制等系统的如下信息：

① 实时显示摄像机的分布位置、状态、图像信号与报警联动的平面分布图。

② 入侵报警系统各探测器的分布位置和状态，入侵报警系统的撤防和设防等情况。

③ 门禁出入口控制系统平面分布图、门磁开关位置图和相关状态。

④ 巡查点分布位置图与相关状态。

⑤ 停车场（库）管理系统的分布图与相关状态。

⑥ 各子系统间联动控制的情况。

⑦ 系统集成所必需的相关系统的数据和图像等信息。特别是火灾报警及消防控制系统的分布位置图与相关状态。

3）安防各子系统联动输出接口：目前，常用的系统控制设备有两种输出接口可供联动设计选用。

一种是报警联动输出端口直接联动控制方式。带有报警功能的系统控制设备，都有一个报警输出口，用于对报警外部设备的联动。系统控制主机的报警输出接口方式，一般分为有源输出和无源输出两种。有源输出方式分为脉冲信号输出和直流电平输出两种方式。具有直流电平输出的联动报警输出接口，一般输出直流 12V 电压，用于直接驱动外部无源设备，如警灯、警号、继电器等。无源输出方式是目前较多采用的输出联动方式。它一般以小型电磁（干簧）继电器作为输出电路。继电器的触点作为输出端，一般具有动合（报警联动时闭合）、动断（报警联动时断开）方式。这种方式具有与外部控制系统容易兼容、设计灵活方便等优点，因此被多数系统控制主机采用。继电器输出方式，在系统联动设计时，应考虑输出接口允许的最大驱动功率。

另一种是系统控制设备带有与计算机通信的 RS232 接口，可以通过计算机的强大处理能力和软件，对系统联动设备进行联动。这种联动方式可以实现更大自由度的联动功能。带有 RS232、RS422 和 RS485 接口的安全防范系统，可以很容易地与计算机综合管理系统进行联网，实现与其他系统的联动与资源共享，控制更方便、准确和灵活。

（3）采用系统集成方式的系统调试　按系统的设计要求和相关设备的技术说明书、操作手册先对各子系统进行检查和调试，应能工作正常。按照设计文件的要求，检查并调试安全管理系统对各子系统的监控功能、显示功能、记录功能，以及各子系统脱网独立运行等功能。

2. 安防监控中心配电设备安装与调试

（1）电源互投装置的安装

1）检查安装位置：根据需要，选择坚固的墙面作为安装位置和便于敷设线管线路的安装位置。

2）安装电源互投装置机箱步骤：

步骤 1　按照机箱安装高度、安装孔距的要求，用记号笔在墙面上做标记。图 6-11 所示为某型号电源互投装置机箱。

图 6-11　某型号电源互投装置机箱

步骤 2　根据主电源线管线槽敷设位置、管径、线槽规格及拟定的机箱安装位置，使用相应规格的金属开孔器在电源互投装置机箱上钻线管连接孔或使用砂轮锯开线槽连接口。

步骤 3　用锉刀将机箱钻孔和切口的边缘毛刺清理干净，使之平滑。

步骤 4　用冲击钻在安装孔标记处打孔，如图 6-12 所示。

步骤 5　将膨胀螺栓塞入打好的安装孔，使膨胀螺栓胀管与墙面平齐。膨胀螺栓如图 6-13 所示。

图 6-12　冲击钻在安装孔标记处打孔

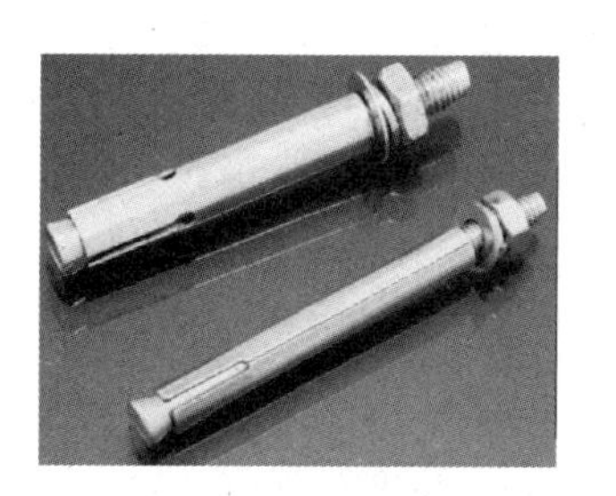

图 6-13　膨胀螺栓

步骤6 将电源互投装置机箱固定孔与已安装的膨胀螺栓对正，将机箱挂在螺栓上，调整机箱位置至平直并紧贴墙面，将平垫与弹簧垫圈套入螺栓，旋紧螺母。弹簧垫圈与平垫如图6-14所示。

3）引入总电源电缆：将管线槽与电源互投机箱紧固连接，将总电源电缆引入机箱。

4）连接电缆：将总电源电缆剥头搪锡，分别可靠压接在主电源、备用电源接线排上。图6-15所示为电源互投装置。

图6-14 弹簧垫圈与平垫

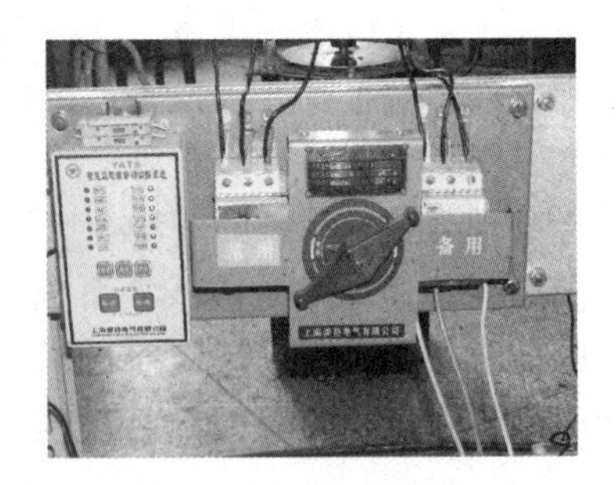

图6-15 电源互投装置

（2）UPS电源安装与调试

1）设备清点、检查：根据装箱单或供货清单对UPS电源主机、机柜等设备和技术文件进行清点验收。

2）安装电池机柜基座步骤：

步骤1 在安装位置的地面上画出安装基准线，并标记底座各固定孔位。

步骤2 用冲击钻头在标定的位置打安装孔。

步骤3 将膨胀螺栓塞入打好的安装孔，使膨胀螺栓胀管与地面平齐。

步骤4 将机柜基座安装孔与膨胀螺栓对正，将螺栓插入基座安装孔。

步骤5 使用水平尺，调整基座位置和垂直度，将平垫与弹簧垫圈套入螺栓，旋紧螺母同时注意检查基座水平、垂直状态，直至旋紧全部固定螺母且基座保持平直。

3）敷设管槽和线缆：根据监控中心主电源、总配电箱安装位置，敷设UPS电源引入、引出的管槽和线缆。

4）机柜就位及固定：将机柜底座安装孔与已安装的基座安装孔对正，将螺栓从基座安装孔下穿入，穿过机柜底座安装孔并将平垫与弹簧垫圈套入螺栓，将螺母旋入螺栓，但不必旋紧。使用水平尺调整机柜位置和垂直度后，旋紧机柜与基座的连接螺母，同时注意检查机柜水平、垂直状态，旋紧全部固定螺母并使机柜保持平直。

5）蓄电池组就位及接线：按照使用手册中的电池组接线图要求，先将电池组放在机柜内，使用适当规格的扳手，将蓄电池组专用线缆紧固连接，并将电源主机连接线引出机柜。蓄电池柜在安装时，需考虑楼板的承重。

6）UPS安装接线步骤：

步骤1 根据安装的实际要求，将UPS电源就近放置。

步骤2 打开UPS电源背板接线端口保护盖，将蓄电池组连接线缆引入接线端子排，根据线缆接线需要长度（预留200mm余量）将多余的线缆剪掉。

步骤3 将电源引入、引出连接线缆接线端的线芯上充分搪锡。按照接线端子排上的标注将主电源输入线缆、电源输出线缆接到 UPS 相应接线端子，并将蓄电池组机柜、UPS 电源主机的接地线与接地干线紧固可靠连接。

步骤4　电源线缆连接完成后，将线缆绑扎固定好，盖好接线端口保护盖。

7）UPS 电源调试：分别用主电源和备用电源供电，检查电源自动转换和备用电源的自动充电功能。当系统采用稳压电源时，检查其稳压特性，电压纹波系数应符合产品技术条件。当采用备用电源时，应检查其自动切换的可靠性、切换时间、切换电压值及容量是否符合设计要求。

（3）安防监控中心等电位设备安装与调试

1）等电位接地体：新建工程的监控中心等电位接地体一般为联合接地体，由土建施工单位安装，通常使用扁钢带沿监控中心墙壁水平安装在防静电地板下。没有设置等电位接地体的监控中心，应配合土建改造、装修、安装人工接地装置。接地装置宜采用热镀锌钢质材料。安装应平整端正、连接应牢固，绝缘导线的绝缘层应无老化龟裂现象。

2）检查机架接地部位：机架的接地部位金属材质必须完全裸露、无锈蚀，若接地部位表面有锈蚀时，使用非金属刮具、油石或粒度 F150 的砂纸沾机械油擦拭，或进行酸洗除锈。若接地部位涂有防锈漆，使用相应的稀释剂或脱漆剂等溶剂进行清洗。若接地部位被喷漆覆盖，使用非金属刮具、油石或粒度 F150 的砂纸沾机械油擦拭，将覆盖物清理干净，使金属材质完全裸露，以保证良好的接地效果。

3）制作接地端子：监控中心电视墙接地干线使用截面积不小于 $25mm^2$ 的绿/黄双色铜质导线、扁平铜带或编织铜带与等电位接地体紧固连接。使用绿/黄双色铜质导线做接地线时，先用小刀或斜口钳将导线端头绝缘护套剥去 10mm，注意不要割伤金属导体，将裸露的金属导体插入圆孔连接端子尾部的固定槽内，用钢丝钳将接线端子固定槽与插入的金属导体夹紧，然后在固定槽内充分熔锡，直至完全焊接牢固。若使用编织铜带做接地线时，先将端头 10mm 长的编织铜带用力扭结成一根铜条，插入圆孔连接端子尾部的固定槽内，用钢丝钳将接线端子固定槽与插入的金属导体夹紧，然后在固定槽内充分熔锡，直至完全焊接牢固。若使用扁平铜带做接地线，使用 ϕ8mm 的钻头在铜带端头钻固定孔。

4）连接等电位接地线：铜质接地装置应采用焊接或熔接，钢质和铜质接地装置之间的连接应采用熔接或采用搪锡后用螺栓连接。两组（含）以上电视墙机架组合拼装时，机架之间使用绿/黄双色铜质导线或编织铜带可靠连接。将接地线连接端子与机架接地部位贴紧，套入螺栓和平垫、弹簧垫圈，用螺母将接地线紧固在机架上。将接地线另一端与接地汇流排贴紧，套入螺栓和平垫、弹簧垫圈，用螺母将接地线紧固在接地汇流排上。所有接地点连接完成后，对连接部位做防腐处理，并制作明显的接地标志。

5）等电位系统调试：复核土建施工单位提供的接地电阻测试数据，机架接地线连接完成后，使用绝缘电阻表（兆欧表）测量接地电阻值。采用联合接地时，接地电阻值应小于 1Ω，单独设置接地体时，接地电阻值应小于 4Ω，如达不到要求，必须整改。

（4）视频综合平台 DS—B20 的设备安装与调试　DS—B20 综合平台是参考 ATCA（Advanced Telecom Computing Architecture 高级电信计算架构）标准设计，支持模拟及数字视频的矩阵切换、视音频编解码、集中存储管理、多相机拼接、智能码流解码、网络实时预览等功能，是一款集图像处理、网络功能、日志管理、设备维护于一体的电信级综合处理平台。使用综合平台不仅可以使整个监控系统更加简捷，也让安装、调试、维护变得更加容易，并且具有良好的兼容性以及扩展性，可广泛应用于大、中、小型的视频监控系统项目。

DS—B20综合平台是系统级监控设备，一般放置在各级监控系统的中心机房使用。其安装场所的选择应符合国家和地区机房建设的相关标准。DS—B20综合平台是固定在机柜内使用的标准机架式设备，安装及使用过程中请注意以下事项：确保机柜足够牢固，能够支撑视频综合平台及其附件的重量，同时安装时注意避免机械负荷不均匀而造成的安全隐患；确保视音频线缆有足够的安装空间，线缆弯曲半径应不小于5倍的线缆外径；确保良好的通风环境，建议综合平台安装位置离地间隙50cm以上。DS—B20综合平台18U机箱如图6-16所示。

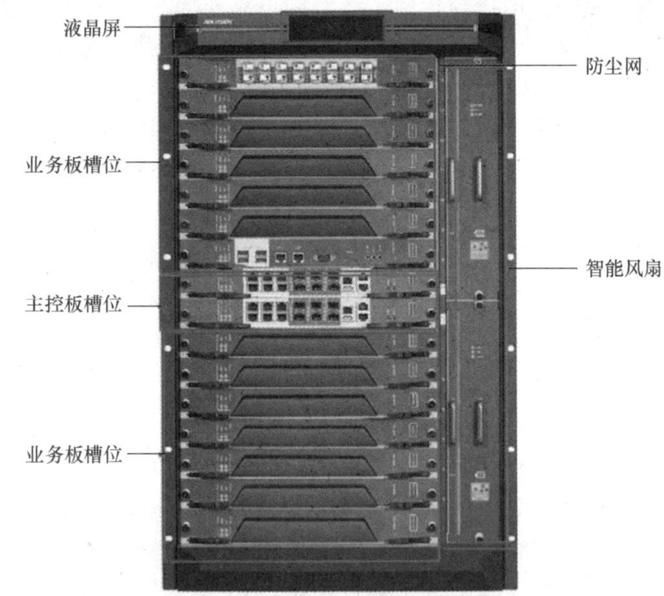

图6-16 DS—B20综合平台18U机箱

1）制订并确认安装计划：根据环境和工程需求，制订并确认合理的安装计划。

2）准备安装场所：根据相关标准、安装计划和本手册相关注意事项准备安装场所。

3）检查产品装箱清单：确保产品的完整性。

4）安装组件：安装主控板及业务子板，如图6-17所示。

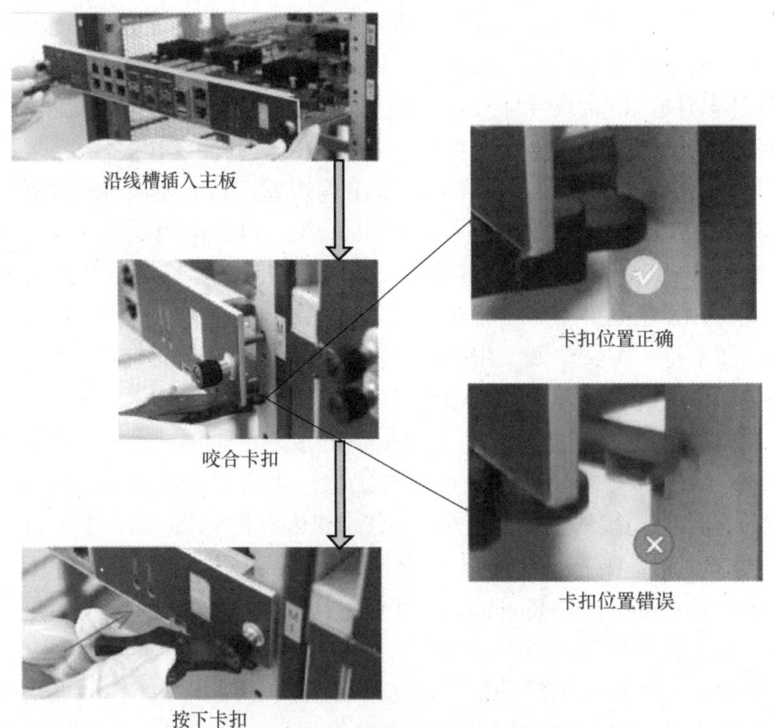

图6-17 安装板卡主板

5）设备接地：按照要求对设备进行接地处理。DS—B20 综合平台的接地点位于机箱后侧，位置如图 6-18 所示。

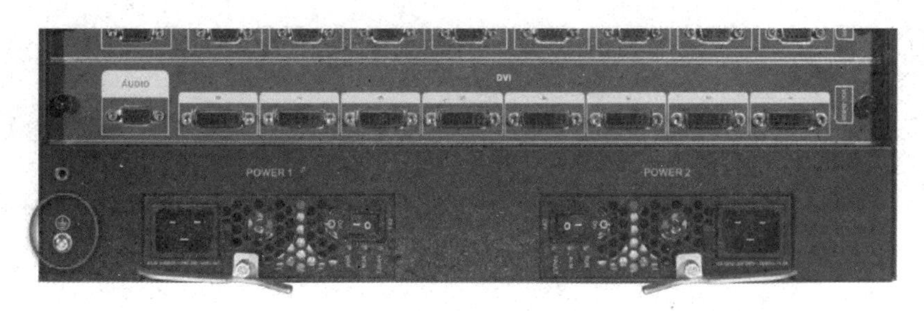

图 6-18　综合平台机箱接地点

6）接线：连接视音频信号线、网络接线、电源线等。DS—B20 综合平台网络接线方式有以下两种：

① 主控网口和业务网口相连，如图 6-19 所示。

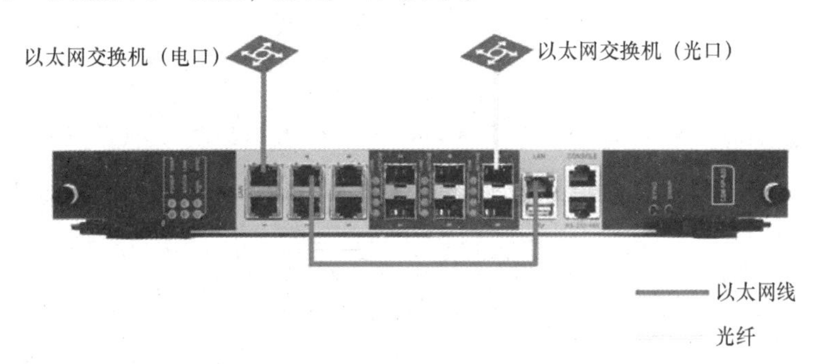

图 6-19　主控网口和业务网口相连

② 主控网口、业务网口连接到同一交换机，如图 6-20 所示。

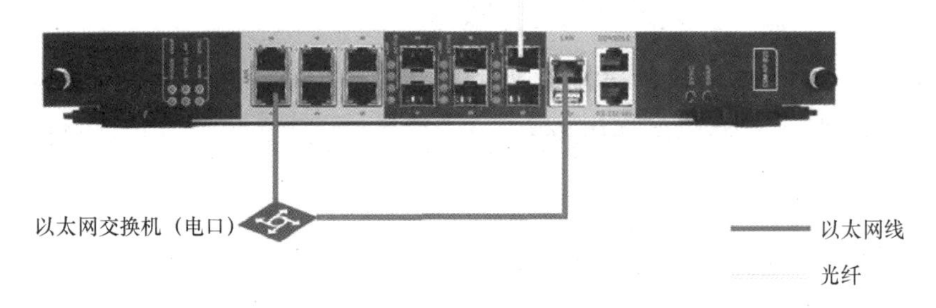

图 6-20　主控网口、业务网口连接到同一交换机

特别注意，网络接线时必须将 DS—B20 综合平台主控网口（LAN 口）与业务网口连通（上文介绍的两种不同的方式）；DS—B20 主控板的任意两个及以上业务网口，不要接入同一交换机，以免形成环网风暴；建议使用 6 类以太网网线进行连接。

7）开启电源。DS—B20 综合平台为双电源冗余，两个电源接口都需要连接供电插座，如图6-21所示。电源线连接好后，开启DS—B20综合平台的电源开关，即可启动DS—B20综合平台。

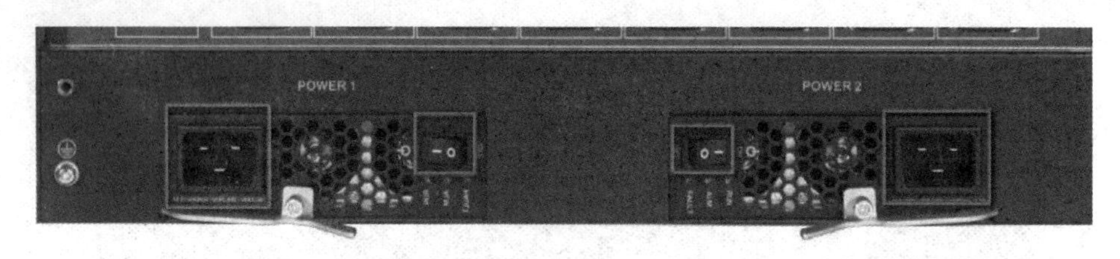

图6-21 DS—B20综合平台电源

8）配置使用DS—B20综合平台：详见《DS—B20视频综合平台操作手册》。

三、任务实施

某实训工位安防系统联动

某实训工位要求实行入侵报警、门禁与视频监控系统联动；达到全面兼顾、重点防范的效果。

（1）任务材料与工具

工具：万用表1台、大十字螺钉旋具1把、小一字螺钉旋具1把。

材料：1mRVV（2×0.5）导线1根，1mRVV（3×0.5）导线1根，0.2m红、绿、黄、黑跳线各1根，端子排1只。

设备：工位上现有的小型视频监控系统1套，小型门禁系统1套，被动红外探测器，硬盘录像机，闪光报警灯，直流12V电源，ID卡。

图6-22所示为硬盘录像机背板端子。

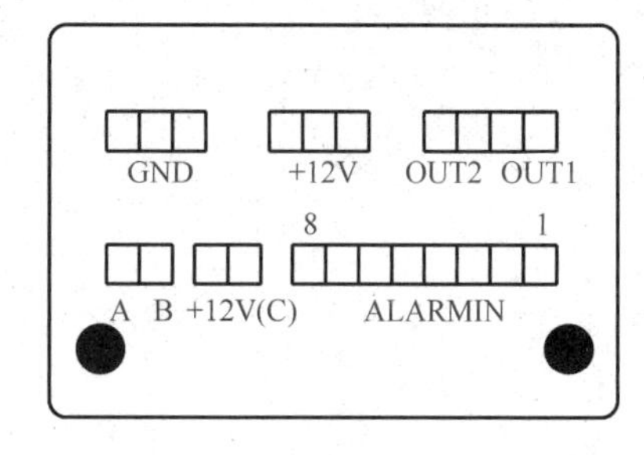

图6-22 硬盘录像机背板端子

GND（Ground）：地线。

+12V：提供1A以下的报警设备电源。

OUT1、2：两个报警输出开关，动合型。

A、B：485通信接口，用于接控制解码器等。

+12V（C）为控制电源输出。

ALARMIN：ALARMIN1～4为报警输入，为电压信号报警，电压范围是5～15V（建议用12V）。

（2）安装步骤

1）断开实训操作台电源开关。

2）按图6-23所示联动接线图将被动红外的报警量接入硬盘录像机报警输入1，将门禁门锁控制继电器动断点接入报警输入2。

3）通电，在硬盘录像机的菜单里进行报警联动关联项设置。

4）调试，按照设计要求，对照接线图确认无误后，通电测试功能。

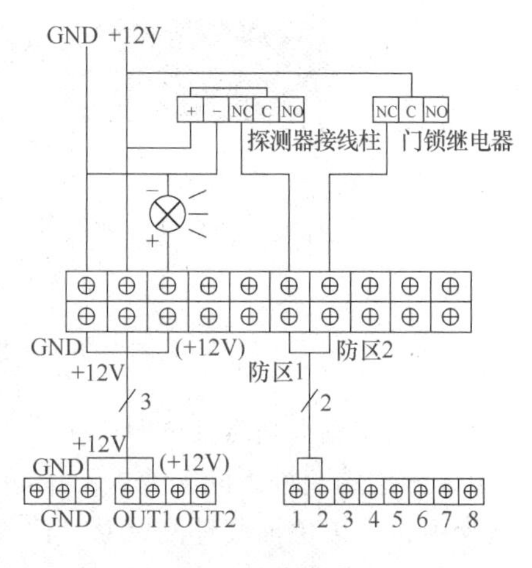

图6-23 联动接线图

四、任务总结

在进行电源设备安装时，要注意随机文件（设备合格证及安装、使用维护手册）是竣工资料的重要组成部分，应妥善保管，不得随意丢弃。设备安装完成后应全部、及时交送资料员。电源互投装置墙面安装时，机箱底边距地面高度宜为 1.4m。尽可能避免金属碎屑掉落在电路板上造成短路。电源互投装置应配置锁具，安装完成后应锁闭。蓄电池组应使用 1～2mm 厚的薄钢片垫衬找正调平。蓄电池组接线应注意电池正负极的连接关系，电池之间的连接线缆应牢固可靠。安装过程中应注意避免硬物碰撞或划伤机柜和 UPS 电源主机。

在进行安防系统的接地时，应采用一点接地方式，不得形成封闭回路。机架与接地汇流排或总接地端子间的接地线应沿尽可能短的路径敷设。接地线与机架、接地汇流排或总接地端子间的连接，应保证有可靠的电气接触，并采取防腐措施，连接处不应松动、脱焊、接触不良。接地装置施工完工后，测量接地电阻值，接地电阻阻值必须符合标准、规范和设计要求。

五、效果测评

试完成以下简答题。

1）安全防范系统如何实现与智能楼宇其他系统的联动？有哪些关键联动功能？

2）入侵防盗报警系统与视频监控系统如何实现联动？

3）简述监控中心接地安装要求。

4）如何计算 UPS 作为后备式电源的容量？

任务 3　安全防范系统监控中心的检测与验收

一、任务描述

安防监控中心的检测与验收是一项严肃的、重要的、技术性很强的工作，也是对安防监控中心工程质量好坏和工程是否符合各项要求作出客观、公正评价的关键性工作，掌握安防监控中心工程的检测与验收，是十分必要的。通过本任务的学习，正确理解关于安全防范监控中心检测与验收的各种规范与要求，能够根据工程实际情况，灵活运用各项监控中心工程检测与验收的规范与规定，掌握安全防范系统监控中心检测与验收。

二、任务信息

安全防范工程竣工后，必须进行工程验收。根据《安全防范工程程序与要求》的规定，一、二级工程验收之前，还应该进行工程的检测，给出工程检测报告，并将其作为工程验收的重要依据。为保障人民生命财产安全，保证安全技术防范工程的质量，由公安部对安全技术防范工程检测机构进行授权管理，以确保第三方检测的公正性、科学性、权威性。前面学习情境中已经详细介绍了安全防范系统的检测应提交的文件，验收前应该具备的条件，检测与验收参与人员的职责，本任务不再赘述。但需要说明的是，安全防范系统监控中心检测与验收也应该具有相同的要求。

安全防范系统监控中心检测与验收总体上应围绕以下几个方面展开。

1. 安全防范系统监控中心检测

(1) 监控中心系统集成功能 监控中心集成系统联动运行一般指两个方面。一是报警与视频安防监控的联动（包括预置云台方式的联动），二是在采用多媒体技术的操作平台上，报警系统、视频安防监控系统、电子地图、图像远程传送、多级联网等之间的联动运行。不论哪种情况，联动运行的检测和验收的要点就是“联动”二字。也就是说，由报警为触发起点，前端的射灯、摄像机、中心控制室的录像设备、电子地图的报警自动弹出以及向上一级或公安部门的警情传送等，均应立即自动响应。同时，对应联动的设备和防范的部门应严格对应起来。如果不能做到这些，就不符合检测和验收的标准。联动运行的检测和验收，应将设计要求和现场实际使用要求作为验收依据。

(2) 监控中心设备安装质量检测

1) 监控中心设备检查：控制设备数量、型号、生产厂家、安装位置与工程合同、设计文件、设备清单应相符合，如有变更，应有更改审核单。

2) 监控中心设备安装质量检验：控制台、机柜（架）安装位置应平稳牢固，便于操作维护。机架背面和侧面与墙的净距离应不小于0.8m，控制台正面与墙的净距离应不小于1.2m，侧面与墙或其他设备的净距离，在主要走道应不小于1.5m，在次要走道应不小于0.8m。所有控制、显示、记录等终端设备的安装应平稳、便于操作，其中监视器（屏幕）应避免外来光直射，当不可避免时，应采取避光措施。在控制台、机柜（架）内安装的设备应有通风散热措施，内部接插件与设备连接应牢靠。控制室内所有线缆应根据设备安装位置设置电缆槽和进线孔，排列捆扎整齐，编号并标记永久性标志。

(3) 监控中心电源工作情况

1) 供电质量满足以下参数：稳态电压偏移不大于±2%；稳态频率偏移不大于±0.2Hz；电压波形畸变率不大于5%；允许断电持续时间为0～4ms。

2) UPS电源与主电源应能自动切换，安全防范系统监控中心UPS电源按总系统额定功率的1.5倍设置容量，UPS电源配置工作时间应符合管理要求。

3) 当主电源电压在额定值的85%～110%范围内变化时，不调整系统（或设备）应仍能正常工作。

(4) 监控中心等电位检测

1) 接地汇集环或汇集排：宜采用截面积不小于35mm^2的裸铜线，安装应平整。

2) 接地母线：采用铜质线，安装应平整，接地端子应有地线符号标记，接地电阻不大于4Ω。

3) 等电位连接带：采用铜质线，其截面积应不小于16mm^2。

检测过程应遵循先子系统，后集成系统的顺序检测。

2. 安全防范系统监控中心验收

安全防范系统工程验收包括施工验收、技术验收和资料抽查三个部分。安全防范系统监控中心施工验收检查的项目包括监控中心控制设备安装质量，电源工作情况和等电位情况。监控中心控制设备安装质量检查的要求与方法是现场观察机架、操作台、控制设备安装，电源引入线缆标识清晰、牢靠，机架电缆线扎及标识牢靠、整齐，有明显编号。电源工作情况检查的要求与方法是设备能否正常通电。等电位情况检查的要求与方法通过核对检验报告，现场观察机架接地规范、安全，接地电阻符合规范。

技术验收检查的项目有系统集成功能，监控中心的通信联络和自身防范、防火措施。系统集成功能检查的要求与方法是对具有集成功能的安全防范工程，应按照设计任务书的具体要求，检查各子系统与安全管理系统的联网接口及安全管理系统对各子系统的集中管理与控制功能，对照工程检测报告。监控中心通信联络和自身防范、防火措施检查的要求与方法是对照正式设计文件和工程检验报告，复查监控中心的设计，检查其通信联络手段（不宜少于两种）的有效性、实时性，检查其是否具有自身防范（如防盗门门禁、探测器、紧急报警按钮等）和防火等安全措施。

监控中心的验收对照正式设计文件和工程检验报告复查监控中心的设计，验收时应做好验收记录，签署验收意见。

三、任务实施

1. 安全防范系统监控中心检测

作为第三方检测机构的专业检测人员，必须掌握安全防范系统监控中心检验与验收的各项要求和方法，这样才能保质、保量地完成检测工作。表 6-3 为安全防范系统检测委托书。

表 6-3　安全防范系统检测委托书

<table>
<tr><td colspan="2">工程名称</td><td colspan="3">北京××大厦安全防范综合管理系统</td></tr>
<tr><td colspan="2">风险等级</td><td>三级</td><td>工程投资额</td><td>500 万元</td></tr>
<tr><td rowspan="3">建设单位</td><td>单位名称</td><td colspan="3">北京××大厦</td></tr>
<tr><td>地址</td><td colspan="3">北京××高教园区</td></tr>
<tr><td>联系人</td><td>××</td><td>联系电话</td><td>××××××××</td></tr>
<tr><td rowspan="3">设计施工单位</td><td>单位名称</td><td colspan="3">北京××机电安装工程公司</td></tr>
<tr><td>地址</td><td colspan="3">北京××高教园区</td></tr>
<tr><td>联系人</td><td>××</td><td>联系电话</td><td>××××××××</td></tr>
<tr><td rowspan="3">受理单位</td><td>单位名称</td><td colspan="3">北京市公安局××分局</td></tr>
<tr><td>地址</td><td colspan="3">北京××高教园区</td></tr>
<tr><td>联系人</td><td>××</td><td>联系电话</td><td>××××××××</td></tr>
<tr><td colspan="2">报送材料
（打“√”）</td><td colspan="3">1. 系统试运行报告（√）
2. 系统竣工报告（√）
3. 系统初验报告（√）
4. 按照正式设计方案施工的系统原理框架图（√）
5. 按照正式设计方案施工的平面布防图（√）
6. 系统器材设备清单（√）</td></tr>
<tr><td colspan="2">委托单位签字、盖章：

年　月　日</td><td colspan="2">市公安局技防办审核意见：

年　月　日</td><td>受理单位签字、盖章：

年　月　日</td></tr>
</table>

注：此表一式三份，委托单位、检测单位、市局技防办各一份。

表6-4为安全防范综合管理系统分项工程质量检验记录表。表6-5为综合防范功能分项工程质量检验记录表。

表6-4 安全防范综合管理系统分项工程质量检验记录表

<table>
<tr><td colspan="4">单位（子单位）工程名称</td><td colspan="3">北京××大厦</td><td>子分部工程</td><td>安全防范系统</td></tr>
<tr><td colspan="4">分项工程名称</td><td colspan="3">安全防范综合管理系统</td><td>验收部位</td><td>首层一区</td></tr>
<tr><td colspan="2">施工单位</td><td colspan="5">北京××建设集团</td><td>项目经理</td><td>×××</td></tr>
<tr><td colspan="5">施工执行标准名称及编号</td><td colspan="4">《智能建筑工程质量验收规范》GB 50339—2013</td></tr>
<tr><td colspan="2">分包单位</td><td colspan="5">北京××机电安装工程公司</td><td>分包项目经理</td><td>×××</td></tr>
<tr><td colspan="6">检测项目（主控项目）</td><td colspan="2">检查评定记录</td><td>备注</td></tr>
<tr><td rowspan="3">1</td><td colspan="2" rowspan="3">数据通信接口</td><td colspan="3">对子系统工作状态观测并核实</td><td colspan="2">各子系统工作状态与综合管理系统具有一致性</td><td rowspan="10">各项系统功能和软件功能全部检测，符合设计要求为合格，合格率100%时系统检测合格</td></tr>
<tr><td colspan="3">对各子系统报警信息观测并核实</td><td colspan="2">各子系统工作状态与综合管理系统具有一致性</td></tr>
<tr><td colspan="3">发送命令时子系统响应情况</td><td colspan="2">综合管理系统发布命令时，对应的子系统完全响应</td></tr>
<tr><td rowspan="7">2</td><td colspan="2" rowspan="7">综合管理系统</td><td colspan="3">正确显示子系统工作状态</td><td colspan="2">各子系统工作状态显示准确、实时性</td></tr>
<tr><td colspan="3">对各类报警信息显示、记录、统计情况</td><td colspan="2">支持对各类报警信息的显示、记录、统计功能</td></tr>
<tr><td colspan="3">数据报表打印</td><td colspan="2">支持数据报表打印功能</td></tr>
<tr><td colspan="3">报警打印</td><td colspan="2">支持报警打印功能</td></tr>
<tr><td colspan="3">操作方便性</td><td colspan="2">操作方便</td></tr>
<tr><td colspan="3">人机界面、汉化、图形化</td><td colspan="2">人机界面、汉化好、图形友好</td></tr>
<tr><td colspan="3">对子系统的控制功能</td><td colspan="2">对子系统的控制功能</td></tr>
<tr><td colspan="9">检测意见：各项系统功能和软件功能全部检测，符合《安全防范系统验收规则》（GA 308—2001）和《智能建筑工程质量验收规范》（GB 50339—2013）。

监理工程师签字：　×××　　　　检测机构负责人签字：×××
（建设单位项目专业技术负责人）
日期：××××年××月××日　　　　日期：××××年××月××日</td></tr>
</table>

表 6-5　综合防范功能分项工程质量检验记录表

<table>
<tr><td colspan="3">单位（子单位）工程名称</td><td colspan="2">北京××大厦</td><td>子分部工程</td><td>安全防范系统</td></tr>
<tr><td colspan="3">分项工程名称</td><td colspan="2">综合防范功能</td><td>验收部位</td><td>首层一区</td></tr>
<tr><td>施工单位</td><td colspan="4">北京××建设集团</td><td>项目经理</td><td>×××</td></tr>
<tr><td colspan="3">施工执行标准名称及编号</td><td colspan="4">《智能建筑工程质量验收规范》GB 50339—2013</td></tr>
<tr><td>分包单位</td><td colspan="4">北京××机电安装工程公司</td><td>分包项目经理</td><td>×××</td></tr>
<tr><td colspan="4">检测项目（主控项目）
（执行规范第 19.0.5 条的规定）</td><td colspan="2">检查评定记录</td><td>备注</td></tr>
<tr><td rowspan="2">1</td><td rowspan="2">防范范围</td><td colspan="2">设防情况</td><td colspan="2">符合设计要求</td><td rowspan="16">综合防范功能符合设计要求时为检测合格</td></tr>
<tr><td colspan="2">防范功能</td><td colspan="2">符合设计要求</td></tr>
<tr><td rowspan="2">2</td><td rowspan="2">重点防范部位</td><td colspan="2">设防情况</td><td colspan="2">符合设计要求</td></tr>
<tr><td colspan="2">防范功能</td><td colspan="2">符合设计要求</td></tr>
<tr><td rowspan="2">3</td><td rowspan="2">要害部门</td><td colspan="2">设防情况</td><td colspan="2">符合设计要求</td></tr>
<tr><td colspan="2">防范功能</td><td colspan="2">符合设计要求</td></tr>
<tr><td>4</td><td colspan="3">设备运行情况</td><td colspan="2">符合技术产品指标要求</td></tr>
<tr><td>5</td><td colspan="3">防范子系统之间的联动</td><td colspan="2">符合设计要求</td></tr>
<tr><td rowspan="2">6</td><td rowspan="2">监控中心图像记录</td><td colspan="2">图像质量</td><td colspan="2">符合设计要求</td></tr>
<tr><td colspan="2">保存时间</td><td colspan="2">符合设计要求</td></tr>
<tr><td rowspan="2">7</td><td rowspan="2">监控中心报警记录</td><td colspan="2">完整性</td><td colspan="2">符合设计要求</td></tr>
<tr><td colspan="2">保存时间</td><td colspan="2">符合设计要求</td></tr>
<tr><td rowspan="3">8</td><td rowspan="3">系统集成</td><td colspan="2">系统接口</td><td colspan="2">符合设计要求</td></tr>
<tr><td colspan="2">通信功能</td><td colspan="2">符合设计要求</td></tr>
<tr><td colspan="2">信息传输</td><td colspan="2">符合设计要求</td></tr>
<tr><td colspan="7">检测意见：经检查，主控项目符合《建筑电气工程质量验收规范》（GB 50303—2015）和《智能建筑工程质量验收规范》（GB 50339—2013）标准及施工图设计要求检查合格。

监理工程师签字：　×××　　　　检测机构负责人签字：×××
（建设单位项目专业技术负责人）
日期：××××年××月××日　　　　日期：××××年××月××日</td></tr>
</table>

2. 安全防范系统监控中心验收

在完成安全防范系统监控中心检测后，进行安全防范系统监控中心施工验收和技术验收，并填写验收质量表。验收时应做好验收记录，签署验收意见。安全防范系统监控中心在验收时应符合 GB 50348—2004 中第 8.3.2 条第 14 款要求。具体验收表格包括施工质量抽查验收记录表、技术验收记录表、资料验收审查记录表和验收结论汇总表，见学习情境 1 中表 1-21 ~ 表 1-24。

四、任务总结

工程验收是一项安防工程竣工并在进行试运行之后（一、二级工程可在进行初验和检测之后），检查和确认整个工程在施工质量、系统操作运行技术指标、系统功能方面是否符合经方案论证之后完成的工程设计要求以及整个工程质量情况的关键步骤，也是一项安防工程在完成整个实施过程中必须进行的最后一项工作。在一项安防工程通过工程验收之后，就等于该项工程可以投入正常使用了。因此，这项工作既是把关性的，也是给出结论性意见的重要工作。

工程验收涉及安防工程的各个方面。除了经过方案论证的工程设计之外，还有施工质量、设备器材质量与技术指标要求，系统操作运行、系统功能、人员培训、维修保障情况等。

五、效果测评

安全防范系统监控中心检测和验收是十分重要的工作，是系统质量保证的重要保证。试完成以下简答题。

1）参与验收的有哪几方人员？

2）简述安防系统验收的程序。

参考文献

[1]《智能建筑》编委会. 智能建筑 [M]. 北京：中国计划出版社，2007.

[2] 陈龙，等. 智能建筑安全防范系统及应用 [M]. 北京：机械工业出版社，2007.

[3] 郑李明，徐鹤生. 安全防范系统工程 [M]. 北京：高等教育出版社，2004.

[4] 张言荣，等. 智能建筑安全防范自动化技术 [M]. 北京：中国建筑工业出版社，2002.

[5] 中国建筑标准设计研究院. 国家建筑标准设计图集. 安全防范系统设计与安装. 06SX503 [M]. 北京：中国计划出版社，2006.

[6] 张玉萍. 建筑弱电工程读图识图与安装 [M]. 北京：中国建材工业出版社，2009.

[7] 董春利. 安全防范工程技术 [M]. 北京：中国电力出版社，2009.

[8] 张房新. 图说建筑智能化系统 [M]. 北京：中国电力出版社，2009.

[9] 黎连业. 智能大厦和智能小区安全防范系统的设计与实施 [M]. 3 版. 北京：清华大学出版社，2013.

[10] 付萍，等. 安全防范技术应用 [M]. 武汉：华中科技大学出版社，2011.

[11] 秦兆海，周鑫华. 智能楼宇安全防范系统——智能建筑系列丛书 [M]. 北京：清华大学出版社，2005.

[12] 马少华. 智能建筑系列读本——建筑安全防范监控系统及应用 [M]. 北京：化学工业出版社，2009.

[13] 程双. 安全防范技术基础 [M]. 北京：电子工业出版社，2006.

[14] 张俊芳，高福友. 安全防范工程制图 [M]. 武汉：华中科技大学出版社，2010.

[15] 殷德军，等. 现代安全防范技术与工程系统 [M]. 北京：电子工业出版社，2008.

[16] 黎连业. 安全防范工程设计与施工技术 [M]. 北京：中国电力出版社，2008.

[17] 中国就业培训技术指导中心. 三级安全防范设计评估师（国家职业资格三、二、一级）[M]. 北京：中国劳动社会保障出版社，2007.

[18] 高福友，等. 安全防范工程设计 [M]. 北京：中国政法大学出版社，2008.